U0257754

权威·前沿·原创

皮书系列为
"十二五""十三五""十四五"时期国家重点出版物出版专项规划项目

BLUE BOOK

智 库 成 果 出 版 与 传 播 平 台

北京蓝皮书

BLUE BOOK OF BEIJING

北京城市更新
研究报告
（2023）

ANNUAL REPORT ON URBAN RENEWAL
IN BEIJING (2023)

主编 / 北京市发展改革政策研究中心

社会科学文献出版社
SOCIAL SCIENCES ACADEMIC PRESS (CHINA)

图书在版编目（CIP）数据

北京城市更新研究报告. 2023 / 北京市发展改革政
策研究中心主编. -- 北京：社会科学文献出版社，
2024.4
（北京蓝皮书）
ISBN 978-7-5228-3359-0

Ⅰ.①北… Ⅱ.①北… Ⅲ.①城市规划-研究报告-
北京-2023 Ⅳ.①TU984.21

中国国家版本馆 CIP 数据核字（2024）第 055416 号

北京蓝皮书

北京城市更新研究报告（2023）

主　　编 / 北京市发展改革政策研究中心

出 版 人 / 冀祥德
责任编辑 / 胡庆英　孙　瑜
责任印制 / 王京美

出　　版 / 社会科学文献出版社·群学分社（010）59367002
　　　　　　地址：北京市北三环中路甲 29 号院华龙大厦　邮编：100029
　　　　　　网址：www.ssap.com.cn
发　　行 / 社会科学文献出版社（010）59367028
印　　装 / 三河市东方印刷有限公司

规　　格 / 开本：787mm×1092mm　1/16
　　　　　　印张：21.25　字数：312 千字
版　　次 / 2024 年 4 月第 1 版　2024 年 4 月第 1 次印刷
书　　号 / ISBN 978-7-5228-3359-0
定　　价 / 149.00 元

读者服务电话：4008918866

▲▲ 版权所有　翻印必究

主编单位简介

北京市发展改革政策研究中心 是北京市发展和改革委员会主管主办的首都高端智库试点单位，自 2021 年组建以来，始终围绕立体性思维、战略性谋划、艺术性协调、务实性推进的总体理念，坚持"特色立库、专业强库、品牌兴库"，开展北京经济社会发展改革理论与重大实践问题研究，为制定实施战略、规划、政策等提供决策服务，努力建设具有国际视野、全国知名、首都特点的科学前沿务实的新型高端智库。自 2021 年以来，北京市发展改革政策研究中心的研究成果被决策采用和获得市领导批示的数量逐年增长，稳居全市智库第一方阵，多篇文章在《人民日报》《经济日报》《光明日报》《习近平经济思想研究》《前线》等刊发，多篇研究成果获得市级学术奖项，为支撑服务市委市政府重大战略决策发挥了重要作用。

组织编写单位

北京市发展改革政策研究中心
北京市经济社会发展研究院
北京市城市规划设计研究院
北京市决策学学会

《北京城市更新研究报告（2023）》
编辑委员会

编委会主任　徐逸智　石晓冬

编委会副主任　盛继洪　路　林　刘秀如

主　　　编　盛继洪　路　林

副　主　编　于晓静　王崇烈

编　　　委　（按姓氏笔画排序）

于　萌　于国庆　马晓春　王　昊　冯　丹
邢　琰　朱跃龙　刘作丽　安　红　孙金成
李金亚　袁钟楚　陶迎春　黄江松　鹿春江
游　鸿

主要编撰者简介

徐逸智 高级经济师，北京市经济社会发展研究院党委书记、院长，首都高端智库理事会理事、北京市发展改革政策研究中心智库理事会副理事长。具备中国注册会计师、中国注册资产评估师、中国注册税务师职业资格。曾任北京市发展改革委员会国民经济综合处副处长、产业发展处处长、经济贸易处处长，组织研究起草全市多个重大发展改革规划、意见、政策。2020年1月以来，牵头完成的多篇研究成果获市领导批示，其中2021年有26篇，2022年有36篇。早在2007年研究提出的"南有广交会、北有服交会"，直接谋划推动成就了今日的"服贸会"。2020年研究提出的北交所，也得到了实施。

石晓冬 教授级高级工程师，北京市规划和自然资源委员会党组成员、总规划师，北京市城市规划设计研究院党委书记、院长；兼任首都区域空间规划研究北京市重点实验室副主任，中国城市规划学会常务理事，首都城市体检评估中心联合主任。先后作为技术总负责人主持完成和组织实施了新版北京城市总体规划、首都功能核心区控规等多项事关党和国家大局的重大规划；获全国优秀科技工作者、国家百千万人才、国家有突出贡献中青年专家、国务院政府特殊津贴专家、中国城市规划学会杰出学会工作者等称号；自然资源部高层次科技创新人才工程科技创新团队首席专家、住建部人居环境建设专家委员会专家。

盛继洪 高级政工师，北京市经济社会发展研究院党委副书记、副院长，北京市决策学学会常务副理事长，《中国城市报》中国健康城市研究院特约研究员。长期在北京市委市政府系统从事决策应用研究工作，为市委市政府领导科学决策服务。近年来主持课题 30 余项，其中省部级课题 11 项，获北京市优秀调查研究成果奖二等奖 4 次。曾主编《首都全面深化改革政策研究》、《建设国际一流的和谐宜居之都研究》、《北京经济高质量发展研究》、《健康城市蓝皮书：中国健康城市建设研究报告》（2016 版至 2020 版）、《健康城市蓝皮书：北京健康城市建设研究报告》（2017 版至 2023 版）。其中"健康城市蓝皮书"系列多次获"优秀皮书奖"，2017 版和 2022 版的《北京健康城市建设研究报告》获一等奖，2019 版和 2021 版的《北京健康城市建设研究报告》获二等奖。

路 林 正高级工程师，注册城乡规划师，现任北京市城市规划设计研究院副院长，北京城市规划学会副理事长，北京市第十六届人民代表大会城市建设环境保护委员会委员，北京市科协第十届委员会委员，北京城市规划学会村镇规划学术委员会主任专家。主持及组织编制了包括总体规划、控制性详细规划、专项规划、重大工程选址等百余项重要规划，参与编制了新版北京城市总体规划、北京城市副中心规划、首都功能核心区控规实施体检评估等重大项目，长期跟踪开展城市产业空间、综合防灾减灾、绿色空间等多个领域的专项研究，多项成果获全国和北京市优秀规划设计奖。

刘秀如 研究员，北京市经济社会发展研究院副院长、党委委员，北京市发展改革政策研究中心首都高端智库理事、学术委员会副主任。长期从事决策研究工作，研究范围涉及综合经济和综合改革、发展规划、投资消费、生产布局等。多年来参与研究并作为课题负责人牵头或指导课题研究上百项，研究成果获得过市级和综合经济部门的奖项，有些成果获得市委市政府领导批示，有些成果已转化为政策文件。担任过多部学术出版物的主编或副主编。长期担任《北京发展改革年鉴》副主编，其中《北京发展改革年鉴（2022）》获北京市第四届年鉴综合质量评审一等奖。

于晓静　副研究员，北京市经济社会发展研究院城市治理研究所所长。长期在北京市委市政府系统从事决策应用研究工作，主要研究领域为城市治理、公共服务、社会组织等。主持及参与完成北京市社科基金重点项目、一般项目、市领导调研课题及横向决策咨询课题数十项，如《"回天有我"大型社区治理研究》《北京社会治理体制创新研究》《以基层社会治理创新破解小区物业工作难题》等。其中 18 项研究成果获得中央及市领导批示，6 项成果获得省部级奖项。直接推动北京市社会组织示范区、社会企业相关政策出台。在市委市政府内参及《求是》《前线》《北京日报》《学习时报》等刊物发表研究文章数十篇。

王崇烈　正高级工程师，现任北京市城市规划设计研究院城市更新规划所所长，城市更新研究中心副主任，北京工程勘察设计协会城市更新分会副会长，北京城市规划学会城市更新与规划实施学术委员会专家，北京城市规划学会村镇规划学术委员会专家委员。近期主持了《北京市城市更新条例》《北京市城市更新专项规划（北京市"十四五"时期城市更新规划）》《北京市城市更新行动计划（2021—2025 年）》《首都存量更新的政策瓶颈问题调研》《重点地区城市更新实施指引》等规划编制项目和研究课题，参与了住房城乡建设部、自然资源部的有关课题研究，多项成果获全国和北京市优秀规划设计奖。

摘　要

党的二十大报告指出，要加快转变超大特大城市发展方式，实施城市更新行动。随着我国经济由高速增长阶段转向高质量发展阶段，过去"大量建设、大量消耗、大量排放"和过度房地产化的城市开发建设方式已经难以为继，亟须将建设重点由房地产主导的增量建设转向以提升城市品质为主的存量提质改造，实施城市更新行动。近年来北京市在减量发展背景下，以"疏整促"为先导，加快推进城市更新工作，形成了《北京市城市更新条例》等一系列制度成果和一批优秀更新案例，开创了城市更新工作的新局面。

本书是北京城市更新领域的第一本蓝皮书，由总报告、分报告、专题篇和案例篇四个部分组成。书内报告由各领域参与北京城市更新研究及实践工作的一线人员撰写，数据真实可靠，案例生动鲜明，对策科学合理，具有较高的学术研究和决策参考价值。

总报告从梳理北京市城市更新演进历程着手，指出当前北京已进入减量发展背景下的综合城市更新阶段，并在历史名城保护、改善民生、支撑产业和提升城市空间品质上取得了显著成效。展望未来发展，北京城市更新显现更新目标民本化、更新主体协同化、更新范围区域化、更新方法现代化四大趋势。立足当下实践，报告提出应从凝聚城市更新各方共识、持续完善城市更新政策体系、加强城市更新运营保障三方面入手，畅通城市更新的路径，积蓄高质量发展动能。

分报告分别就《北京市城市更新条例》规定的居住、产业、设施、公共空间、区域综合五大类城市更新进行分类别研究。其中卓杰等聚焦社会资本参与老旧小区改造，指出政策机制不健全导致交易成本高昂是影响社会资本积极性的深层次原因，提出要从多方面入手完善社会资本参与老旧小区改造的政策机制；以魏琛为首的课题组指出存量资源盘活将成为北京市租赁住房供应的重要渠道，并提出加强法定规划布局引导等六方面的对策建议；孙婷等聚焦北京市较为常见的老旧厂房转型为文化产业园区的更新项目，提出应从加强资金支持等五个方面促进园区转型升级、提质增效，实现文化产业经济效益和社会价值的良性互动；贾硕等的研究则从更宏观的视角关注老旧厂房更新，点明了老旧厂房改造的趋势和难点，提出从加强统筹协调、细化改造类型等六个方面加快推进老旧厂房更新改造；王尧等以推动北京综合管廊建设运营可持续发展为目的，指出综合管廊建设运营中面临的问题，并提出了加强前期规划的整体性科学性等建议；段婷婷等提出北京市部分配套社区卫生服务设施使用困难的问题，并提出应坚持需求导向、先易后难，先行先试、多元参与、政策支撑，解决好政策、路径、资金等问题，推动闲置配套公共服务设施的使用转型；黎念青等聚焦城市滨水空间，强调统筹发展和安全，提出将滨水空间环境整治与恢复重建工作相结合、以滨水空间开发建设促进南城振兴和京西地区转型发展等；于国庆领衔的课题组在分析了点线状城市更新和分类式城市更新局限性的基础上，提出统筹式城市更新的内涵，建议以街区更新为重点，突破条块分割管理模式，衔接规划、建设、管理三大环节，推动政策进一步细化和落地，以党建为引领构建多方共建共治共享机制，激活北京城市更新"一盘棋"。

专题篇主要围绕近年来北京城市更新的重点工作和主要探索展开。对城市更新工作中的法律法规、投资环境、金融支持、大数据应用、多元治理、腾退空间等方面进行了专题研究。李承曦作为《北京市城市更新条例》的全程参与者，系统回顾了立法背景、过程、特点和主要思路，是全面展现北京市城市更新立法过程的宝贵一手资料；王昊等通过建立指标体系对北京城市更新投资环境进行了定量分析，指出从2021年到2022年北京城市更新投资环境总体呈现改善向好的趋势，并针对存在的不足提出针对性优化建议；

赖行健等研究指出传统债务型融资难以满足北京市城市更新投融资全链条需求，有必要建立权益型城市更新引导基金，并从"融、投、管、退"四个环节入手，给出了设立基金的相关建议；王淼基于城市空间大数据视角，分析了首都功能核心区街区保护更新对象的现状，探索提出了基于大数据的街区保护更新模式和发展方向；赵昭从北京城市更新多元共治实际案例入手，分析了共治的实践基础与特点，并对如何提升共治水平给出了建议；朱兴龙等利用"疏整促"综合调度平台数据和遥感影像监测数据，总结归纳了疏解整治腾退空间资源的特点，并给出相应的利用建议。

案例篇围绕北京城市更新实践中的典型项目，以"解剖麻雀"的方式，呈现北京市居住及产业类更新的实践进展、经验与特色。荀怡以新首钢园区北园的更新改造为重点，系统梳理了新首钢更新改造的背景和历程，总结了成功做法与经验，对同类型老工业区更新改造具有参考价值；张红彩总结了京西八大厂更新改造的进展情况，指出京西八大厂是北京市存量更新的"主阵地"，其转型升级经验在全国具有示范意义，并针对性地提出加强建筑规模指标支持和指标统筹、优化老旧厂房更新改造审批流程等具体建议；刘晨分析了大红门商贸城更新项目的主要做法和亮点，并给出下一步发展建议；黄江松以学院路街道石油共生大院更新的实践来剖析如何治理"大院病"，指出公共空间更新能撬动"大院病"的治理，并建议通过构建组织共同体、政策共同体、心理共同体，解决公共空间更新谁来干、怎么干的问题；方肖琦剖析了皇城景山街区更新中构建的街区更新统筹谋划机制的主要内容，阐释了可能影响项目未来可持续实施的关键问题，并提出相应建议；马晓春对郭公庄这一北京市首例"非居改保"项目进行研究，从充分发挥北京产权交易所在盘活低效楼宇中的重要作用、建立健全"非居改保"配套性政策、完善"非居改保"金融支持政策三个方面，对"非居改保"政策在北京市乃至国内其他超特大城市的推广提出对策建议。

关键词： 城市更新　北京实践　高质量发展

目 录 ⡄⟩

Ⅰ 总报告

Ⅱ 分报告

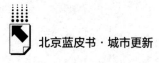

Ⅲ　专题篇

Ⅳ　案例篇

皮书数据库阅读**使用指南**

总 报 告

B.1
北京城市更新的演进、挑战与建议

总报告编写组*

摘 要： 新中国成立至今，北京城市更新经历了四个阶段。经过前三个阶段的演进，城市基础设施建设实现重大跨越，人民生活明显改善，经济发展质量效益显著提升，国际一流和谐宜居之都建设取得了重大进展。当前，北京已进入第四个阶段，即减量发展背景下的综合城市更新阶段，并取得了一系列突破性进展。主要体现在："疏解整治促提升"行动成效显著，以立法形式明确了对城市更新内涵和外延的界定，建立了由市委统筹的工作推进机

* 总报告编写组由北京市经济社会发展研究院、北京市城市规划设计研究院的相关工作人员共同组成，执笔人：于晓静、吴伯男、马晓春（北京市经济社会发展研究院），游鸿、赵昭、陈思伽（北京市城市规划设计研究院）。于晓静，北京市经济社会发展研究院城市治理研究所所长，副研究员，主要研究方向为城市治理、城市更新、公共服务；吴伯男，北京市经济社会发展研究院城市治理研究所干部，助理研究员，主要研究方向为城市更新、城市运行保障等；马晓春，管理学博士，北京市经济社会发展研究院城市治理研究所副所长，副研究员，主要研究方向为城市运行保障、民间投资、农产品流通等；游鸿，北京市城市规划设计研究院高级工程师，主任工程师，主要研究方向为住房政策与规划、城市更新、公共财政与资产管理等；赵昭，北京市城市规划设计研究院工程师，主要研究方向为城市更新、社会治理、低效用地再开发等；陈思伽，北京市城市规划设计研究院工程师，主要研究方向为城市更新、老旧小区更新改造、社区品质提升等。

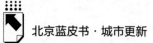

制，初步构建起"1+N+X"的政策体系。一大批更新项目在历史名城保护、改善民生、支撑产业和提升城市空间品质上取得显著成效。展望未来，北京城市更新显现更新目标民本化、更新主体协同化、更新范围区域化、更新方法现代化四大趋势。立足当下，城市更新实践仍然面临相关方共识程度不高、政策体系不完善、项目全周期运营模式有待探索等挑战。本报告认为应从凝聚城市更新各方共识、持续完善城市更新政策体系、加强城市更新运营保障三方面入手，畅通减量发展背景下城市更新实施路径，以新时代北京城市更新支撑首都高质量发展。

关键词： 北京　城市更新　演进历程　减量发展

一　北京城市更新的历史沿革

新中国成立后，中央政府在北京旧城的基础上建设首都，标志着当代北京城市更新的开端。时至今日，北京市城市更新可以分为"先生产、后生活""生产与生活并重""城市文脉有机更新""减量发展背景下的综合更新"四个阶段。

（一）1949~1978年：中央政务和工业生产优先的旧城更新阶段

1949年召开的中国人民政治协商会议决定北京作为新中国的首都，中央政府明确"行政中心区域设在旧城中心区"，以老城区改扩建为主的城市更新序幕由此拉开。1953年，北京市委规划小组编制《改建与扩建北京市规划草案要点》，提出首都建设的总方针是"为中央服务、为生产服务、为劳动人民服务"。

这一阶段城市更新的主要内容是以满足中央办公设施需求为重点，新建中央机关办公楼、配套住宅、使馆区、科研院所，并围绕国庆等重大政治活动对城市重要公共空间和公共设施进行保护性改造和拆除性重建，重塑首都面貌、勾勒城市轮廓。

进入 20 世纪 60 年代，在"先生产、后生活"的城市建设方针的引领下，工业过分集中在市区、单位挤占居住用地，出现工业用房和生活用房比例失调、基础设施欠账严重、住房供应短缺等一系列城市问题。1961 年，北京市规划部门总结了新中国成立 13 年来北京城市规划建设的成就和问题，形成《北京市城市建设总结草稿》，认识到工业过分集中在市区给城市带来的消极影响；1972 年，提出了《北京城市建设总体规划方案》（该方案未得到批复），首次在市区从城市更新的角度提出了控制规模和功能、大力发展郊区的设想，为之后的城市用地功能布局调整奠定了基础，为下一阶段市区城市更新指明了方向。

专栏：新中国成立初期城市更新实践

20 世纪 50 年代，北京市多次对天安门广场进行改扩建以满足十周年国庆需求；1955 年，将横贯北海与中海间的金鳌玉桥原址改建为北海大桥，解决桥面过窄带来的交通拥堵问题。1957 年，新中国首都第二版城市总体规划《北京城市建设总体规划初步方案（草案）》提出，此版规划基本思路与 1953 年总体规划大体一致，但建设现代化大工业基地的决心更大、改造旧城的心情更急切、对各项设施现代化建设的要求更高。北京市通过营造公共空间、重塑城市风貌，为工厂、机关、学校和居民提供生产、工作、学习、生活、休息的良好条件，如打通扩宽了长安街；在两侧建设大会堂、革命博物馆、历史博物馆、民族文化宫、科技馆、国家剧院等十大公共建筑；开辟了玉渊潭、圆明园等 20 多处公园绿地；开展了综合整治城市水系工程，完成了故宫护城河、六海、长河、京密引水渠昆玉段、玉渊潭至大观园段的综合治理工程。

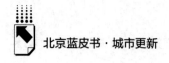

（二）1978~2002年：生产与生活并重的城市开发与更新阶段

1978年，十一届三中全会作出了实行改革开放的重大决策，北京城市建设步伐加快。1982年颁布实施的《北京城市建设总体规划方案》，提出要统筹好经济建设与人民生活，控制重工业发展速度。生产生活并重的城市更新理念逐渐形成，在实践上主要体现为重要功能区建设与危旧房改造并举。

在重要功能区建设方面，1993年北京市编制的总体规划确定了两个战略转移思想，控制市区、发展郊区，优化市区空间结构，调整工业用地，传统工业区开始搬迁改造，在原工业区开始建设金融街、CBD等新功能区，以商业开发带动危改的模式推动重要功能区建设。

专栏：以开发商主导危旧房改造的金融街模式

金融街的建设是以开发商主导危旧房改造，开启了北京"推平头式"的商业开发带动危改模式。1993年版总体规划明确提出："在西二环阜成门至复兴门一带，建设国家级金融管理中心，集中安排国家级银行总行和非银行金融机构总部。"空间升级，带动产业升级，进而推动城市功能的升级和转化是老城区发展的一般路径，金融街地区的更新建设为北京市提供了大量的办公场所、就业机会以及高品质的城市公共空间，同时也给政府带来了可观的财政收益，为城市发展作出了贡献。

在危旧房改造方面，出现了拆除重建、"开发带危改"、"市政带危改"、"房改带危改"、"绿隔政策带动旧村改造"多种危旧房改造模式，拆除重建类城市更新规模大增。更新主体也打破了前一阶段政府主导的局面，房地产开发企业日益成为主体，同时也出现了以居民为主体"民主决策、自我改造"的尝试。如东城区菊儿胡同新四合院危房改造工程，堪称北京老城区改造的典范之作，并于1993年获得联合国颁发的"世界人居奖"。

专栏：菊儿胡同新四合院危房改造工程

菊儿胡同新四合院危房改造工程，是北京第一批危改结合房改的试点，提出了居住区的"有机更新"与"新四合院"的设计方案，用插入法以新替旧，维持原有"胡同-院落"体系和社会关系，延续了旧城环境及其肌理，避免全部推倒重来的做法。菊儿胡同的探索经验推动了北京城市更新从"大拆大建"开始向"有机更新"转变。改造后的菊儿胡同成为北京老城区改造的典范之作，并于 1993 年获得联合国颁发的"世界人居奖"。

这一阶段北京的城市面貌和居民居住条件得到明显改善，与此同时，"推平头"的危改对城市风貌和历史文脉造成了不可逆转的影响。根据资料统计，1965~1990 年 25 年间，北京胡同数量从 2382 条减少到 2242 条，减少了 140 条。而 1990~2003 年 13 年间，随着旧城危改项目展开，北京旧城胡同锐减 683 条，比 1965 年减少了近 35%。2002 年 9 月，在侯仁之、吴良镛等 25 位专家的呼吁下，北京市政府决定停止在旧城区进行大规模危房改造。

（三）2002~2017 年：以保护城市历史文脉为特征的城市更新阶段

进入 21 世纪，北京城市建设进程日益加快，成片拆除重建、增量更新的方式与旧城区历史文化遗产保护的矛盾愈加突出。2002 年，北京市编制了《北京旧城 25 片历史文化保护区保护规划》；同年，确定了第二批 15 片历史文化保护区。2004 年，《北京城市总体规划（2004 年—2020 年）》编制完成。

随着对历史文化内涵认识的深化，对工业遗产的保护利用成为北京城市更新的有机组成部分。2006 年前后，北京相继出台《北京市促进文化创意产业发展的若干政策》《北京市保护利用工业资源发展文化创意产业指导意见》，引导文化创意企业集聚发展。为迎接 2008 年北京奥运会，北京市对以首钢、焦化厂为代表的中心城工业区启动大规模的腾退疏解，798 等电子厂区被注入艺术元素，成功转型为文化产业园区。2010 年"中国建筑学会工业建筑遗产学术委员会"成立，首届工业建筑遗产学术研讨会通过了"关于中国工业遗产保护的《北京倡议》——抢救工业遗产"，工业遗产的保护与利用达到了前所未有的高度。

这一阶段北京城市更新的主要内容是探索保护模式转型，保护实体空间，将文化资源活化融入都市生活。区域统筹、整体保护、微循环、有机更新成为这一阶段城市更新的关键词。

专栏：大栅栏更新计划和杨梅竹斜街保护修缮项目，

历史街区有机更新模式的起点

大栅栏更新计划于 2011 年启动，是北京探索历史街区有机更新模式的代表性项目之一。新模式的重要特点之一是"区域系统考虑、微循环有机更新"的整体策略，进行更加灵活、更具弹性的节点和网络式软性规划，视大栅栏为互相关联的社会、历史、文化与城市空间脉络。通过节点簇式改造，产生网络化触发效应，尊重现有胡同肌理和风貌，灵活地利用空间，实现"在地居民商家合作共建、社会资源共同参与"的主动改造，将大栅栏建设成为新老居民、传统与新兴业态相互混合、不断更新、和合共生的社区。

作为大栅栏更新计划试点项目的杨梅竹斜街保护修缮项目，遵循"系统思考、整体规划、划小单位、分步实施、动态调整、统筹推进"的基本原则，以"小范围、渐进式、分片分类推进"为实施策略，按照"政府引导、市场运作、公众参与"的运作模式，探索城市"软性生长、有机更新"的改造模式，以"节点引入、簇状辐射、适度引导、自然生长"的产业发展路径进行保护性修缮，以满足核心区古都传统风貌保护、人口疏解、产业提升、市政基础设施建设、社会民生及生态建设的全面保护与发展的要求。项目结合街区丰富多元的历史功能及文化资源，

打造以设计及独立文化传播、生活方式新业态为主的文化街区，主要有以下创新点。

（1）平等自愿地协议腾退，引导提升多元合作。

（2）市政设施与环境景观的巧妙设计与建设。

（3）建筑的分类分级改造，实现不同阶段风貌并置。

（4）设计引领文化复兴，产业业态繁荣共生。

（四）2017年至今：减量发展背景下的综合城市更新阶段

作为首都，北京天然具有集聚全国资源的优势，但是功能过多、过于集中，带来人口过度集聚，导致资源环境压力大、城市运行成本高、经济社会各种要素处于"紧平衡"状态。为破解北京"大城市病"，2015年2月10日习近平总书记在中央财经领导小组第九次会议上提出要疏解北京"非首都功能"。2017年，随着《北京城市总体规划（2016年—2035年）》正式发布，北京成为全国第一个提出减量发展的城市。在减量发展背景下，"控增量、促减量、优存量"成为这一阶段北京城市更新的总要求，推动城市可持续发展、高质量发展、高水平治理成为北京城市更新的新目标。与前述各阶段相比，其突出特点体现在更新目标的综合性、更新政策的体系性、更新方式的创新性、更新主体的多元性上。这一阶段也是本报告研究北京城市更新的时间起点，下文将展开梳理。

表1　当代北京城市更新的阶段特征

时间	目标	理念	主体	措施	典型项目
1949~1978年	依托旧城快速重塑首都面貌	先生产、后生活	政府	以中央政务、工业生产为主的老城改扩建	十大公共建筑
1978~2002年	以经济增长为主	生产与生活并重	政府开发商	开发带危改、市政带危改、房改带危改、绿隔政策带动旧村改造	金融街、CBD、菊儿胡同

续表

时间	目标	理念	主体	措施	典型项目
2002~2017 年	保护旧城区历史文化遗产与工业遗产	文化内核引领,历史文脉保护	政府开发商	划定历史文化保护区;工业遗产发展文化创意产业	首钢、焦化厂疏解腾退,798 艺术区、大栅栏历史文化街区更新
2017 年至今	治理"大城市病"	减量发展	政府物业权利人开发商运营商居民	"疏整促"专项行动;核心区平房院落申请式退租;老旧小区综合整治;城中村改造;片区统筹更新	望京小街更新,副中心"城市绿心"片区更新改造

二　减量发展背景下北京城市更新的主要进展

进入新时代,减量发展背景下北京的城市发展由集聚资源求增长向疏解功能谋发展转变。北京的城市更新也从早期单纯"物质空间的必要改善"发展为"为实现经济、社会、空间、环境等改善目标而采取的综合行动",更新内容也从"物质"扩展到"社会",空间范围从"社区"扩展到"区域",参与主体从"政府"扩展到"市场",更新模式也从"大拆大建式"的房地产开发模式转向"小规模、渐进式、可持续"的改造模式,整体呈现多类型、多层次、高质量的发展特点,并逐步走向共建、共治、共享的新局面。

(一)疏解整治促提升专项行动为现阶段城市更新奠定基础

为配合新总规实施,2017 年北京市开展"疏解整治促提升"专项行动。六年来在土地腾退、产业疏解、生态修复、功能织补等方面取得了显著成效,为实现减量发展目标下的城市更新提供了有力支持。

1. 向违法建设要空间,城市面貌持续焕新

截至 2022 年底,北京市累计治理违法建设建筑面积超 2.4 亿平方米（2022 年为 2874.9 万平方米）、腾退土地超 2.3 万公顷（2022 年为 3041 公

顷），海淀区、丰台区、石景山区、经开区和生态涵养发展区完成"基本无违法建设区"创建。拆违腾退土地因地制宜实施"留白增绿"8845.8 公顷（2022 年为 999.3 公顷），相当于 13 个奥林匹克森林公园。①

2. 推动产业用地减量提质，带动产业结构转型升级

严格执行并修订完善《北京市新增产业的禁止和限制目录》，截至 2022 年底，累计疏解提质一般制造业企业 2093 家，疏解提升区域性专业市场和物流中心 640 个。② 动物园、大红门等区域性专业市场集中地区服装业态实现"清零"，天意、京北钢材市场等一批市场完成疏解转型。动物园传统商圈变身为金融科技新区，实现了疏解人流、物流，升级产业结构，优化人口结构的显著成效。总规实施以来，城乡建设用地净减量超过 130 平方公里。③ 一批新能源汽车、医药健康、科技服务等高精尖项目利用腾退空间和限制低效工业用地实现升级。

3. 统筹用好疏解腾退空间，补齐民生短板

截至 2022 年底，累计建设提升便民商业网点 6285 家，发展老年餐桌点 1168 个，社区基本便民服务功能实现全覆盖，养老助餐服务覆盖 4639 个小区。对 108 处桥下空间完成清理整治，有条件的桥下空间依据环境基础和居民需求补充停车、健身、儿童游乐设施。例如西城天宁寺桥近 5000 平方米的桥下空间，已变身为篮球场和亲子娱乐空间。利用整治腾退空间优先补齐城市公共服务设施，使首都市民获得感、幸福感不断提升。

（二）以立法形式明确现阶段城市更新的内涵与外延

2020 年 10 月，中共十九届五中全会通过的《中共中央关于制定国民经济和社会发展第十四个五年规划和二〇三五年远景目标的建议》，首次将"实施城市更新行动"列入五年规划，并明确"以高质量发展为目标、以满足人民宜居宜业需要为出发点和落脚点、以功能性改造为重点"的更新要

① 数据来源：北京市疏解整治促提升专项办公室提供。
② 数据来源：北京市疏解整治促提升专项办公室提供。
③ 《总规第二阶段 110 项重点任务启动》，《北京日报》2023 年 11 月 1 日，第 1 版。

求。城市更新跃升到国家战略层面。2022 年，党的二十大报告再次强调"加快转变超大特大城市发展方式，实施城市更新行动"。中央政策的方向引领加之"疏整促"行动的有力铺垫，共同推动北京城市更新进入快车道，亟待从明确城市更新概念的内涵和外延开始，更加精准地完善政策体系，从而支撑广泛多样的城市更新实践。

1. 城市更新的内涵

从狭义上讲，正如 2023 年实施的《北京市城市更新条例》所明确的，城市更新"指对北京建成区内城市空间形态和城市功能的持续完善和优化调整"。建成区指"实际已开发建设并集中连片、基本具备基础设施和服务设施的地区"。国内规划学界将城市更新视作以存量建设用地为空间对象的规划发展手段。

从广义上讲，城市更新伴随城市全生命周期，并日益演化为长期战略目标引导下，解决城市发展中所遇到的问题的方法集成，致力于在经济、社会和物质环境等各方面对城市地区作出持续性、前瞻性的品质提升和功能优化，是包括物质空间、经济、社会等诸多方面共同作用的结果。在空间形态上，它既不是大规模的拆建，也不是单纯的保护，而是对城市发展的一种适时的"引导"。因此，城市更新是城市发展方式的集中体现。减量背景下的城市更新，是首都发展向内涵式、集约型、绿色化转型的集中体现和必由之路。它与"疏解整治促提升"、背街小巷环境整治等专项工作相衔接，与国际科创中心、花园城市建设相协调，与接诉即办、"七有五性"、全过程人民民主等治理过程相呼应，集中体现人民城市的内涵和高质量发展的要求。

2. 城市更新的外延

随着北京对城市更新的界定不断演化，从早期的"五老"——老旧小区、老旧厂房、老旧商圈、老旧楼宇、老旧平房，到"6+4"① 中的 6 类更

---

① "6+4"是指《北京市城市更新行动计划（2021—2025 年）》里提到的 6 种项目类型和 4 种实施路径。6 种项目类型，即首都功能核心区平房（院落）申请式退租和保护性修缮、恢复性修建，老旧小区改造，危旧楼房改建和简易楼腾退改造，老旧楼宇与传统商圈改造升级，低效产业园区"腾笼换鸟"和老旧厂房更新改造，城镇棚户区改造；4 种实施路径，即以街区为单元统筹城市更新、以轨道交通站城融合方式推进城市更新、以重点项目建设带动城市更新、有序推进单项更新改造项目。

新项目对象——首都功能核心区平房（院落）、老旧小区、危旧楼房和简易楼、老旧楼宇与传统商圈、低效产业园区和老旧厂房、城镇棚户区的变化体现了不同时期政府推动城市更新工作的重点。

《北京市城市更新条例》进一步增加了市场、公众、专家都重点关注的公共空间类更新，以及党的二十大报告中明确提出加强城市基础设施建设要求的涉及城市安全和韧性的基础设施更新。同时，进一步将"区域综合性更新"作为一种重要更新类型，这有利于统筹资源、提升综合效益，鼓励从片区层面加强资源统筹利用。

本书中的城市更新类型以《北京市城市更新条例》为依据，主要包括以下五大类：以保障老旧平房院落、危旧楼房、老旧小区等房屋安全，提升居住品质为主的居住类城市更新；以推动老旧厂房、低效产业园区、老旧低效楼宇、传统商业设施等存量空间资源提质增效为主的产业类城市更新；以更新改造老旧市政基础设施、公共服务设施、公共安全设施，保障安全、补足短板为主的设施类城市更新；以提升绿色空间、滨水空间、慢行系统等环境品质为主的公共空间类城市更新；统筹存量资源配置、优化功能布局，实现片区可持续发展的区域综合性城市更新。

（三）统筹推进城市更新的治理架构更加完善

为适应加快推进城市更新行动的要求，北京市建立起市区街（镇）三级负责的统筹推进工作机制，为探索各类城市更新模式、促进项目落地实施提供有效支撑。

1. 市级高位协调——"专项小组+工作专班"的工作模式

2021 年 3 月，北京市委城市工作委员会设立城市更新专项小组，负责协调推进城市更新各项工作任务落实。城市更新专项小组下设推动实施、规划政策、资金支持三个工作专班，负责组织相关成员单位研究推动城市更新重点工作。其中，推动实施专班负责制定城市更新年度任务计划并督促实施，跟踪指导示范项目、推广典型案例。规划政策专班负责研究城市更新规划、土地相关配套政策、标准并组织实施。资金支持专班负责研究制定城市更新资金筹集方案，改革创新财税制度，吸引社会资本积极参与城市更新。

2. 区级主责推进——"以区为主、市区联动"的工作机制

北京市目前已基本建立"以区为主、市区联动"多级协同的城市更新工作机制，发挥市区协调联动作用、落实区级主体责任，更好地实现政府统筹引导。市级政府部门负责全市城市更新的协调推进和日常管理，通过建立协同联动机制、加强政策创新、深化"放管服"改革，支持各区推进城市更新工作。各区政府负责在市有关部门指导下，于其管辖领域内强化责任落实，制订更新计划，建立任务台账，组织街道、乡镇将各项任务落实落地落细，完成计划任务。同时，加强与中央单位联系机制建设，共同推进城市更新工作。当前，朝阳、昌平等区建立了区级组织领导机制，通过成立区城市更新专项小组、推动实施专班等方式，组织区级政府部门共同研究推动城市更新各项工作。

3. 街乡赋能实施——"共治平台、社区议事"的工作探索

在基层政府层面，当前北京的城市更新实践紧密结合街道、乡镇工作，整合社会各界力量，重视群众工作，逐步建构广泛参与的更新治理新格局。在具体项目实施方面，结合当前北京市已有的接诉即办、街道（乡镇）工作等机制，进一步深化街道、乡镇在城市更新中的协同作用。街道、乡镇充分发挥"吹哨报到"、接诉即办等机制作用，组织推动本辖区内街区更新，梳理辖区资源，搭建共建共治共享平台，调解纠纷。居委会（村）发挥基层自治组织作用，了解居（村）民更新需求，组织参与更新活动。例如，白塔寺街区会客厅探索多主体共建途径，统筹政府、市场、社会多主体结合，疏解腾退补齐公共服务设施短板；石景山区鲁谷街道六合园南社区的老旧小区改造是由街道组织"老街坊议事会"和社区居民、设计方共商公共空间改造设计方案；东城区雨儿胡同腾退改造以党建为引领，加强群众工作，搭建街道、社区、产权单位、设计单位、平房区物业和居民沟通交流的平台，用好"居民议事厅""开放空间讨论"等机制。同时，在全市街道乡镇中推行责任规划师制度的基础上，进一步探索责任规划师深度参与街区更新工作，加强基层专业技术力量，助力搭建"共建共治共享"平台，提升精细化城市治理水平。

（四）初步构建起"1+N+X"的城市更新制度体系

自 2019 年以来，北京市相继出台了一系列城市更新相关政策，形成了首都城市更新政策体系框架。

1. "1"——加强顶层设计

"1"是指《北京市城市更新条例》（2023 年 3 月 1 日起正式实施），以及配套细化的指导意见（2021 年 5 月发布《北京市人民政府关于实施城市更新行动的指导意见》）、行动计划〔2021 年 8 月发布《北京市城市更新行动计划（2021—2025 年）》〕。上述文件明确了北京城市更新的总体要求、目标原则、实施方式、保障措施等内容，构建了北京城市更新制度体系的基本框架。

2. "N"——坚持分类施策

"N"指相关配套规范性文件，对居住类、产业类、设施类、公共空间类、区域综合类等更新对象出台及动态补充分类型、差异化管控政策措施。经梳理，《北京市城市更新条例》配套文件主要包括项目库和计划管理、实施主体确定，实施方案编制和申报，实施方案审查和并联审批等管理规定，以及土地、规划、资金等各类激励保障措施。

表 2 北京市已出台的部分更新对象的政策文件

分类		主要政策文件示例
居住类	核心区平房（院落）	《关于首都功能核心区平房（院落）保护性修缮和恢复性修建工作的意见》（京规自发〔2021〕114 号）
	老旧小区	《关于老旧小区更新改造工作的意见》（京规自发〔2021〕120 号）
	危旧楼房和简易楼	《关于进一步做好危旧楼房改建有关工作的通知》（京建发〔2023〕95 号）
产业类	老旧楼宇	《关于开展老旧楼宇更新改造工作的意见》（京规自发〔2021〕140 号）
	传统商业设施	《北京培育建设国际消费中心城市实施方案（2021—2025 年）》
	老旧厂房	《关于开展老旧厂房更新改造工作的意见》（京规自发〔2021〕139 号）
	低效产业园区	《关于加快科技创新构建高精尖经济结构用地政策的意见（试行）》（京政发〔2017〕39 号）

续表

分类		主要政策文件示例
公共空间类	—	《北京市桥下空间利用设计导则》(2023年发布)
设施类	—	《关于加大城市供热管道老化更新改造工作支持力度的通知》(京发改规〔2023〕5号)

资料来源：根据政府官方网站整理，仅列出主要文件。

3."X"——破解瓶颈问题

"X"是指各类规范和技术性标准，以此细化指导更新实践操作中的堵点、难点问题，通过小切口推动大改革。如2022年9月发布的《关于存量国有建设用地盘活利用的指导意见（试行）》就在土地利用方式及年限、异地置换、价款缴纳等方面提出支持政策。

表3 已出台的"小切口"政策文件

分类		主要文件示例
土地	不动产登记与变更	《关于完善建设用地使用权转让、出租、抵押二级市场的实施意见》(京政办发〔2021〕10号)
	产业转型升级	《北京经济技术开发区土地精细化管理办法(试行)(征求意见稿)》
	土地价款、年期等存量用地盘活政策	《关于存量国有建设用地盘活利用的指导意见(试行)》(京政办发〔2022〕26号)
规划	功能混合与转换	《北京市建设用地功能混合使用指导意见(试行)》(京规自发〔2023〕313号)
	建筑规模管控	《北京市建筑规模管控实施管理办法(试行)》(京规自发〔2021〕355号)
资金	社会资本	《关于引入社会资本参与老旧小区改造的意见》(京建发〔2021〕121号)
审批管理	社会投资低风险工程	《关于规范社会投资低风险工程建设项目审批服务的若干规定》(京规自发〔2023〕228号)
	审批流程改革	《北京市进一步深化工程建设项目审批制度改革实施方案》(京政办发〔2019〕22号)
	工商登记	《关于支持利用地下空间、居民配套商业服务设施及腾退空间从事便民商业服务有关工作的通知》(京工商办发〔2018〕48号)

续表

分类		主要文件示例
技术标准	消防	《北京市既有建筑改造工程消防设计指南》(京规自发〔2023〕96 号)
	人防	《北京市人民防空办公室关于明确城市更新项目结建人防设施要求的通知》(京人防发〔2022〕9 号)
主体	责任规划师	《关于责任规划师参与老旧小区综合整治工作的意见》(京规自函〔2021〕1568 号)
	国有企业	《关于加强市属国企土地管理和统筹利用的实施意见》(京国资发〔2020〕4 号)

资料来源：根据政府官方网站整理，仅列出主要文件。

（五）项目实施成效日益显现

近年来，北京城市更新项目广泛开展，通过两届"最佳实践评选活动"共筛选出 26 项最佳实践，34 个优秀项目，在各类城市更新领域发挥了引领示范作用，有效带动了城市文脉保护、人居环境改善、产业升级增效和城市活力提升。

1. 聚焦历史文化保护传承

在新总规的指引下，北京积极落实老城不能再拆的要求，创新保护性修缮、恢复性修建、申请式退租等实施方式，探索历史文化街区和成片传统平房区的有机更新，在南锣鼓巷、砖塔胡同等地区开展改造试点，探索东城区雨儿胡同的"共生院"模式，通过建筑共生、居民共生、文化共生，留住胡同四合院的格局肌理，留住原住居民、老街坊，延续老城的生活方式、社区网络和历史文脉。推广西城区菜西片区的"公房经营管理权"模式，为平房院落的改造提供新思路，为中轴线申遗、历史文化街区保护、重点文物腾退、街巷环境整治注入新活力和新动能。

2. 持续改善居住条件

利用存量资源补短板提品质，围绕"七有""五性"改善人居环境。改善居住品质是北京市更新项目实践的重点，通过老旧小区、危旧楼房和简易楼的更新改造，在更新中围绕存量资源，补齐民生设施短板，实施城市生态修复和功能完善工程，提升人居环境质量和安全条件。"十三五"时期，北京完成了 2000 万平方米老旧小区综合整治。自 2018 年以来，老楼加装电梯已持续六年被列为北京市政府重要民生实事项目。2023 年实现老楼加装电梯新开工 1099 部，完工 822 部。① 同时，推动在京央产、军产老旧小区改造工作。从重点项目推进情况来看，持续引入社会资本参与改造，推广"劲松模式""首开经验"，积极探索改造资金多元共担模式。在危旧楼和简易楼改造方面，自 2021 年以来，北京全市共启动实施危房和简易楼改造（腾退）约 41 万平方米。从重点项目推进情况来看，试点项目中朝阳区光华里 5 号、6 号楼和东城区光明楼 17 号楼已经实现了百姓回迁入住。

3. 推动产业空间提质增效

全面融入新发展格局，促进产业新旧动能转换和城市空间布局结构调整。在减量发展背景下，北京通过统筹全局，优化要素配置，疏解非首都功能，拆除违法建设，促进产业新旧动能转换和城市空间布局结构调整，积极开展传统商圈改造提升、老旧厂房转型文化空间等更新改造。首钢实践标志着北京正式进入后工业时代工业遗产保护利用的黄金时期，开启了存量空间面向存量时代的动态更新实践。2013 年，首钢工业区发挥工业资源的景观与特色优势，转型发展成为文化、旅游、体育和综合高端服务产业的运营平台，走科技与文化相结合的产业发展之路。2016 年，北京冬奥组委正式入驻首钢，打造了首钢园自动驾驶服务示范区。2017 年，国家冬奥集训中心落地园区，同年 8 月确定 2022 年冬奥会比赛项目落户园区。2018 年通过"旅游+体育"的模式引入各项体育赛事。随着文化复兴、生态复兴、产业复兴、活力复兴计划的深入推进，新首钢高端产业综合服务区已成为新时代首都城市复兴新地标，为城市更新提供了一个世界级的示范样本。

4. 加快打造城市活力空间

通过城市更新，北京市也补充了多类型的公共空间，激发城市活力，改

---

① 北京市住房和城乡建设委员会：《践行人民城市理念，扎实开展城市更新行动》，https：//zjw. beijing. gov. cn/bjjs/xxgk/xwfb/436344495/index. shtml。

善街巷公共空间，营造宜居环境，实施城市修补和生态修复，构建"蓝绿交融"的城市开放空间。一方面，加强公共空间与城市重要交通节点、居住社区的联系，加强与城市居住、商业、文化、体育等多元功能的融合，为市民就近提供高品质的公共空间。例如，亮马河滨水空间改造后，既提升了两岸生态环境质量与景观品质，满足了居民亲绿近绿的需求，又实现了经济、社会和生态效益的多维共赢。京张铁路遗址公园改造连通原9公里铁路沿线畸零边角地，把割裂城市的"灰色地带"转变为市民喜爱的"绿色空间"。另一方面，还充分利用边角地等小微空间的改造提升，补充儿童嬉戏、休憩交往、运动健身等城市功能。开展"小空间大生活"活动，聚焦影响居民生活的"急难愁盼"问题，通过居民、属地政府、责任规划师、责任建筑师、社会团体等各方力量共同参与更新改造，将社区闲置空间打造成环境品质佳、无障碍设施完善、使用功能合理的公共空间，改造后的百子湾"井点"、双清路街区工作站等小微空间深受百姓欢迎。同时，还印发实施桥下空间利用设计导则，推动城市灰色空间改造利用。

三 宏观展望北京城市更新呈现四大趋势

从广义的城市更新来看，未来北京城市更新不仅要解决物理空间和设施的衰败与老化问题，更要为首都发展提供功能承载空间、转型发展动力、人民城市实践。城市更新将融入首都治理体系和治理能力现代化的历史进程，具体来说将呈现以下四大趋势。

一是更新目标的民本化：从单一的项目经济利益最大化，转向经济、社会、文化、绿色、安全的多元目标，最终集成为以人民为中心的价值目标。前一个阶段以市场机制为主导、"推平头式"的土地开发模式，虽然带来了财政收入的增加、土地价值的增值、城市面貌的改善，但也造成了城市文脉破坏、社会关系断裂、生态环境恶化与交通拥堵等大城市病。因此，现阶段城市更新的突出特征是将单一项目短期经济利益最大化的资本逻辑，兼容升级为微利可持续、文脉有传承、社会更和谐、生态能永续、安全有韧性的高质量发展逻辑。其核心是要促进城市全面贯彻新发展理念，实现向人民城市的价值跃升。因此，未来城市更新除了在物质形态上体现为存量建筑和设施朝着宜业宜居的目标不断优化，更在精神内核上体现为人的更新与现代化。即通过城市更新活动，培养现代人对公共事务的关切、对法治社会的遵循、对多元利益的妥协、对社会责任的担当。只有社会公众日益承担起"人民城市人民建"的主体角色，才能最终实现人民城市为人民的价值目标。

二是更新主体的协同化：从"要我更新"到"一起更新"，丰富人民城市建设的新路径。纵览当代北京城市更新发展历程，可以清晰地看到城市更新主体多元化的过程。从第一阶段的政府主导，以行政力量和财政支持为主，到第二阶段房地产开发企业开始参与，市场机制日益发挥主导作用，再到第三阶段社会力量开始觉醒，社会资本和社会契约也成为城市更新顺利开展的重要条件。现代社会结构中的三大主体——政府、市场、社会在此过程中悉数登场。虽然三大主体的利益诉求不尽相同，但三者的合力大小日益决定着城市更新的成败。从"万名代表下基层"广泛征求人民群众对《北京市城市更新条例》的立法意见，到以"望京小街""劲松模式"等为代表的成功更新案例，展示出政府引导、民主协商、相关方成本共担、全社会利益共享的城市更新共创生命力。减量发展阶段的城市更新，依赖三大主体的密切合作与共治共享。只有用人民城市的价值理念来凝聚各方共识，用"自上而下"与"自下而上"双向决策过程来保障各方利益，用创新的政策工具、金融工具和治理工具来赋能城市更新全生命周期，才能落实以人民为中心的理念，实现高质量发展。

三是更新范围的区域化：从点状更新到片区统筹，从市域内更新到首都圈协同更新。减量发展给城市更新带来了诸多限制性条件，单点项目更新的腾挪空间有限、资源筹措不足，特别是老旧小区、公共设施类的更新改造投入产出难以平衡，必须统筹周边项目一体化更新。在2022年、2023年北京城市更新示范项目中，片区类更新项目约占项目总数的1/4。除了持续推进的王府井街区、大栅栏观音寺片区、朝外大街沿线、大红门片区、模式口街区、通州南大街片区等重点片区外，还新增了不少包含多种更新类型的区域综合性更新项目。如朝阳酒仙桥大山子片区就是以酒仙桥街道为主体，统筹老旧小区改造、危旧楼翻建、社区商业提质及引入专业物业服务等工作的片区化项目；丰台东铁匠营街道统筹辖区 3.1 平方公里存量资源，整合老旧小区综合整治、棚户区改造、公共空间整治等项目，打造南城街坊新生活空间；石景山区西部全域城市更新，超越镇街空间局限，对五里坨镇和广宁街道 3090 公顷土地进行一体化更新，通过完善配套、植入产业、传承文脉、强化运营等方式打造"石景山生态智慧城"。城市更新片区化推进的趋势日益明显。

2023 年 5 月习近平总书记在深入推进京津冀协同发展座谈会上要求"推动京津冀协同发展不断迈上新台阶，努力使京津冀成为中国式现代化建设的先行区、示范区"。同年 9 月，通州与北三县一体化高质量发展示范区执行委员会挂牌成立，将有力推动两地"四统一"（统一规划、统一政策、统一标准、统一管控）落地实施。可以展望更多服务于交通便利性、产业协同性、生态保护一体性和公共服务承载力的跨区域城市协同更新将率先在这里实现。正在编制的《现代化首都都市圈空间协同规划（2023 年—2035 年）》也预示着北京城市更新要在更大的空间尺度上，从城市群的角度来完善和调整城市功能，用好京津冀协同发展政策，带动首都圈的经济增长和环境改善。

四是更新方法的现代化：全面创新治理工具，以有为政府、有效市场和有力社会为着力点，丰富中国式现代化进程中北京城市更新工具箱。坚持党的领导是中国式现代化的本质要求。北京城市更新实践必须牢牢抓住这个本质特征，在方向引领上坚持人民至上的价值追求和高质量发展理念。在具体实践中发挥党的组织优势，带领物业权利人、运营商、居民群众和相关主体，通过协商寻求最大公约数。城市规划日益成为首都现代化治理体系中的重要工具。规划部门应探索城市更新规划向公共政策转变，探索产权制度、土地制度调整。在规划编制上更强调参与式规划、尊重城市自组织进程；在功能设置上顺应现代化特征强调功能复合，如产城融合、轨道交通微中心等；在空间尺度上更突出常人可达、全龄友好和社区微更新设计建设。

积极吸引商业资本投入城市更新。既要让市场发挥资源配置作用，又要限制资本无序扩张，引导城市更新投资企业探索微利可持续的商业模式。房地产和资产运营管理公司日益关注城市更新市场。金融机构也开始探索适用于城市更新的长周期、陪伴式金融产品和服务，如专项贷款、中长期债券、不动产投资信托基金等。就更新项目而言，运营前置的趋势更加明显。物质空间改善后的内容植入，包括科研、产业、文化、消费等，才是更新项目保持长久活力的根源。

培育社会组织、居民、责任规划师团队逐步成为参与城市更新的重要力量。尽管相对于政府和市场，社会的力量相对薄弱，但随着市民法治意识和参与能力的提高，特别是数字化治理工具、协商讨论技术等方法的应用，可以让群众隐匿的需求被看见、让模糊的需求更精准、让多元的需求有机互联，从而汇聚人民群众参与城市更新的强大动力，实现人民城市的建设目标。

四 北京城市更新实践面临现实挑战

尽管北京城市更新行动加速推进，也取得了显著成果，但和2.45亿平方米①待更新存量建筑相比仍是刚刚开始。项目实践普遍面临更新共识度不高、政策法规体系有待健全、更新项目全周期管理模式仍需探索等多重挑战。

（一）观念认识上：利益相关方对城市更新的共识仍待提升

一是政府部门对城市更新工作认识的系统性有待加强。城市更新工作点多面广，牵涉利益相关方复杂，促使物业权利人达成一致意见，必须强化治理思维，在党委政府领导下，充分动员企事业单位、社会组织、居民等各方主体开展协商议事，达成更新共识，采取一致行动。部分政府部门局限于职

---

① 《〈2022北京城市更新白皮书〉发布 2.45亿平方米存量建筑需更新》，https://baijiahao.baidu.com/s? id=1763133508497796698&wfr=spider&for=pc。

能分工与层级，无法对城市更新的系统性形成深入认识，欠缺推动各方力量参与的能力，部门间的协作水平也有待提升，工作的主动意识、责任意识、创新意识与城市更新的改革需要仍有差距。

二是部分房地产企业没有意识到集约型内涵式发展是必然选择。城市更新通过为市民的生产生活提供高品质服务，提升空间品质、提高地产价值并获取稳定回报，是城市开发建设方式转型的未来趋势。部分房地产及相关金融企业对这一发展趋势的前瞻性谋划不足，持有一种"大钱赚不到、小钱看不上"的心态，转型意愿不足。以目前北京城市更新项目资金来源来看，住宅类更新仍以政府投入为主，企业参与意愿和行动严重不足。

三是产权方未能对城市更新带来的长期收益形成准确认识。部分产权单位对实施更新项目带来的未来收益持观望怀疑态度，参与意愿不足。如居住类更新项目，没有形成"谁受益、谁付费"的机制，产权单位不愿或无力负担更新成本，居民则难以准确估量小区品质提升为其带来的地产增值收益，不愿出资参与更新改造。产业类更新项目，产权单位"求稳"心态重，不愿为不确定的未来收益付出改造成本、放弃稳定租金、承担可能损失，更倾向于维持现状。

（二）实施路径上：城市更新落地实施的政策法规有待健全

一是跨系统沟通协调和资源统筹机制尚不健全。在政策的制定和执行中，不可避免地存在"合成谬误"和"分解谬误"，[①] 需要通过部门间有效的沟通协调消解。虽然北京市委城工委设立了城市更新专项小组负责统筹协调各项工作任务落实，但各级各部门之间依然缺少工作信息共享和资源协调调配的常态化方案，不利于快速消解谬误、打通政策堵点，实现更新资源的统筹调配。

---

① "合成谬误"即各部门各时期出台的政策单独来看具有较强的合理性，但多项政策合并实施可能相互之间不匹配，如城市更新中多部门对规划用途变更、改造方案审查、运营资质审批等环节的规定存在相互掣肘的现象，阻碍更新行动开展。"分解谬误"即各部门任务考核刚性化，导致行为极端化、短期化、指标化，在实施过程中无法因地制宜，缺少弹性。

二是城市更新专项规划对存量空间资源配置的引领作用有待加强。城市更新规划对接实施主体的实际需求，往往与总体规划和详细规划的规划年限和规划范围划定存在一定差异，造成规划管理部门难审批、更新规划难落地。城市更新规划对土地用途调整需与详细规划进行衔接，并将调整的结果反映在"一张图"上，而规划调整工作程序复杂、审批流程严谨，往往用时较长、通过的难度也较大，指导存量资源配置的效果大打折扣。

三是土地出让年限、用地规模增减、用地性质兼容、土地出让金补缴等方面缺少统筹支持政策。城市更新项目"一事一议"特征明显，对出让年限、出让金补缴、性质兼容、集体土地入市等方面缺少普适的统筹支持政策，更新项目前景的不确定性大，社会资本参与积极性不高。核心区范围新增必要设施的指标具体归口尚不明确，指标统筹难度大，一定程度上制约了核心区城市更新行动的开展。

四是片区统筹推动城市更新的具体路径未确立。片区更新的统筹主体受到自身能力不足、所授权责不清的内外双重因素影响，容易出现统筹协调缺位、失能等问题。此外，片区统筹类城市更新项目涉及的产权主体复杂，缺少跨层级、跨部门的统筹机制，难以在更新路径选择、统筹实施主体遴选等关键问题上达成共识，统筹效果大打折扣。这就导致产权主体参与更新意愿不足、社会资本不敢进入，最终难以整合分散在各类主体手中的项目资源。

（三）运营管理上：更新项目全周期运营模式仍需探索

一是项目前期资金难筹集。分类型来看，居住类、设施类、公共空间类更新项目公益性质较强、盈利空间小，社会资本参与积极性不高，政府财政资金配套压力大。已有区出现申请式退租项目区级配套资金难到位的问题。产业类项目中，实施主体需要在保留原有建筑主体的情况下，对厂房、楼宇进行重新设计、结构改造、建筑加固和重新装修，新建成本往往高于拆除重建成本，前期投入资金量巨大，财务负担过重，参与意愿较低。

二是项目运营期收益难提高。首先，北京的城市更新项目一般具有规划用地指标调整空间小、"小渐可"模式回报周期长、投入成本高、更新后用途管控严格等特点，限制了项目的盈利空间。其次，金融机构利润预期较高，低成本融资渠道的落实路径仍不明确，高昂的融资成本进一步压缩了企业的盈利空间。部分项目在土地年限到期时都难以完全收回成本。最后，当前的更新实践中，运营主体的管理水平和盈利水平参差不齐，依赖"吃瓦片"盈利的主体仍不在少数，缺少通过高水平运营、高品质服务获取超额利润的意识和能力。

三是投资退出的通道仍有待进一步畅通。城市更新项目运营周期长，项目未来收益具有不确定性，亟须明确城市更新中资本的退出路径，提升市场资本参与意愿。一方面，城市更新中的耐心资本供给不足，降低了实施主体出售资产实现退出的可能性。另一方面，公募 REITs 发行管控严格，适用范围仍然较小。在更新政策法规体系尚不完善、完整的项目审批流程还没确立的背景下，存在项目实施主体、土地权属、土地估值、土地性质等方面难以符合公募 REITs 发行条件的问题，影响了其普适性。

五 推进北京城市更新的对策建议

未来北京要以城市更新行动来推进人民城市建设和高质量发展，就要针对上述问题，从凝聚多方共识、完善体制机制、加强运营保障三方面入手，以破解实践难题，畅通更新路径，积蓄发展动能。

（一）凝聚城市更新的多方共识

1. 正确处理好四对关系

一是处理好"舍与得"的关系。各级政府部门要在首都高质量发展的大局中谋划城市更新，坚持以疏解整治促提升。通过疏解非首都功能"瘦身健体"的"舍"，换来首都空间发展，即实现腾笼换鸟的"得"。

二是处理好"点与面"的关系。北京城市更新现在到了由点及线、由线及面的阶段，通过扩面更好地整理空间，织补功能，发挥综合效应。要让群众看到变化，得到实惠。因此要强化街区更新意识与行动，在街区层面加强条块整合，统筹存量资源配置，提升综合承载力。

三是处理好"表与里"的关系。城市韧性事关首都安全发展的底线，因此在北京城市更新的过程中，要及时做好抗疫、抗洪等突发事件的总结复盘。既要注重空间品质提升的"表"，更要注重城市安全韧性的"里"，加强韧性空间规划与使用。

四是处理好"新与老"的关系。在核心区"老城不能再拆了"，而是要更好地保护传承历史文脉，彰显千年古都的独特魅力。在老城区之外就要算好成本账、效益账、安全账，综合研判按规划办事，更多地采用渐进式微改造的方式下"绣花功夫"。

2.改进制度设计，推动各方观念转变

一是将城市更新纳入政府绩效考核。研究跨部门开展绩效考核的方式方法，调整现行考核体系和考核指标，对城市更新这类需要大量开展部门间协作的工作任务，制定相应的整体考核机制。

二是压实企事业单位更新责任。落实《北京市城市更新条例》第七条有关规定，摸清市属企事业单位用地、房屋资源使用情况，调整绩效考核要求，督促作为物业权利人的企事业单位推动老旧厂房、低效楼宇等空间更新，丰富城市更新资源池。

三是鼓励公共区域、公共设施物业权利人参与更新。发挥北京市委城市工作委员会高位协调作用，研究制定公共区域、公共设施的配套更新方案，鼓励物业权利人单位主动承担公共区域更新、专业管线改造、归集补缴住宅专项维修资金等方面的责任，减轻市区两级财政负担。

3.深入开展研讨培训，统一各方思想认识

一是通过广泛研讨协商达成认知共识。以论坛研讨、干部培训、联盟沙龙、更新项目利益相关方协商等形式，围绕"为什么更新""怎么更新"持续开展协商研讨，交流讨论，统一思想，达成共识。特别要处理好"舍与得""点与面""表与里""新与老"的关系。

二是多样化开展培训工作。研究编制一套覆盖城市更新全流程的工作指南，明确各部门职责权限与工作流程，并做好宣讲培训活动。用好北京市委干部教育培训工作体系，科学设计城市更新系列培训课程，组织各级党政机关、企事业单位党员干部职工共同参加培训。充分发挥北京市城市更新联盟等社会组织的作用，定期组织开展城市更新研讨和案例学习，促进各类主体间的沟通。

三是打造"北京城市更新"金字招牌。持续开展北京城市更新论坛，做好全媒体宣传报道，营造良好舆论氛围。丰富城市更新周的体验活动，塑造城市更新"网红打卡地"，展现城市更新提高居民生活品质、提升城市空间品质、优化市民消费品质的突出成效。加强城市更新的理论和实践研究，围绕城市更新最佳实践积累案例研究库。多渠道资助北京城市更新的系列研究。

（二）完善城市更新实施的体制机制

1.建立"横纵结合"的多维协调机制，促进跨部门跨系统沟通

一是充分发挥城市更新专项小组统筹作用。加强城市更新专项小组领导，对城市更新工作涉及的重大事项、重大政策作出决策，并协调解决项目实施中的重大问题。

二是建立市区两级城市更新联席会议制度。完善部门间常态化沟通协调机制，定期召开联席会议，协调各部门做好政策衔接、细化目标任务、推动项目实施。

三是创新用好"吹哨报到"机制。发挥街道乡镇承上启下的作用，通过"街乡吹哨、部门报到"的方式解决城市更新中物业权利人、实施主体和居民所遇到的问题。

四是充分发挥社会组织作用。引导社会组织发挥桥梁纽带作用，继续做好城市更新论坛、项目推介会、专题培训会等沟通渠道，在政府、物业权利人、金融机构、居民等相关方之间搭建交流平台。

2.突出街区统筹，发挥城市更新规划的引领作用

一是探索适合街区统筹的更新规划编制路径。落实《北京市城市更新专项规划（北京市"十四五"时期城市更新规划）》（以下简称《专项规划》）的要求，突出街区统筹的更新方法，完善城市更新规划编审体系，按照"街区—街道乡镇—区"自下而上的原则，研究制定与国土空间总体

规划和详细规划相对应的各级更新规划编制导则。对《专项规划》划定的178个近期重点街区，由主管部门科学遴选更新实施主体，组织实施主体尽快开展更新规划的编制工作。

二是摸清城市更新资源底数。发挥首都规划建设委员会、北京市委城市工作委员会的统筹作用，组织各街区进一步摸清城市更新工作涉及的建筑和用地底数，绘制包含权属、位置、面积等详细信息的空间资源统筹利用"一张图"，纳入城市更新规划管理。加强城市更新资源"一张图"与"疏整促"、土地储备、公共住房建设其他工作的有机衔接，用活用好空间资源。

3. 优化制度设计，补齐城市更新实施层面的支撑政策

一是明确城市更新实施程序。编制城市更新行动政策清单、示范项目清单，督促各部门做好政策衔接，对更新主体确认、审批流程、项目管理等重点环节予以确认。

二是补齐重点环节支持政策。对土地出让年限展期、出让金补缴、土地性质兼容、集体土地入市等实践中遇到的重点难点问题开展深入调查研究，形成可操作性强、各方接受度高的政策法规。

三是优化用地性质调整的审批流程。对城市更新规划中涉及用地性质调整的，例如已在各区内部实现占补平衡，且未涉及生态保护红线、永久基本农田、城镇开发边界三条控制线的，合理简化审批程序。探索建立市区两级建筑规模统筹机制，研究制定建筑规模跨区域转移、微增量定向投放规则，支持各主体有序开展城市更新工作。

4. 强化"区级主责"，提高城市更新统筹水平

一是统筹区级资源。搭建区级城市更新统筹平台，投放政府项目资源，同时利用区属企业与政府部门、街区的纽带关系，推动区属企业资源上平台，建设区内统一的城市更新资金池、项目池。

二是整合区级力量。鼓励区属房地产企业开展物业管理、活动策划等轻资产运营服务，引导区属房地产公司优化组织方式，通过合并重组、成立联合体等方式，提升城市更新的全流程实施能力。

三是开展区级试点。由各区负责，从《专项规划》划定的178个近期更新重点街区中，选取产业类型多样、主体构成多元、功能定位多面的街区作为片区更新的率先试点区域，在区域内探索用地性质混合、兼容和转换机制等改革事项，形成可推广可复制的更新样板。

（三）加强城市更新的全周期运营保障

1. 培育各类市场主体，激发城市更新市场活力

一是实施城市更新运营商"领跑者"行动。高度重视运营商在城市更新行动中的引领作用，研究制定评价指标体系，按固定周期评选优秀城市更新运营案例和运营管理企业，给予一定的政策奖励。

二是强化城市更新对社会资本的吸引力。通过"落政策、让市场、给订单"的方式，提高社会资本参与城市更新的积极性，激励市场主体以自有资产盘活、重资产收购、轻资产运营、更新资本引入等多种渠道进行城市更新。

三是充分发挥国有企业的作用。优化市属、区属国企考核机制，对标"耐心资本"对企业运营精细化水平的要求，督促国有企业提高管理水平、优化运行效率。通过合并、优化重组等方式，将北投、首创、北控、保障房中心等企业打造成整体实力强、统筹资源多、兼具轻重资产运营能力的城市更新头部企业，做好北京市城市更新工作的"压舱石"。

2. 探索更新成本的多方共担机制，有效减轻财政负担

一是研究居住类项目"点单式"自主更新。研究在具备条件的老旧小区、平房院落开展"点单式"自主更新试点，鼓励居民主动承担居住空间的更新责任。对居民有意愿也有能力开展更新的项目，可在业委会（或物管会）组织下，明确居民作为出资主体，通过权益转移、作价入股、购买改造后产权等方式与企业合作，根据居民意愿对项目进行定制式更新。政府在公共设施补短板、居住条件改善等方面给予一定的政策支持。

二是走通闲置产业资源盘活路径。推动市属企事业单位的老旧厂房、低效楼宇、储备土地等资源入市，引导社会资本高品质改造、高水平运营，通过激发闲置资源活力来提高自身盈利水平，实现闲置产业资源的可持续更新。

三是推广公共空间更新的多方共担模式。推广多方共担公共空间更新成

本的"亮马河模式",达成公共空间品质提升可以带动周边商户收入增长及地产增值的社会共识,明确社会资本出资参与公共空间更新的利益分享模式,激发商户主动出资参与公共空间类更新的意愿。

3.创新金融工具供给,保障更新顺利实施

一是丰富银行信贷产品。充分发挥开发性银行和商业银行的作用,加大市属商业银行对城市更新工作的支撑力度,推出更多适合城市更新特点的专项贷款产品,进一步简化审批手续、延长还款期限、降低贷款利率。加大对社会资本贷款贴息支持,规范贴息范围、申报及审核流程等,积极争取国家优惠利率政策。

二是设立城市更新引导基金。研究建立权益型城市更新引导基金,吸引金融机构、各类企业参与,入股城市更新项目,减轻实施主体的资金负担。通过落实"真股权投资""基金带着政策走"等方式,保障符合未来城市发展方向的更新项目顺利开展。

三是稳健探索公募 REITs 等创新金融工具应用于城市更新。根据公募 REITs 发行要求,有针对性地优化政策供给,形成对城市更新项目各环节的法律合规性及商业可行性的倒逼机制。优先在产业园区、商务楼宇、保障性租赁住房、基础设施更新项目进行公募 REITs 试点,破解更新资金退出难题。

参考文献

何艳玲:《人民城市之路》,人民出版社,2022。

刘文丰:《保护旧城文化遗产的内容与方法》,《北京观察》2012 年第 77 期。

马红杰:《北京城市更新发展历程和政策演变——全生命周期管理和评估制度探索》,《世界建筑》2023 年第 4 期。

唐燕、张璐、殷小勇:《城市更新制度与北京探索:主体—资金—空间—运维》,中国城市出版社,2023。

阳建强:《城市更新》,东南大学出版社,2020。

中共中央党史和文献研究院编《习近平关于城市工作论述摘编》,中央文献出版社,2023。

分 报 告

B.2

住宅类：促进社会资本参与
老旧小区改造问题研究

卓 杰 任之初*

摘　要： 钱从哪里来，是老旧小区改造工作面临的关键问题。"十四五"期间北京市要完成 1.6 亿平方米改造任务，需要在政府投入以外，大力吸引社会资本参与老旧小区改造工作。就此，近几年来，北京市加快完善政策机制、推进试点工作，取得了积极成效，但在政策细化落地、存量资源利用、系统化金融支持、规划审批制度、调动居民和产权方积极性、国企和民企合作等方面仍存在问题。未来亟须在摸清底账、归集产权、强化资源统筹、优化规划审批、搭建合作平台、加强金融支持、促进多元共担等方面完善政策机制，提高社会资本参与的广度和深度。

关键词： 老旧小区改造　社会资本　城市更新

---

* 卓杰，北京市委研究室城市处副处长；任之初，北京市委研究室城市处干部。

老旧小区改造是城市更新重点领域，是关系群众切身利益的重要民生工程，也是带动有效投资的重大发展工程。粗略测算，要完成"十四五"期间改造任务和之后的新旧转换、动态更新，需要巨量资金持续投入。目前，老旧小区改造仍未走出政府包揽的传统模式，市场融资、居民筹资占比较低。社会资本参与老旧小区改造，是通过市场化方式解决改造资金不足难题的必要举措。同时，这一过程也是企业自身转型发展、分享城市更新红利的共赢过程，是激活闲置低效资产、培育新业态新场景的增值过程，更是推动生活观念转变、凝聚基层共识的治理过程，是大势所趋。因此，未来亟须通过健全机制、政策、平台来激发社会资本参与积极性，促进老旧小区改造长久和可持续发展。

一　北京社会资本参与老旧小区改造的主要成效

北京市老旧小区综合整治工作从一开始就提倡积极吸引社会资本参与，边建章立制、边试点探索，涌现了"劲松模式""首开经验"等典型做法，取得了明显成效。

（一）相关政策从倡导逐步走向实质性支持

政策层面，主要分为三个阶段：一是政策倡导阶段（2012～2016年）。2012年，《北京市老旧小区综合整治工作实施意见》提出，积极探索吸引社会资金参与综合整治的途径，探索利用增层、增建商业设施，增建保障性住房等途径拓展资金筹措渠道。"十二五"期间，北京市共投入340亿元，完成6562万平方米市属老旧小区综合整治任务，资金来源基本为政府财政专项拨款。社会资本参与老旧小区改造相关的鼓励引导机制尚未建立。二是局部探索阶段（2017～2019年）。2017年，全市选择10个小区，以"基层组织、居民申请、社会参与、政府支持"为实施方式进行试点，并在此基础上制定《老旧小区综合整治工作方案（2018—2020年）》，明确自选类改造内容由居民自愿选择实施，采取社会投资、居民付费和政府补贴方式筹集资金。这一阶段，改造资金仍以财政资金为主，社会资本参与的范围和深度依然较为局限。三是全面推进阶段（2020 年至今）。北京市制定《2020 年老旧小区综合整治工作方案》，将"社会资本参与"纳入工作目标，并专门提出"试点社会资本参与机制"。此后，北京市密集出台相关文件，包括老旧小区改造"十四五"规划、老旧小区更新改造工作意见、引入社会资本参与老旧小区改造的意见等，均对建立资金多元共担模式提出了明确要求。特别是《北京市城市更新条例》规定"鼓励社会资本参与城市更新活动，依法保障其合法权益"，从法制保障上为社会资本参与老旧小区改造带来新的契机。这一阶段，政策层面释放鼓励社会资本参与老旧小区改造的明确信号，社会资本的功能定位、主要方式、回报模式等问题逐步清晰，这项工作由表及里、不断深入。

（二）社会资本参与试点工作取得积极成效

北京市于 2020 年在 6 个社区试点启动了社会资本参与老旧小区改造项目后，进一步扩大试点范围，鼓励市属国企搭建平台，积极对接社会资本，以"平台+专业企业"方式推进试点工作。目前列入试点范围的项目达到 30 余个，经过一年多探索，社会资本积极性有所提升，初步形成良好势头。

一是民营资本主导改造的"劲松模式"。朝阳区劲松街道引入社会力量愿景集团参与老旧小区改造，在全国率先探索"微利可持续"的老旧小区改造市场化模式，形成"党建引领、民意导向、微利持续、改管一体"的经验做法，被称为社会资本参与老旧小区改造的"劲松模式"。愿景集团根据居民需求投资改造小区公共区域和便民服务设施，以"双过半"方式提供物业服务，经政府授权获得设施运营权，后续通过运营便民业态和物业服务收益逐步收回投资。同时，愿景集团打破设计、施工、运营等各自为政的局面，以运营和服务为目标和质效考量标准，从而形成老旧小区硬件改造、软件提升的系统方案，创新了老旧小区改造项目组织运行模式。

二是国有平台公司统筹实施改造的"首开经验"。首开集团作为市属非经营性资产管理处置平台，先后与 10 个区的政府签署战略合作协议，在非经资产管理、老旧小区改造、城市更新等多领域展开全方位合作。首开集团注重物业服务前置，实行"先尝后买"和"持续更新"，着眼建立长效机制。在老山东里北小区项目中，探索了"产权单位担一点、政府资金奖一点、居民群众出一点、公共收益收一点"改造资金共担机制，用盘活存量资源的公共收益反哺小区物业管理，为老旧小区改造、物业服务升级和人居环境优化提供可复制、可推广的经验。

三是老旧小区改造+"租赁置换"模式。真武庙项目是北京市第一个采用"租赁置换"方式的老旧小区改造项目，是社会资本参与模式上的一大创新。社会资本总投资615万元，通过置换签约、户内及公区改造及后续运营，积极打造集中式、共生型租赁社区，在改善小区面貌、促进职住平衡方面进行了积极探索。项目已于2021年5月正式开业运营，目前出租率已达到90%，运营状态良好。

四是危旧楼房改建多方共担模式。朝阳区光华里5号、6号楼拆除改建是北京市首个危旧楼房改建项目，实施主体为首开集团，于2022年9月交付使用。在改造过程中遵循区域总量平衡、户数不增加的原则，形成了"党群同心、政企联动、成本共担"的改建模式。项目投资由政府、产权单位、居民三方筹集共担，用一周时间实现了100%签约。在户数不变的前提下，适当增加套内面积，从两户合居变为拥有独立厨卫，地上总面积较原来提升了10个百分点左右。东城区光明楼17号简易楼改建是核心区首个危旧楼房改建试点，实施主体为京诚集团，目前已实现居民回迁入住。项目投资由市区政府、产权单位、居民三方共担，改建后总户数保持不变，平均每户住宅增加建筑面积17平方米，增加了独立厨房和卫生间，居民从原来的承租人变为产权人。

二　北京社会资本参与老旧小区改造的主要问题

在各区推进试点项目建设的过程中，暴露出一些政策机制方面的堵点、难点。

（一）政策机制层面存在的主要问题

一是政策措施有待进一步落地。《关于引入社会资本参与老旧小区改造的意见》提出的财税金融支持、存量资源统筹利用、简化审批等支持政策，涉及发改、规自（规划和自然资源）、财政、金融、税务、国资等多个部门，仍需要进一步细化落地。市级政策以鼓励性、引导性为主，而各区作为主要实施者，缺乏具体实操性政策，仅有西城等区出台了相关工作方案。同时，既有典型案例对特定环境和人的因素依赖度高，要转化为可大面积推广复制的政策、经验、模式，还需深入梳理、研究和提炼。

二是存量资源利用存在一定限制。投资回报率是吸引社会资本参与的关键因素。目前看，决定社会资本投资回报的基础资源是老旧小区内的存量空间，历史原因之下，很多可利用的"优质资产"分散于中央、市属、区属等各层级各类主体，难以统筹用于平衡社会资本投资、集约发挥服务效能。北京市采用大片区统筹平衡、跨片区组合平衡、优质商业项目捆绑等方式的成功案例比较少，也缺乏政策的同步支持。

三是系统化金融支持较为欠缺。老旧小区改造具有长期惠民型社会事业属性，项目利润率低、盈亏平衡周期长，亟须长周期、低成本金融产品的支持。目前金融机构尚未形成运营权质押类的成熟产品、审批流程和风控标准，社会资本在以运营权向金融机构申请贷款支持时，需要满足足额资产抵押、较高担保措施等硬性要求，社会资本融资难度较大。为推进老旧小区改造工作，中央在专项债、政府和社会资本合作（PPP）政策中均给予了一定空间，国家开发银行、建设银行也与相关省、市签订了老旧小区改造专项贷款支持协议，部分省市出台了专门针对老旧小区改造的金融政策，这些金融支持模式在北京还有待系统化运用。

四是规划标准和审批制度存在堵点。由于老旧小区建成时间早，社区配套设施、公共服务等现状指标远低于新建小区规划设计指标，改造项目在消防、间距、日照、绿化等方面无法完全适用既有规范标准。虽然陆续出台了一些政策和办法，但距离系统解决改造需求和规范标准之间的矛盾问题还远远不足。同时，受限于社区配套用地用房的原规划用途，老旧小区存量空间资源的改造提升许可审批程序较为复杂，需要部门之间有序衔接配合，这影响了社会资本投资回报效率。

五是调动居民、产权方积极性不足。通过新一轮老旧小区改造，居民和产权单位的积极性不高，没有形成"谁受益、谁付费"的机制。部分老旧小区管理主体复杂，存在产权单位、房管部门等多主体并存和管理界面分割的情况。老旧小区长期没有专业物业服务，居民缴费意识尚未建立，社会资本仅靠收取物业费难以长期运转。同时，大量老旧小区缺乏住宅专项维修资金，对小区设施设备的后续更新维护缺乏保障。

六是国企和民企之间缺乏合作。实践中，参与老旧小区改造试点的社会资本主要是市区属国企，部分国企在平衡经济效益、社会效益方面成效不足。而参与改造项目的民营资本难以获得明确的投资主体、运营主体身份，权责不一，对于长期稳定运营产生不利影响。市区层面缺乏能有效整合两类企业的途径和平台，无法发挥国有企业资金优势、信用优势和民营企业创新优势、运营优势、服务优势，形成推进老旧小区改造的合力。

（二）影响社会资本积极性的深层次原因

由于政策机制存在一些问题，社会资本参与老旧小区改造陷入"不愿投、不敢投、不能投"的困境。其背后的核心原因，还是高昂的交易成本（transaction cost）之下，社会资本的积极性受到了抑制。交易成本是制度经济学家科斯提出的概念，用于分析各种类型的经济活动。威廉姆森进一步对交易成本概念作了实证检验，提出交易成本主要是由资产专用性、交易不确定性和交易频率三个因素所决定的。按照交易成本理论分析，社会资本参与老旧小区改造面临的高成本主要有以下三方面原因。

一是资产专用性不清晰、不同特性资产相互杂糅造成的高成本。老旧小区改造项目服务于小区居民，资产专用性较强，这类资产的投资通常需要建立强有力的契约关系，才能增加投资信心。而目前社会资本参与老旧小区改造缺乏合法性，其投资主体的身份和长期权益都得不到保障。进一步细分来看，老旧小区改造基础类项目的资产专用性较强、流通性较差，而完善类、提升类项目中的一些可经营空间属于流通性较强的资产。对社会资本而言，投入基础类改造必不可少，但其更关心的是能否通过可经营空间的收益来平衡成本。目前两类资产高度杂糅、分割不清，导致社会资本难以制作清晰准确的"成本－收益"模型。加之在存量空间利用等方面政策机制存在堵点，居民服务付费意愿不高，更进一步降低了企业的预期收益。

二是交易环境复杂、不确定性因素较多造成的高成本。交易不确定性（uncertainty）指交易过程中各种风险的发生几率，不确定性导致议价成本、实施成本等增加。社会资本参与老旧小区改造面临非常大的不确定性，突出表现为产权关系和利益主体的复杂性。一方面，老旧小区内有私有产、直管公房、单位自管产、央产、军产、混合产等多种类型，产权分割破碎，导致社会资本无论在前期的信息搜寻、谈判议价阶段，中期的改造实施阶段，还是后期的运营维护阶段，都面临很高的交易成本。另一方面，老旧小区居民和产权单位构成复杂、需求不一，部分存在"政府包办""需求无限"心理，对市场机制的认知不足，对社会资本天然的营利属性存在较强的不信任感，需要大量复杂细致的沟通协调工作。在没有配套的法律保障和强力的组织协调前提下，企业担心参与改造项目将陷入推进困难、成本高企的境地。

三是交易频率低、企业收益兑现方式单一造成的高成本。一般来说，交易的规则越清晰、可交易次数越高，企业收益越容易兑现。在老旧小区改造中，良好的交易频率体现为规范的准入和退出机制，这是社会资本关心的核心问题。老旧小区改造是长周期、重资产项目，动辄四至五年时间，改造过程复杂、交易时间长。对于如何依法有序退出，法律、政策层面没有明确依据，这导致社会资本存在后顾之忧。同时，老旧小区改造的金融支持体系不完善，社会资本融资难、融资贵，更进一步增加了参与老旧小区改造的资金成本和时间成本，导致社会资本进入动力明显不足。

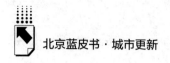

三 其他省市社会资本参与老旧小区改造的主要经验

其他省市在鼓励社会资本参与老旧小区改造方面有许多经验做法值得梳理总结。主要包括六个方面。

（一）加强顶层设计和法律保障

2020年开始，部分城市加速地方立法进程，深圳出台首部城市更新立法《深圳经济特区城市更新条例》，探索市场化运作的更新方式，提出统筹利用资金支持、空间保障、资源统筹等方式，推动社会资本参与城市更新；社会资本在前期阶段可以通过"申报主体"形式参与项目谋划与规划编制，后期以"实施主体"的形式参与更新改造。2021年，《上海市城市更新条例》出台，相比原有城市更新实施办法，条例从资金支持、税收优惠、用地指标、土地政策支持、公房承租权归集等方面多渠道保障老旧小区改造项目的有序开展；社会资本在规划谋划前期可提出更新建议，方案编制阶段可由统筹主体自行编制更新方案，在项目实施阶段实行。

（二）在资金平衡方面予以多种支持

国内部分城市通过加强以奖代补、创新项目运作方式、加大建筑指标倾斜力度等，对社会资本参与老旧小区改造予以支持。深圳、上海等地对参与改造的社会资本免收各项行政事业性收费。河北、内蒙古等社会资本参与社区服务设施改造更新的，财政对符合条件的项目按工程建设费用的20%实施以奖代补。山东省积极探索老旧小区"4+N"改造方式和融资模式，即大片区统筹平衡、跨片区组合平衡、小区内自平衡、政府主导的多元化投入改造4种模式，以及鼓励各地结合实际探索多种其他模式。上海、广州在旧城区改造中，通过完善街区内开发权转移、容积率奖励、不计容面积等制度机制，帮助社会资本平衡项目资金。

（三）进一步优化审批手续

各地在老旧小区改造项目中，通过简化用地手续、优化审批流程，来提高改造项目实施的效率。浙江老旧小区改造项目方案可进行联合审查，将可行性研究报告、项目建议书、初步设计及概算合并审批，对土地权属无变化或规划条件无调整的项目无须办理用地规划许可。广州强化方案并联审批，对符合要求项目探索试行容缺受理、信任审批。上海制定了"一家牵头、一口受理、并联审批、依次发证、告知承诺、限时办结"的审批原则，极大提升了审批效率。同时，部分城市探索更新项目的功能混合与兼容机制，完善用途变更的管理方式。上海允许改变区域内项目用地性质，在保障公共利益、符合更新目标的前提下，相关用途可以按照规划予以合理优化。广州微改造项目允许建筑使用功能转变、用地性质兼容。

（四）积极打造合作平台

国内部分城市专门组建了城市更新平台，作为城市更新实施的主要载体。各平台公司基本都形成了片区开发、房地产、建筑工程等城市更新相关业务，具备大规模更新实施、精细化运营的技术和团队储备。上海成立了城市更新中心，牵头负责相关规划编制、政策制定、项目招商及产业配套，成为政企功能兼容的城市更新投融资平台。广东顺德控股集团与碧桂园集团共同成立顺德城市更新平台公司。重庆市九龙坡区吸引社会力量采取"市场运作、改管一体"方式参与改造，由民营企业、国企成立合资公司，作为实施运营主体，负责全过程投融资、建设、运营、后续维护等工作。

（五）支持多样化金融创新

国内各大城市鼓励金融机构依法开展多样化金融产品和服务创新，支持城市更新活动在资本市场开展融资。山东省济宁市任城区项目采用EPC+O模式，获得国开行全国第一笔老旧小区改造专项贷款，被住房和城乡建设部推介为"全国加快城镇老旧小区改造金融支持"的6个案例之一。设立城市更新基金，是金融支持的重要方式。2017 年越秀集团牵头多家企业成立了总规模 2000 亿元的"广州城市更新基金"，首期资金募集规模 200 亿元；上海地产集团牵头成立了全国落地规模最大的城市更新基金，总规模 800 亿元。在部分城市先行先试带动下，天津、石家庄等地陆续成立了以国资为主的城市更新基金，规模均在百亿量级。

（六）明确居民出资责任、调动共治积极性

国内各大城市按照"谁受益、谁付费"的原则，在明晰居民出资权责方面有不少经验。湖南长沙市、浙江宁波市、山东青岛市等地积极动员居民出资，拓宽出资渠道，鼓励居民使用住宅专项维修资金、小区公共部分使用权及设施补偿赔偿资金等方式出资。同时，各大城市纷纷借助老旧小区改造项目来推进社区治理，不断完善协商决策机制。上海构建了基层党组织领导、社区居委会配合、业委会和物业等参与的协商议事机制。广州打造公众"议事厅"、民意"直通车"，实现更新过程共同参与、更新成果无缝移交。

四　社会资本参与老旧小区改造的主要思路和政策建议

社会资本参与老旧小区改造，本质是公共产品供给与市场配置资源的有机结合。实施过程中要把握好四个原则：一是厘清政企责任边界。政府需加快调整职能，从大包大揽转向引导服务，从具体实施转向顶层设计、政策支持。在强化兜底保障责任前提下，按照"谁投资、谁受益""谁受益、谁付费"的原则，通过制度设计，对各相关主体的充分赋权，最终实现政府少花钱、企业能盈利、居民得实惠的目标。二是尊重社会资本特点。建立全周期支持体系，增强社会资本信心。进一步降低民营资本准入限制，消除政策堵点，打开社会资本"进"的大门；统筹可利用空间资源，对企业长期运营权益予以支持，保障社会资本"盈"的权益；完善产权管理机制，加快金融领域创新，畅通社会资本"退"的通道。三是注重引资的系统性。加

大政策集成和改革创新力度，建机制、搭平台，充分调动国有企业、产权单位等的积极性，通过国资入股、投资合作等多种途径，推动与民营企业紧密合作，形成各类资本、各类企业广泛参与、优势互补、长期共赢的格局。四是培育和监管并重。政府要采取系统措施，积极培育和扶持一批服务决策、服务辖区、服务居民的市场主体，给予政策、规划、审批、财税、金融等多方面支持，激励企业敢于创新、敢于投入。同时，要坚持改造项目的公益性定位，秉持"微利可持续"市场化原则，完善业务引导和运营监管机制，促进行业长远健康发展。

（一）摸清底账、归集产权

北京市老旧小区涉及不同的利益主体和产权类型，必须强化基础工作，这是系统引入社会资本的前置条件。

一是开展老旧小区摸底工作。发挥首都规划建设委员会、北京市委城市工作委员会统筹作用，推动跨级跨部门信息共享，建立包含央属、市区属、私产、混合产等多种类型的老旧小区数据库，全面摸清人、房、存量资源"三本账"。

二是在区级层面加强产权归集。建议由各区牵头梳理老旧小区及周边存量空间资源，灵活运用申请式退租、"非经资产"移交、资产划转、产权收购、作价出资（入股）、平移置换、趸租、特许经营等多种方式实现产权归集，形成统一管理使用的资源库。市级层面要引导相关部门单位增强城市资产管理意识，强化存量资源利用绩效评价考核，推动区里归集产权工作。

三是探索建立"双评估"机制。对老旧小区改造的必要性、可行性进行"前评估"，为项目生成提供支撑。尤其要论证项目的经济可行性，建立涵盖资源归集、设计建安、公服运营等成本和各类收益在内的"成本-收益"分析框架，帮助社会资本"算好账"。对已完成改造项目的综合效益、居民满意度、可持续性等进行"后评估"，实现对社会资本长效监管。

四是建立供需对接机制。搭建社会资本参与老旧小区改造的供需对接平台，摸底、产权归集和项目评估为基础，形成并发布改造需求清单和供给清单。摸排有意向、有能力参与老旧小区改造的企业，提供其在项目设计、工程施工、物业管理等方面的资质和案例，形成改造供给主体清单，供街道社区、业委会等筛选。

（二）强化资源统筹

在底数清晰、产权相对集中基础上，进一步落实"大片区统筹、跨片区组合"原则，拓展可用资源类型，有效破解资金平衡难题。

一是细化"肥瘦搭配"运作方式。基于老旧小区资源禀赋，划分"自平衡项目""片区统筹项目""跨片区组合项目"三类实施。具备连片开发条件的，支持打破小区间物理界限，拓展社区公共服务辐射范围，提升经营规模效应；不具备连片开发条件的，可按同一类型或同一产权捆绑改造，实现跨片联动、资源互补。积极探索地下空间的复合利用，通过消防和建筑技术的论证推动相应规范调整，使小区地下空间用于便民商业、货物仓储、物业办公、养老服务、社区活动等公共服务配套功能。

二是推广与物业管理一体化实施。参照"劲松模式"的经验，社会资本作为改造的实施主体，全程负责老旧小区改造项目以及后续物业管理、更新维护等，依靠居民物业服务付费获得部分收益，同时政府给予一定的物业补贴，实现物业管理长效机制的建立。创新物业服务方式，比如开发小区智慧服务平台、建设运营停车设施、搭建社区商业平台和金融服务平台等，实现物业管理提质增效。同时，可以在属地政府的支持下，将单一的老旧小区物业扩展到周边相邻的小区，整合形成更大范围的物业管理区域，形成规模效应。

三是探索容积率奖励措施。容积率转移亦称"发展权转移"，是将某一项目的容积率损失，通过另一项目的容积率奖励来补偿，从而平衡整体项目成本。建议研究老旧小区改造相关容积率奖励和转移机制，对于老旧小区改造和危旧楼、简易楼腾退更新中的实施成本，都可以通过容积率奖励的方式予以支持，或者利用小区存量空间补建养老、抚幼、助餐、家政等公共服务设施。

四是探索与商业类更新项目捆绑。借鉴上海旧城改造经验，将老旧小区改造项目和周边商业楼宇更新、街区产业结构升级结合起来，统筹规划、打包招标、均摊成本，优先完成老旧小区改造项目验收。该模式既有利于通过商业开发的收益来平衡老旧小区改造的成本，又有利于优化完善老旧小区周边的商业配套，为居民提供更高品质的生活服务。

（三）优化规划审批

老旧小区改造空间尺度小、标准要求精细、流程环节复杂，迫切需要在规划建设审批上更有弹性、更加灵活包容，解决改造过程中的难点。

一是实施建筑指标弹性管理。进一步细化老旧小区改造、危旧楼改建中增加建筑规模的规定，明确新增建筑规模由各区单独备案统计并通过区域统筹、时序统筹消化，确保总量平衡和长期均衡。如海淀交大东路 58 号院改造中，增加 2000 平方米建筑指标用于居民安置、配套建设并统筹解决市级文物大慧寺开放问题，这部分指标由北下关街道于年度拆违腾退面积中消化。

二是健全老旧小区改造规划标准。细化落实用地功能混合和建筑使用功能兼容，提高存量空间利用效益。北京市规自委要明确用途转换和兼容使用的正负面清单、比例管控等政策要求和技术标准，对符合条件的给予规划用途变更认定、不动产登记等支持，按照不改变规划用地性质和土地用途管理。北京市住建委、市场监管、税务、消防等部门要按照工作职责，为建筑用途转换和土地用途兼容使用提供政策和技术支撑，办理建设、使用、运营等相关手续，进一步明确细化"不低于现状水平"的核定和验收办法，加强行业管理和安全监管。

三是完善项目审批监管。探索建立项目改造方案并联审查审批制度，优化审批手续办理流程。在区级层面落实一体化招标"绿色通道"，在建设工程交易平台中开放方案评审功能，提高审批效率。对新建、改扩建便民服务设施，参考大兴枣园社区经验，审批手续按照简易低风险项目办理。对改造完成的项目，由实施主体组织参建单位、相关部门、居民代表等进行联合竣工验收，简化竣工验收备案材料，提高项目实施效率。加强项目全流程监管，明确社会资本在公服设施建设移交、遗产保护、居民安置、社会风险防范、安全生产、工程质量等方面的义务。

（四）搭建合作平台

国内外经验表明，搭建老旧小区改造平台机构将是政企合作的有益补充。美国的经济发展公司（Economic Development Corporation）、英国的城市发展公司（Urban Development Corporation）、日本的都市再生机构（Urban Renaissance Agency）等都是政府设立的公私合作机构，在城市更新中发挥着平台作用。

一是设立区级合作平台。目前国有企业和社会资本在老旧小区改造中有各自的优势和短板，需要将二者结合起来，才能更好地发挥整体效益。鼓励各区授权符合条件的市区属国企、城投公司等，搭建老旧小区改造投融资、改造、运营等一体化实施平台，实现优势互补。平台公司一头对接政府，负责统筹资源和项目；另一头以项目实施主体、资源整合主体、融资主体、政府方出资代表、投资合作主体、服务委托方等身份与社会资本开展股权合作、委托运营。

二是对平台公司进行赋权、注资。平台公司可以财政资金作为项目资本金，对改造资金统一申请、管理与调配使用。归集整合存量空间资源，统筹各类配套设施经营权、公房承租权、腾退用地使用权等权利。市属小区非经资产、央属小区"三供一业"可研究划转至平台公司，增强其资信实力，以便进行融资开展老旧小区改造工作。

三是推广"平台+社会资本"合作模式（见图1）。平台公司可与民营资本合资成立项目公司，解决民营资本参与国有资产运营的法律身份问题。平台公司负责协调解决项目推进中的问题，同时对民营资本起到进度把控、监督考核、资产管理等作用。这样既实现了产权与运营权分离，避免了国有资产流失风险；又最大限度地激发投资运营动力，形成了"国企+民企"资本合作双赢的长期可持续模式。

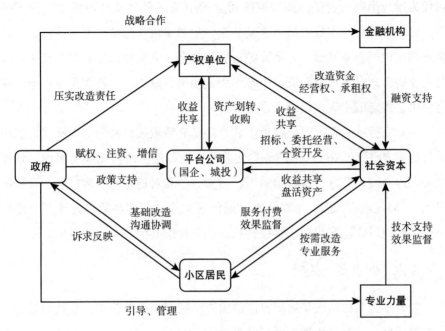

图1　社会资本参与老旧小区改造框架

（五）加强金融支持

除了政府提供有效的"政策包"、平台公司提供清晰的"资源包"外，社会资本参与老旧小区改造还离不开金融机构提供灵活多样的"资金包"。

一是拓宽社会资本融资渠道。建议与开发性银行和各商业银行对接，推出更多适合老旧小区改造特点的专项贷款产品，进一步简化审批手续、延长还款期限、降低贷款利率。创新信贷方式，支持社会资本通过质押老旧小区改造项目中的存量空间经营权、物业服务收费权等方式，获取金融机构低息贷款。加大对社会资本贷款贴息支持，规范贴息范围、申报及审核流程等，积极争取国家优惠利率政策。

二是设立城市更新引导基金。从发起人角度看，城市更新基金一般有两种形式，一种是政府主导的城市更新基金，由财政部门负责实施，以城投公司代为履行出资人责任，如海淀区设立的中关村科学城城市更新与发展基金；另一种是企业主导的城市更新基金，主要是由参与城市更新项目的建筑企业和房地产企业发起，如上海城市更新基金。北京城市更新基金宜采用政府主导的方式，发挥财政资金引导作用，吸引金融机构、各类企业参与，基金使用上将老旧小区改造纳入重点支持范围。

三是完善社会资本退出通道。北京市已有政策鼓励社会资本开展老旧小区改造类 REITs、ABS 等资产证券化业务，但目前全市尚无成功案例。建议加大推进力度，甄选产权较为清晰、运营收益相对稳定的改造项目，开展类 REITs、ABS 融资试点，丰富资本进退流转渠道。完善经营权转让，允许社会资本在项目改造完成后，将经营权合法转让给其他专业运营机构。

（六）促进多元共担

老旧小区归根结底是居民自己的家园，居民、产权单位、专业力量等多方的共同投入，对其长远发展至关重要。

一是完善"谁受益、谁付费"机制。探索建立自下而上申报老旧小区改造项目的机制，激发小区居民参与改造的积极性和主动性。各区可以根据小区违法建设现状、业委会或物管会成立情况、居民改造意愿情况、自筹资金比例等情况进行量化评分，对评分高的优先纳入改造范围。鼓励居民通过权益转移、作价入股、购买改造后产权等方式与企业合作进行改造。研究将补建续筹住宅专项维修资金作为老旧小区改造立项、房产交易、公共收益分配等前置条件，提高补建续筹的主动性。强化居民物业缴费意识，探索"消费积分抵物业费"等多种灵活形式培养居民"花钱买服务"习惯。

二是探索老旧小区自主改建模式。自主改建模式明确居民作为主要的出资主体，委托企业实施改造，其内在动力是通过更新房屋、重置功能，使得房产升值收益显著大于改建成本，以激发居民出资的积极性。建议将自主改建作为危旧楼房改建、老旧小区综合整治之外的"第三条路径"，明确三者各自适用范围和划分标准，形成完备的相关政策体系。建立健全符合自主改建特点的政策规范，鼓励各区选择具备条件的小区开展试点，加快形成以点带面的工作格局。创新金融支持，居民可以将改造后房屋产权作为抵押获得贷款，减轻居民出资负担。

三是积极动员群众参与。把社会治理过程嵌入老旧小区改造全过程，提高共商共建共治水平，共同解决改造过程中的难题，让社会资本集中精力做好运营服务。强化党建引领，充分发挥基层党组织作用，统筹好各方力量，把改造过程作为回应民意、汇集民智、凝聚民心的过程。进一步引导老旧小区成立业委会、物管会等自治组织，发挥其在需求征集、意见反馈、沟通协调等方面的积极作用。运用互联网手段，线上线下相结合，畅通居民接收公开信息、反馈需求意见的渠道。搭建社区议事协商平台，鼓励公开公正的意见表达和决策参与，充分调动居民积极性、主动性和创造性。

四是压实产权单位改造责任。产权单位主动承担在动员业主参与改造、建立物业管理长效机制、承担自有产权专业管线改造费用、归集补缴住宅专项维修资金等方面的责任。水电气热通信等专业管线公司积极履行改造责任，优化施工方案，实现管线改造和整体改造同步实施、同步验收。加强对市区属企事业单位用地、房屋资源使用情况评估，倒逼低效闲置资产活用起来。

五是发挥专业力量作用。用好责任规划师、责任建筑师力量，为老旧小区提供规划咨询、工程监督、项目验收等专业服务，并在动员居民参与、供需精准对接等方面积极发挥作用。扩充法律、财务、运营等其他专业人才，建立老旧小区改造专业智库，在方案设计、立项审批、投资管理、施工图设计、工程招标、施工管理（包含工程监理）等提供全过程专业指导和技术服务。

参考文献

刘贵文、胡万萍、谢芳芸：《城市老旧小区改造模式的探索与实践——基于成都、广州和上海的比较研究》，《城乡建设》2020 年第 5 期，第 55 页。

刘佳燕、张英杰、冉奥博：《北京老旧小区更新改造研究：基于特征－困境－政策分析框架》，《社会治理》2020 年第 2 期，第 65 页。

李志、张若竹：《老旧小区微改造市场介入方式探索》，《城市发展研究（26 卷）》2019 年第 10 期，第 38 页。

唐燕：《老旧小区改造的资金挑战与多元资本参与路径创建》，《北京规划建设》2020 年第 6 期，第 79 页。

徐晓明：《社会资本参与老旧小区改造的价值导向与市场机制研究》，《价格理论与实践》2021 年第 6 期，第 18 页。

B.3

住宅类：基于存量更新的北京市
租赁住房实施问题研究

魏 琛 刘思璐 何思宁 游 鸿 黄 卉*

摘 要： 党的十九大以来，租赁住房在我国住房供应体系中的地位日趋重要。北京市减量发展背景下，如何通过城市更新行动，有效利用存量空间资源扩大租赁住房供应，着力解决好困难群众、新市民和青年人住房困难，既是健全完善住房保障体系的重要抓手，也是城市更新的应有之义。本报告从规划、土地、运营三个维度视角，对目前通过存量资源盘活筹集租赁住房的问题挑战进行分析研判，并提出加强法定规划布局引导、优化集租房实施机制、加快推动企事业单位自有用地试点、建立土地全周期管理机制、探索非改租项目的包容性用地功能混合政策和存量住房的专业化、机构化建设等六个方面的对策建议，为推进存量空间更新、增加租赁住房有效供应提供支撑。

关键词： 租赁住房 存量更新 实施问题 住房保障

---

* 魏琛，北京市城市规划设计研究院高级工程师，主要研究方向为住房保障、租赁住房实施、老旧厂房与产业园区更新等；刘思璐，北京市城市规划设计研究院工程师，主要研究方向为住房发展规划、城市更新等；何思宁，北京市城市规划设计研究院工程师，注册城乡规划师，主要研究方向为住房保障、居住空间更新等；游鸿，北京市城市规划设计研究院高级工程师，主任工程师，主要研究方向为住房发展规划、城市更新、公共财政与资产管理等；黄卉，贝壳研究院研究专家，主要研究方向为住房市场和政策。

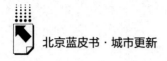
一 租赁住房的研究背景与趋势研判

（一）"租购并举"背景下，租赁住房成为北京市应对"供需结构性错配"的重要抓手

我国的住房供应体系经历了从"重售轻租"到"购租并举"再到"租购并举"的演变过程。2017 年党的十九大报告提出"坚持房子是用来住的、不是用来炒的定位，加快建立多主体供给、多渠道保障、租购并举的住房制度，让全体人民住有所居"，[①] 2022 年党的二十大报告延续了这一说法，租赁住房发展的重要性愈加凸显。[②]

根据北京市统计年鉴数据，北京市城镇居民人均住房建筑面积已由 1978 年的 6.7 平方米提高到 2020 年的 32.6 平方米，城镇居民居住条件显著改善。[③] 同时，随着非首都核心功能疏解和人口中长期结构性变化，当前北京住房发展的基本矛盾已经从"总量缺口"转变为"供需结构性错配"。根据贝壳研究院测算数据，北京市职住平衡指数为 65.33%，即有 65.33% 的租赁人群的居住与工作点空间距离在 10 公里范围内，有 34.67% 的人群职住空间距离超过 10 公里。约 2/3 中低收入蓝领群体选择农村闲置住房、胡同平房、简易板房、地下室等形态各异的租赁产品，存在较大安全隐患。同时，面向快递物流、环卫保洁、餐饮服务等城市运行服务保障行业就业人员[④]的"宿舍型"租赁住房缺口值得关注。据联通手机大数据统计，约有

---

① 习近平：《决胜全面建成小康社会 夺取新时代中国特色社会主义伟大胜利——在中国共产党第十九次全国代表大会上的报告》，中国政府网，2017 年 10 月 18 日，https：//www.gov.cn/zhuanti/2017-10/27/content_ 5234876.htm。

② 习近平：《高举中国特色社会主义伟大旗帜 为全面建设社会主义现代化国家而团结奋斗——在中国共产党第二十次全国代表大会上的报告》，中国政府网，2022 年 10 月 16 日，https：//www.gov.cn/gongbao/content/2022/content_ 5722378.htm。

③ 北京市统计局、国家统计局北京调查总队：《北京统计年鉴 2021》，中国统计出版社，2021 年 10 月，https：//nj.tjj.beijing.gov.cn/nj/main/2021-tjnj/zk/e/indexch.htm。

④ 通常为居住 2~6 个月的实有从业人口，不在常住人口统计范围内。

34.5%的外卖骑手、38.5%的快递员居住在城乡接合部和绿化隔离地区，部分人员居住地距离主要服务的人群较远，通勤时间拉长，导致城市实际运行成本上升。

因此，多措并举增加租赁住房产品供给，从"一张床、一间房到一套房"，提供更充分灵活、更可负担的居住选择，着力解决好困难群众、新市民和青年人住房困难，成为健全完善住房保障体系的重要抓手。

（二）存量资源盘活将成为租赁住房供应的重要渠道

从房地产业发展看，随着进入存量时代，房地产增量规模必然收缩，供地总量减少，房地产开发投资、商品房销售面积持续增长难以为继，房地产市场规模面临趋势性的总量缩减。[①] 北京市新供应居住用地承担的各类保障任务较重、土地成本较高、实施周期较长，用新增土地增加租赁住房供给不现实也不可持续，必须紧密依靠城市更新来盘活存量、增加有效供给。具体来看，一方面北京存量土地和闲置低效房屋规模大、分布广，改造潜力较大；另一方面，大部分存量土地和房屋资源更接近就业中心和公共交通枢纽，周边配套更加完善，相较于在外围地区新建租赁住房，更有利于促进职住平衡发展，对房地产市场冲击较小，可以切实发挥租金稳定器作用。

《北京市"十四五"时期住房保障规划》提出，"十四五"时期要建设筹集6万套公共租赁住房（简称"公租房"）、40万套（间）保障性租赁住房（简称"保租房"）和6万套共有产权住房。[②] 从数量上看，保租房无疑是近期保障性住房供应的重点，而保租房的建设筹集以存量空间资源为主。截至2022年底，北京市已筹集保租房约20万套（间），其中，利用存量土地和房屋筹集的数量占了绝大比例，包括利用存量集体经营性建设用地

---

① 黄奇帆：《分析与思考：黄奇帆的复旦经济课》，上海人民出版社，2020。

② 北京市住房和城乡建设委员会：《北京市"十四五"时期住房保障规划》（京建发〔2022〕339号），2022年9月2日，https://www.beijing.gov.cn/zhengce/gfxwj/202209/t20220906_2809224.html。

建设、存量房屋改造和转化、产业园区配套用地建设、非居住存量房屋改建、应急房转化等多种途径，初步统计利用新供应国有建设用地建设的保租房占比不超过5%（见图1）。因此，有效利用存量空间资源成为扩大租赁住房供应规模的关键举措。

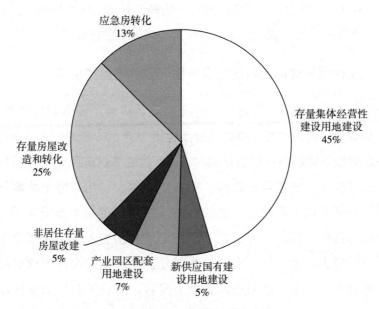

图1　北京市保租房筹集来源分类统计示意

二　存量资源盘活面临的问题与挑战

（一）规划维度：布局引领有待强化，包容性用途与规模管控机制有待完善

1.法定规划对存量空间资源的规划引领作用有待加强

住房规划作为城市规划体系中的重要组成部分，涉及住房供应的规模总量、供应结构、空间布局等多方面内容，但当前的住房规划体系缺乏和法定规划与年度工作任务分解落实的衔接，特别是在国土空间规划（在北京语境则是各行政区分区规划）之下，在街区层面控制性详细规划（以下简称"街区控规"）层面对于住房规模、结构和布局的引导要求有待进一步细化、明确，这导致以目标、总量、结构为抓手的"住房规划体系"和以项目规划综合实施方案、年度供地、建设筹集任务为主的"执行体系"衔接不畅。

具体来看，一方面，以法定规划为抓手的规划引领与布局保障并没有发挥统筹引导作用，导致租赁住房的年度筹集任务处于土地供应的末端，供地选址与实际需求存在一定错配；另一方面，租赁住房供应与存量土地盘活缺乏有效衔接，以更新类街区控规为核心的法定规划层面缺乏对于企事业单位自有闲置土地、产业园区配套用地、存量闲置房屋建设等存量供给路径的指标支持。

2. 建筑规模指标精准投放机制有待探索，规划激励政策有待完善

首先，对于通过存量渠道建设筹集租赁住房，缺乏在建筑规模指标流量方面的统筹支持。在北京市各区整体建筑、人口规模"双控"的背景下，即使街区有资源、产权主体也有意愿，建筑规模指标在商品住宅和租赁住房之间也存在难以统筹的问题，对于优化租赁住房布局引导的规划政策激励还有待加强。

其次，在用地分类方面，北京现行国土空间规划用地分类标准尚未单独设置租赁住房用地细类，主要借用"绿隔产业用地"（F81）作为集体土地租赁住房用地类型。在街区控规的经济测算中，一般将规划未实施的居住用地视作商品住宅用地参与资金平衡测算，降低了新增供应土地资源配置租赁住房的可行性。此外，随着租赁住房多渠道筹集的供给趋势加强，绿隔产业用地难以覆盖企事业单位自有用地盘活、非改租等多种类型租赁住房建设情形，亟须单列租赁住房用地类型，以此作为"牛鼻子"，随之完善配套相应的规划土地支持政策，制定与租赁住房用地类型相统一的保租房认定标准，畅通租赁住房的"纳保"（纳入保障性租赁住房管理）路径。

（二）土地维度：面向租赁全周期的土地管理机制还需健全

1. 集体经营性建设用地的地价评估标准有待明确，配套基础设施的同步实施与投用问题比较突出

集体经营性建设用地是租赁住房建设的一条重要筹集路径，从2017年北京开始推行集体建设用地建设租赁住房的试点以来，全市通过集体土地筹集建设的租赁住房占已筹集保租房的45%左右。但受相关政策制约等原因，很多集租房项目投资回收周期长，投入运营后财务运行处于紧平衡、不盈利甚至亏损状态，首批投资主体可持续投资能力和意愿不强。从已实施的集租房项目来看，主要面临以下几个方面问题：一是北京市尚未建立集体经营性建设用地作价入股的评估标准。集体经济组织与国有企业联合开发建设过程中，双方对集体土地入股的评估标值存在较大偏差，一定程度上造成了合作过程中的分歧和障碍，增加了协调成本。二是运营端隐性成本较高。目前部分早期供应的集体土地租赁住房项目，虽然前期土地成本相对较低，但项目红线内外基础设施建设工程实施不同步，这就导致项目无法如期入市运营或投入运营后维护使用成本较高。三是村企合作模式下，受限于集体土地产权流转机制不健全，法律关系上仍存在堵点，企业通过发行公募REITs实现投资退出的路径尚不清晰。从社会资本参与角度，需要探索通过发行公募REITs实现投融资闭环，但当前北京市集体土地建设租赁住房的实施模式，在土地政策上对于REITs发行商存在一定限制。具体来说，当前北京市集租房主要有经营权租赁和土地作价入股两种实施模式，其中经营权租赁模式的项目，企业并未通过入市流转获得完整的土地使用权，只能参考基础设施特许经营权模式发行REITs，作为经营权的底层资产估值与分割转让难度较大。土地作价入股模式的项目，REITs发行阶段仍需征求集体股东一致同意，难度较大，且集体股东每年固定土地收益，往往在审计时被认定为存在"明股实债"问题，难以满足REITs合规发行要求。

2. 企事业单位自有土地的盘活支持政策尚待打通

盘活企事业单位自有土地存量资源，是建设保租房的重要渠道。从供给侧潜力来看，北京市企事业单位自有用地众多，存量资源规模较大，且很多存量土地位于发展成熟地区，周边市政配套条件较好，本应成为激发更新活力、筹建保租房的"主力军"。但实施层面，截至2022年底，北京市企事业单位利用自有用地建设保租房尚未实现"零的突破"，企事业单位自有用地建设保租房的实施路径尚需探索，目前存在资源总量有待梳理、盘活动力有待激发、支持政策有待细化等堵点问题。

一是企事业单位自有用地的"底数尚未摸清"，资源总量、布局、权属、地上物等情况尚不清晰，资源清单尚未建立，部分用地产权和存量债务关系比较复杂，实施难度较大。在缺乏存量用地资源库的情况下，单一的独立选址项目难以与整体的就业中心、产业园区、轨道交通规划相统筹，规划引领作用发挥"缺乏抓手"。二是对于存量用地如何符合相关政策要求的标准尚不明确。如何才是"符合规划"，符合什么层级的规划并无明确标准；政策要求项目落实建筑规模增减挂钩，但缺乏实施细则指引，在实际项目审批中相关部门往往要求项目建设规模符合区级"拆占比"，[①] 导致项目在财务上算不过账。三是企事业单位自有用地大多为工业仓储、科研办公等非居住用途，按政策要求需先变更土地用途，才能用于建设租赁住房。但实际操作中，变更土地规划条件需对现有控制性详细规划进行调整，或在符合街区控规功能引导性要求的前提下，通过编制项目规划综合实施方案确认新用途，并释放流量指标，相关规划编制和论证过程比较复杂、周期较长。四是产权关系上，政策要求的"权属不变"缺乏具体解释。很多存量用地单位自身并非租赁住房建设运营企业，缺乏租赁行业专业能力和经验，需要通过土地二级市场交易将国有土地使用权流转给专业的租赁平台企业（转让或租赁），才能让"好资源"遇到"好人家"，生产出"好资产"。但目前国有企业资产转让机制尚不完善，相关政策限制国有企业之间直接进行产权转让，而通过"政府收储+再次供应"的通道又不能完全打通，导致土地资源的盘活更加困难。

---

① 是指一定区域内拆除的原有建设用地总面积与建设占用的建设用地总面积的比值。

3. 存量租赁土地的地价、年期、转让监管等机制有待完善

一是租赁住房用地的地价体系尚不完善。北京市的居住用地基准地价仍然是以商品住宅为价格基准，①难以适应"租购并举"时代要求。虽然现有政策为了鼓励盘活存量土地筹集租赁房源，不对盘活的企事业单位自有用地征收土地价款。②但从后端发行保租房公募 REITs 基金退出角度来说，只有通过协议补地价等方式，变更为国有土地使用权有偿使用，后端 REITs 发行才能走通。目前缺乏租赁用地地价基准，用商品住宅用地地价补缴地价款导致土地成本过高，这显然无法满足项目的"租赁逻辑"。

二是租赁用地的年期管理政策尚不完备。大量存量土地和非居住建筑盘活，土地剩余使用年限过短，资产估值过低，难以满足投资平衡与 REITs 发行要求，导致资产流动性不足而盘活失败。虽然《北京市城市更新条例》明确更新项目可以按需续期，③但目前尚无实施细则，续期用于保租房建设是否补缴地价款、如何补缴等问题都缺乏具体操作规则。

三是租赁住房项目的产权登记与转让监管机制还需加强。目前，存量更新建设的租赁住房项目，在物业产权初次登记、变更登记、自持年限、分割转让等方面的政策都不明确，一方面难以管控"以租代售"风险，另一方面对后续 REITs 发行也难以提供明确指引。

4. 非改租类项目改造成本高，租金定价统筹可负担性与商业可行性的难度较大

依据北京市出台的《北京市关于加快发展保障性租赁住房的实施方案》，明确"非居住存量房屋改建为保障性租赁住房的项目，用作保障性租

---

① 北京市人民政府：《北京市人民政府关于更新出让国有建设用地使用权基准地价的通知》（京政发〔2022〕12号），2022年3月18日，http：//ghzrzyw.beijing.gov.cn/zhengwuxinxi/tzgg/sj/202203/t20220318_2633953.html。

② 北京市人民政府办公厅：《北京市关于加快发展保障性租赁住房的实施方案》（京政办发〔2022〕9号），2022年3月18日，https：//www.beijing.gov.cn/zhengce/gfxwj/202203/t20220318_2634203.html。

③ 北京市人民代表大会常务委员会：《北京市城市更新条例》（北京市人民代表大会常务委员会公告〔十五届〕第88号），2022年12月6日，https：//www.beijing.gov.cn/zhengce/zhengcefagui/202212/t20221206_2871600.html。

赁住房期间，不变更土地使用性质，不补缴土地价款"。但在政策落实层面，存在主体参与路径不清晰、收益预期不稳定的不利局面。一方面，现有非改租政策在不改变土地性质及规模指标的情况下，厂房类加层改造难以实现；① 另一方面，非改租项目改造流程尚不清晰，新旧政策未做好有效衔接，增加了办理手续的时间成本，导致企业持有物业的成本改不出来、租不出去，项目现金流持续"出血"。

此外，非改租项目资产购置成本较高，在改造环节需满足相关规范对既有建筑结构加固、消防改造等的严苛要求，又进一步增加了实施成本，相较其他筹集路径来说，更难平衡保租房的社会属性和商业性，对社会资本投入积极性造成较大影响。因此，从非改租的盈利模式构建角度，需要探索由单一租金收益转化为"租金提升"优化现金流表现，并以此为基础通过公募REITs发行、拓宽前期投资退出渠道，打通项目的投融管退闭环的新路径。但在北京尚未明确实施租赁住房用地专属地类，且与租赁用地配套的土地规划政策体系尚不完善的情况下，作为底层资产为商办的非改租项目发行REITs仍然面临合规性认定、土地续期、资产估值等一系列问题，导致难以形成投融资逻辑闭环。②

（三）运营维度：租赁住房运营管理的长效机制有待完善

1.缺乏专业化规模化的建设、租赁和运营管理机构，住房租赁企业经营模式面临多重挑战

目前，在住房租赁领域尚未形成专业化、规模化的机构，在相关建设和管理方面缺乏经验和品牌。存量改建方面，住房租赁企业因难以取得优质物业或者改建成本过高而难以盈利；重资产住房租赁企业因租金回报率过低而无法盈利，加之受到疫情冲击，住房租赁企业抗风险能力整体较弱，还未走

---

① 周博颖、余猛：《存量建筑改造困境及制度优化建议——以非住宅改建租赁住房为例》，《城市规划》2022年第8期。

② 刘思璐、游鸿、黄宁、朱雅迪、王诗语：《保障性住房公募REITs的现实挑战与发展展望——以第一批试点发行项目为例》，《城乡建设》2023年第4期，第48~51页。

上专业化、规模化、健康可持续运营管理的轨道。

在企业经营模式方面，一是企业发展模式单一，可持续发展能力不足。从发达国家的发展经验来看，日本租赁住宅中约有 22.6% 的占比为房东自主管理，37.6% 的为转租，39.8% 的为代管模式；美国租赁住宅中有 22% 的占比为房屋托管公司代管。当前我国住房租赁企业中包租转租模式的占比为80%，代管模式房源规模较小，在租金周期性下行期间，容易出现风险集中爆发以及面向中低收入人群租赁产品供给不足的问题。二是租赁机构开展代管业务的行业趋势下，行业监管思路没有随之调整，限制了机构多样化发展路径。根据日本经验，在房价租金快速上涨趋势结束、社会进入中度老龄化（65 岁以上老年人占比超过 14%）水平后，大量居民闲置房源进入租赁市场，进行租赁托管的需求会逐渐增加。另外，随着租赁市场新一轮的变化调整，传统赚取租金差价的商业模式将难以为继，租赁机构开展代管/托管业务将成为未来的行业发展趋势。[1] 但目前我国租赁法律与监管层面目前对于租赁代管/托管模式的定位仍然不清晰。《北京市住房租赁条例》第二十六条规定"承租他人住房从事转租业务的，应当依法向区市场监督管理部门申请办理市场主体登记，取得营业执照，其名称和经营范围均应当包含'住房租赁'相关字样"，该条例明确从事转租，即包租业务的为住房租赁企业，但对于租赁代管/托管模式没有明确界定，导致代管模式下的租赁经营难以合规。另外，由于代管模式的认定差异，在实际操作中容易引发租赁企业跨城市业务拓展中遭遇被动"模式转变"与来自监管部门的"业务合法性质疑"问题，也增加了企业经营成本和业务合规风险，给租赁企业发展带来阻碍。

2. 租赁社区的社会治理与租赁赋权问题还需探索创新

相较于普通居住社区，租赁社区人员流动性往往较大，一定程度上提升了人员管理与治安维护的难度，在具体案例中出现了街道居委会不接收、环卫垃圾按桶收费等现象（普通居住社区按户收费，按桶收费成本和租户负

---

① 租赁机构开展代管/托管业务是指住房租赁机构与业主签订委托代理合同或资产管理合同，业主承担装修改造的成本，住房租赁机构提供代理出租、收取租金、管理及修缮房屋等服务，以专业服务费作为主要收入，不赚取租金溢价。

担则较高）。此外，虽然北京市相关文件明确了北京户籍无房家庭与非北京户籍家庭子女在住房租赁所在区接受义务教育的相关规定，[①] 但实际情况往往是由房产、户口决定入学顺位，尤其是学位紧张学区，租户的权益无法得到有效保障，"租购同权"目标的实现还存在诸多现实和制度性障碍，也成为新市民、青年人难以将租房作为长期安居选择的"核心障碍"。在租赁住房地位日益重要、供给规模逐渐增多的背景下，如何有效落实国家层面"逐步使租购住房在享受公共服务上具有同等权利""推进基本公共服务均等化"等相关要求，还需不断探索创新，对推进"租购并举"住房制度具有关键意义。

三　对策与建议

（一）规划引领，完善租购并举用地分类体系，加强法定规划布局引导

一是加强空间资源统筹，强化各级国土空间规划对租赁住房规划建设引导。开展区级层面"一区一策"专项研究，测算需求、梳理资源，细化租赁住房供应结构和产品设计，衔接法定规划编制和土地供应工作，从"为指标而供""为化债和资金平衡而供"转向"为宜居宜业而供"，统筹商品住房和租赁住房的前期土地整理成本合理分担机制。在街区控规层面加强对租赁住房规划布局和实施引导，加强存量用地、房屋资源摸排调查，细化更新实施路径，创新规划管控引导工具，确保"刚弹结合"，按需合理配置空

---

① 依据《关于加快发展和规范管理北京住房租赁市场的通知》（京建法〔2017〕21号），承租人为北京户籍无房家庭，符合在同一区连续单独承租并实际居住3年以上且在住房租赁监管平台登记备案、夫妻一方在该区合法稳定就业3年以上等条件的，其适龄子女可在该区接受义务教育。承租人为非北京户籍家庭的，可根据住房租赁监管平台登记备案的信息，以及北京市关于非京籍人员子女接受义务教育具体规定，依法申请办理其适龄子女在出租住房所在区接受义务教育的手续。依据《北京住房租赁条例》，承租人可以凭备案的租赁合同按照规定申领居住证，并作为依法申请办理积分落户、子女义务教育入学、公积金提取等公共服务事项的凭证。

间资源。基于不同区域功能定位与资源禀赋，加强分圈层差异化布局引导。

二是加快出台并实施租购并举的用地分类体系，推出租赁住房专属地类，并明确在各级国土空间规划中的用途管制方式，为下一步出台租赁住房在土地用途转换、租赁用地地价体系、产权确权登记、资产评估等权能实现方面的相关配套政策细则打好基础。

三是依托存量更新挖潜、建立规划激励政策，将闲置土地和可承担居住功能的存量空间建设、改造为租赁住房项目给予指标奖励，对于优先在轨道交通站点周边布局租赁住房的，探索计入市级规模指标流量池或启动区级预留机动指标机制，学习借鉴成都"TOD+保租房"模式，以及重庆统筹轨道周边土地一级开发等经验，完善轨道一体化车辆段上盖开发规模和周边用地统筹实施保租房的政策机制，利用轨道一体化更新增加租赁住房有效供给。

（二）发挥市场对资源配置的决定性作用，持续优化集体土地建设租赁住房实施机制

充分发挥市场化机制的作用，结合集体经营性建设用地入市试点，持续优化集体土地建设租赁住房实施机制，面向需求加强布局引导和区域配套统筹，进一步完善相关实施细则，确保市政基础设施同步实施，健全配套设施实施的工作机制，着力破解集体土地占地模式实施配套设施的建设、移交、管理"真空"难题。

总结大兴集体经营性用地入市建设集租房试点中的经验和问题，建立健全集体建设用地使用权入市流转制度，完善入市集体土地二次流转方式，合理确定集体租赁住房用地要素价格、出让年期、转让监管等要求，通过试点项目破解集体土地与国企合作土地作价入股渠道不畅、土地估值标准不一致、后续REITs发行土地处置决策权分配、集体经济组织固定收益分配与REITs投资人收益分配关系等关键问题，并明确原始权益人在资产分割和处置上的路径，保障集体经济组织和合作企业多方权益，进一步完善城乡一体的土地供应市场，构建多方可持续合作共赢格局。

（三）打通国有存量土地盘活堵点，加快推动企事业单位自有用地建设保租房试点

着力摸清企事业单位存量空间资源底数，以试点项目为牵引，一是探索不同情形下的供地模式，如通过签订存量土地合同补充协议、以协议方式完善出让手续，或通过政府收储再供应方式完善存量用地盘活机制；二是理顺审批流程，明确企事业单位利用自有用地建设保租房项目，相关规划、用地和建设审批手续与保租房认定的关系；三是从土地用途与价款、项目审批、资金支持、配租方式、二级市场监管等方面完善、细化支持政策；四是健全工作机制、统筹协调推进相关工作，不断总结经验、创新合作开发模式，发挥国有企业示范引领作用，激发各类主体参与建设保租房积极性。

（四）针对存量更新特点，建立租赁住房用地的全周期管理机制

一是细化存量物业土地使用年限续期细则，结合租赁住房用地地价体系，完善土地价款补缴规则；二是明确存量物业持有要求，土地受让人应在出让年限内持有租赁住房土地房屋，不得上市销售或变相销售；三是细化物业转让管理要求，明确公租房、保租房进行整体或分割转让的前置条件与限定要求，明确因企业破产、重组或项目发行REITs等情形需要进行转让的政策要求；四是健全租赁住房用地的抵押管理机制，对抵押权实现时，抵押权人、第三人的相关资质进行限定；五是明确存量用地通过协议出让、使用权租赁等方式盘活的，将项目建设、运营功能、租赁价格等要求和履约监管、违约处置等要求纳入土地出让或租赁合同。

（五）探索通过商办用地混合建设租赁住房实施路径，加大非居改建工作力度

细化非改租类项目的包容性用地功能混合政策。针对涉及多种用途混合，适应新居住、工作形态和创新业态的非改租类项目，建立改建白名单制

度，创新容积率调整程序，降低企业拿房成本，提高改建效率。建立面向存量空间的行政许可制度，针对"建筑功能改变类"非改租项目，出具"改建项目认定书"，写明改建后的使用功能、运营管理要求、物业持有比例和年限，以及需要增配的设施等要求，并落实到土地管理、建设管理以及房产登记等环节，强化建筑全生命周期管理。

（六）完善存量住宅房源转化、纳保和市场监管机制，加快培育专业化、规模化的建设、租赁和运营管理机构

鼓励个人业主将闲置房源入市出租，提升就业热点区域有效租赁供给。城市存量住宅房源中，个人业主房源在住房租赁房源供给中占据重要地位，超过90%的租赁房源为个人业主房源。第一，对于个人房东首次出租房屋的，经过租赁合同备案后，可享受税收优惠，租金收入的增值税、房产税和个人所得税给予减免；第二，经过租赁备案出租期限满五年的个人房东，后续若进行房源买卖交易时，可减免个人所得税。另外，还可鼓励业主将房源交给租赁机构托管。鼓励租赁机构增加个人房源，将业主闲置房源用于出租，对于租赁机构首次托管入市出租的住房，可享受政策优惠。

通过引入专业化的住房租赁企业提高对于盘活闲置土地/房屋的运营效率。把企业参与保租房建设运营作为参与土地拍卖、城市更新的前置条件，引导大型房地产企业积极投资建设保租房。组建以主管部门、行业领军企业、行业专家等构成的保障性租赁住房交易平台指导委员会，开展行业指导、规范等工作。鼓励所有权和运营管理权分离，支持具备较好运营管理水平的专业机构服务保障性租赁住房。定期对保障性租赁住房运营管理机构进行第三方测评，督促其提高服务质量。

在住房租赁监管上，完善并统一不同地方对于住房租赁经营模式的认定。住房租赁的经营模式包含租赁代管/托管、租赁转租/包租两类方式，建议通过住房租赁立法的方式，将租赁转租/包租纳入住房租赁监管范围内，并明确该种模式所涉及的权利义务关系。从法律层面形成对于不同经营模式的认定与规范，避免在实际操作中由于地方对于不同经营模式认定不统一，

可能引发的"业务合法性质疑"问题，进一步促进住房租赁市场主体的规范、有序发展。

参考文献

陈杰、陈敬安：《保障性租赁住房的价值意义与发展难题破解》，载中国房地产估价师与房地产经纪人学会主编《规范发展与最佳实践——中国住房租赁发展论坛论文集》，2023，第305~312页。

陈杰、齐昕、张柳依：《"租赁赋权"的战略意义与实施路径》，《经济研究参考》2021年第12期，第5~20页。

游鸿、王崇烈：《新时代促进我国大城市租赁住房发展的建议——关于为什么、是什么和怎么做的思考》，《北京规划建设》2021年第3期，第11~15页。

B.4

产业类：北京老旧厂房转型文化产业园区更新改造研究

孙 婷 卜建华*

摘 要： 推动老旧厂房转型文化产业园区是北京城市更新的重要实践，也是促进文化产业发展、建设全国文化中心的重要举措。本报告详细阐述了老旧厂房转型文化产业园区的意义，系统梳理了更新改造的现状，重点分析了更新改造过程中面临的问题，如更新成本高、手续办理难、专业服务弱、产城联动不足等，探索提出从"加强资金支持、加大统筹协调、提升专业化服务、强化科技赋能、完善融合发展"五个方面推进老旧厂房更新改造为文化产业园区的实施路径，助力北京城市更新。

关键词： 老旧厂房 文化产业园区 更新改造

老旧厂房指全市范围由于疏解腾退、产业转型、功能调整以及不符合区域产业发展定位等，原生产无法继续实施的老旧工业厂房、仓储用房、特色工业遗址等相关存量空间及设施，[①] 老旧厂房"腾笼换鸟"是推进城市更新、畅通城市经济循环、实现高质量发展的重要抓手。文化产业园区是一系列文化产业规模集聚的特定地理区域，以鲜明的文化特色和创意吸引人群，

---

* 孙婷，北京市经济社会发展研究院，产业发展研究所，主要研究方向为科技创新；卜建华，北京市经济社会发展研究院产业发展研究所，主要研究方向为数字经济、平台企业。

① 北京市经济和信息化局：《关于促进北京老旧厂房更新利用的若干措施》，2022 年 8 月 26 日，https：//www. beijing. gov. cn/zhengce/zhengcefagui/202208/t20220829_ 2802011. html。

将文化创新、生产、消费、休闲、教育、科技等融合起来的多功能聚集区，① 是城市经济文化发展的重要引擎。老旧厂房转型文化产业园区是推动传统产业转型升级、建设新型城市文化空间、发挥全国文化中心示范作用的方向和着力点。

一　老旧厂房转型文化产业园区是盘活存量空间资源、推动产业转型升级的重要实践

（一）有利于盘活存量空间资源，推动超大城市更新发展

北京已进入减量发展阶段，是全国首个减量发展的超大城市，城市发展从"增量建设"转向"存量提质"，同时北京也是第一批城市更新试点城市，老旧厂房改造是城市更新的重要组成。全市上百处老旧厂房先后转型文化产业园区，既保留了老旧工业厂房的历史记忆，又实现了产业空间"腾笼换鸟、筑巢引凤"。将疏解腾退的工业空间构建成为文化科技新场景，有效盘活了存量资源，提高了土地资源配置效率，促进了城市产业要素的有序集聚和城市空间的高效集约利用，助力城市面貌换新颜。

（二）有利于推动产业转型升级，促进经济高质量发展

近年来，由老旧厂房转型的文化产业园区不断提质换新，推动文化产业集聚发展，成为文化产业高质量发展的主要承载地，以"科技+""数字+"为代表的新模式新业态不断涌现。如768创意产业园有百余家入驻企业，形成了"互联网+"、数字内容和多媒体设计、人工智能产业、建筑景观设计四大集群，截至2021年已孵化出独角兽企业4家，上市公司3家。751艺术区入选国家旅游科技示范园区试点名单，文化科技类企业和文化设计类企业占近九成。北京艺术金融国际创新园，是全市首个艺术金融园区，已正式投

---

① 樊盛春、王伟年：《文化产业园区理论问题探讨》，《企业经济》2008年第10期，第9页。

入运营，探索推进艺术与商业创新融合。① 园区产业发展进一步拉动了文化消费提质升级，798 艺术区、塞隆国际文化创意园、首创·郎园 Station 等一批典型园区以新兴文化消费业态发展引领文化消费的升级，不断聚集人气、释放消费新活力，园区日均客流量明显增加，有效提高了区域经济流量的综合效能贡献，进一步促进了经济高质量发展。

（三）有利于焕发现代文化新风采，助力全国文化中心建设

北京历史文化底蕴深厚，工业遗址资源丰富，老旧厂房作为北京工业历史发展的遗存和见证者，既是展现中国工业文化的重要窗口，也是延续城市文脉、拓展城市文化发展空间的重要载体。老旧厂房转型文化产业园区促进了工业文明与文化产业的深度结合，有利于构筑城市文化新空间、焕发现代文化新风采，提升高质量文化产品的国际传播能力。如，新首钢园区滑雪大跳台实现了竞赛场馆与工业遗产再利用、城市更新的完美结合，成为世界工业遗产再利用和工业区复兴的典范。798 艺术区入驻了来自 19 个国家和地区的 35 家国际文化艺术类机构，每年境外游客占比达 30%，② 促使中华文化的国际传播能力不断提升。

二 北京老旧厂房转型文化产业园区的现状

北京从 20 世纪就开始探索老旧厂房更新改造，在老旧厂房转型为文化产业园区方面取得了良好成效，形成了 751 艺术区、中关村东升科技园、798 艺术区等一批典型案例，在支持政策、改造经验、更新方法等方面探索形成了北京模式。

---

① 参见北京市国有文化资产管理中心、中国传媒大学文化产业管理学院主编《北京文化产业发展白皮书（2022）》，2022，https：//china. huanqiu. com/article/48z23ehPA2g。

② 王丽晓：《昔日老厂房，化身 798 艺术区！北京文创园的"先行者"太好逛了》，北京新闻网，2023 年 8 月 17 日，https：//baijiahao. baidu. com/s？id = 1774485481420569717&wfr = spider&for = pc。

（一）从发展阶段看，老旧厂房转型文化产业园区由"粗放式"向"精细化"转变

北京市利用老旧厂房改造文化空间自 20 世纪末开始，经历了自发利用、遗产保护、转型利用、规范细化四个阶段，[①] 由"粗放式"向"精细化"转型发展。

自发利用阶段（1994~2005 年）：大量艺术家、设计师开始租用国营老旧厂房等作为其工作室，例如 798 艺术区、751 艺术区等。该阶段相关政策少，对改造利用行为的约束或扶持有限，改造多为未经政府认定的自发行动，各改造园区"自由生长"。

遗产保护阶段（2006~2014 年）：2006 年我国首部关于工业遗产保护的共识文件《无锡建议》发布以来，一系列关于遗产类老旧厂房保护利用的相关政策先后出台。经过多年发展，798、751 等艺术区建设成效显著，既注重工业遗产保护，又形成了一定的市场示范效应。2010 年有 8 家由老旧厂房改造的市级文化产业园区开园，北京老旧厂房改造文化产业园区又向前迈出了重要一步，但政策还不完善，厂房保护利用还面临产权处置和功能转型正式化等问题。

转型利用阶段（2014~2016 年）：国家出台一系列政策[②]支持老旧厂房更新改造文化产业园区，特别是在土地供给方面进行了创新，提出支持以划拨方式取得土地的单位利用存量房产兴办文化创意和设计服务，在一定前提下土地用途和使用权人可暂不变更等。该阶段国家提出"5 年过渡期"政策，[③] 迈出了老旧厂房不改变用地性质"合规"发展文化创意产业的重要一步。该阶

---

① 邵旭涛、唐燕：《老旧厂房发展文化创意产业的政策影响分析——以北京市级文化产业园为例》，《建筑创作》2022 年第 3 期，第 184~185 页。

② 《关于推进城区老工业区搬迁改造的指导意见》《关于推进文化创意和设计服务与相关产业融合发展的若干意见》《关于支持新产业新业态发展促进大众创业万众创新用地的意见》等政策。

③ 在《关于支持新产业新业态发展促进大众创业万众创新用地的意见》（国土资源部 5 号文）、《关于深入推进城镇低效用地再开发的指导意见（试行）》（国土资源部 147 号）等文件中提出：利用现有工业用地兴办国家支持的新产业、新业态建设项目，经市、县人民政府批准，可继续按原用途使用，过渡期为 5 年，过渡期满后，依法按新用途办理用地手续。

段园区运营主体逐渐从国企转型民营资本主导，2014年有18家市级文化产业园区的运营主体为纯民营资本公司。①

规范细化阶段（2017年至今）：该阶段鼓励文创产业发展、允许协议出让、过渡期等政策日趋成熟，有关历史遗留问题认定、部门职责划分、项目操作流程、方案编制等规定日趋完善。针对部分更新实践中遇到的细节问题也提出了具体解决措施，如2021年北京市发布《关于开展老旧厂房更新改造工作的意见》，设定了工业构筑物的具体改造流程。

（二）从厂房资源看，北京老旧厂房"数量多、占地面积大"成为文化产业园区空间拓展载体

市文促中心调查数据显示，北京共有老旧厂房资源774处，总占地面积约3227万平方米，其中，城六区老旧厂房248处，占地面积约1943万平方米，占全市老旧厂房总占地面积的60%左右。② 北京已建成开发的老旧厂房改造文化产业园区117家，③ 有效解决了低效工业空间利用问题。北京市97家市级文化产业园区中70%以上由老旧厂房改造而成，④ 有力促进了工业空间与文化产业联动。根据《北京市城市更新行动计划（2021—2025年）》，到2025年，北京将有序推进700处老旧厂房的更新改造。

（三）从园区类型看，老旧厂房改造文化产业园区涵盖文化科技、文化旅游、影视传媒、创意设计等多种类型

北京经由老旧厂房改造的文化产业园区，主要分为文化科技、文化旅

① 邵旭涛、唐燕：《老旧厂房发展文化创意产业的政策影响分析——以北京市级文化产业园为例》，《建筑创作》2022年第3期，第187～188页。
② 该数据截至2019年9月，参见《〈保护利用老旧厂房拓展文化空间项目管理办法（试行）〉启动实施31处试点项目办手续破难题》，《北京日报》2019年12月23日，https://www.beijing.gov.cn/ywdt/gzdt/201912/t20191223_1828184.html。
③ 该数据截至2022年6月。谢颖：《旧工业改造文创园有机更新设计策略研究——以北京文创园为例》，硕士学位论文，安徽理工大学，2022，第30页。
④ 沈晓朦、袁全、赵旭：《北京：积极推动文化产业园区高质量发展》，新华网，2023年7月14日，http://news.youth.cn/hotnews_41880/202307/t20230714_14649127.htm。

游、影视传媒、创意设计等类型。多数园区注重数智赋能、科技赋能、金融赋能，产业业态丰富、市场主体集聚、社会效益良好，成为引领北京文化产业创新发展的重要引擎。

文化科技类园区：文化科技类园区以文化科技融合为特色，是北京全国文化中心和国际科技创新中心建设的重要载体。如中关村东升科技园重点围绕数字经济、生命科学、新能源新材料等产业资源搭建产业服务平台，集聚近500家企业。E9区创新工场以文化、科技双向融合为产业定位，聚集了50余家以大数据、人工智能和数字创意为代表的文化科技企业，成为文化科技企业总部基地。恒通国际创新园不断推动文化产业与数字科技企业深度融合，以文化科技为主导产业的企业有56家。①

文化旅游类园区：文化旅游类园区坚持以文塑旅、以旅彰文，推进文化和旅游深度融合发展，充分激发消费活力的同时，促进首都文化保护传承高质量发展。如，咏园是全国首座非遗主题文创园区，是北京市文化旅游体验基地之一，通过打造非遗微文旅场景，以独特文化内涵赋能新消费和文旅发展。798艺术区是全国首批以当代艺术为主题的艺术区之一，每年举办各类文化艺术活动近4000场、吸引中外游客1000万人次，2023年3月总客流近100万人次、② 中秋国庆假期累计接待游客33万人次。③

影视传媒类园区：影视传媒类园区以传媒产业为主导，以影视资源赋能文化产业发展。如，星光影视园以视听内容创意生产全产业链生态为核心驱动器，已累计录制《星光大道》《我要上春晚》等大型节目13000余场，接待观众总量约200万人次。77文创园以影视、戏剧、文创设计为主导产业，落地了贾樟柯工作室、单立人文化、都市实践建筑、时尚之声等18家知名

① 孟锐：《文化产业园区助力城市高品质发展的"朝阳实践"》，文旅中国公众号，2023年6月13日，https：//wcsyq. chycci. gov. cn/NewsDetail. aspx？ id=69349。
② 《798艺术区人气回归》，《北京日报》2023年4月12日，https：//www. beijing. gov. cn/renwen/sy/whkb/202304/t20230412_ 3025572. html。
③ 王广燕：《中秋国庆假期798累计接待游客33万人次，近百场活动一站式打卡》，《北京日报》2023年10月6日，https：//www. toutiao. com/article/7286833575822082560/？ channel=&source=search_ tab。

企业。

创意设计类园区：创意设计类园区以品牌设计、服装设计等艺术设计产业和文化创意产业为主导，形成了创意设计集群化产业链。如751D·PARK北京时尚设计广场（即751艺术区）目前已布局设计师工作室及文化消费类企业150余家，入驻设计师逾1500人，形成了以时尚设计为核心的产业生态圈。[①] 尚8设计文化创意产业园以"设计"为主题打造新派庭院式文化园区，入驻企业60余家，成为设计者、设计公司的"专属集聚地"。

案例：751D·PARK北京时尚设计广场

751艺术区位于北京市朝阳区酒仙桥路4号，前身是原国营751厂，经过对老旧厂房和设备设施的更新改造以及对产业结构的不断调整优化，751艺术区形成了以时尚设计为主，涵盖服装、建筑、家居、汽车、大数据等多门类跨界业态，是具有国际影响力的老工业厂区再利用的典范。在更新改造过程中形成了以下经验：一是注重顶层设计。751艺术区自建园以来，就明确了以国际化、高端化、时尚化、产业化为发展目标，以时尚设计为核心，以服务、交流、交易、品牌孵化为产业定位，实现了由"工业锈带"到"生活秀带"的成功转型。二是突出保护性改造。751艺术区保留脱硫塔、铁路线、储气罐、输煤廊等工业遗址风貌，将其改造为集产业业态、消费运营、文化活动于一体的空间，形成老工业资源与时尚设计的强烈对比和碰撞。三是开展原创活动。751艺术区围绕时尚回廊、空中廊桥、广场等园区公共区域，打造了751国际设计节、宇宙工厂、751汉文化节等原创品牌，激发了园区活力。四是促进文化科技深度融合。引进和孵化众多具有较高科技水平、创新实践经验的优质文化科技类企业，其中多家企业拥有多项自主专利以及计算机软件著作权。

---

① 《751园区的美丽蝶变》，人民网，2023年3月1日，https：//baijiahao.baidu.com/s？id=175911496485706 1039&wfr=spider&for=pc。

（四）从区域分布看，老旧厂房改造文化产业园区呈现"大集中、小分散"的布局特征

由老旧厂房改造的文化产业园区在北京 16 个区均有分布，整体呈现"大集中、小分散"的布局特征，主要集聚在朝阳区的酒仙桥区域、高碑店产业园、东城区的历史文化保护区等主城区东部（见图 1）。北京市委宣传部认定 2022 年度市级文化产业园区中，朝阳区有 33 家入选，其中 25 家是由老旧厂房改造而成，数量位居第一；东城区有 16 家，其中 12 家是由老旧厂房改造，数量位居第二，两个区老旧厂房更新改造市级文化产业园区占全市"半壁江山"。

（五）从经济效益看，部分老旧厂房改造文化产业园区经济贡献大、产出效益高

近年来，北京文化产业园区围绕新时代首都发展的要求实现了快速发展，在认定的市级文化产业园区中，入驻文化企业总数近万家，所创造的税收贡献超过 300 亿元。[①] 北京由老旧厂房改造的文化产业园区通过产业转型、科技赋能不断发展，盘活了低效存量空间，涌现出一批产生较大经济价值的典型园区，例如恒通国际创新园年产值已突破 500 亿元，人均劳产率达 1000 万元；[②] 航星文化科技产业园年产值约 400 亿元，[③] 地均产值为 2963 亿元/平方公里；751 艺术区年总产值约 135 亿元，地均产值为 613.3 亿元/平方公里；[④] 中关村东升科技园 2021 年总产值约 323 亿元，地均产值 1101.6 亿元/平方公里，[⑤] 远高于全市地均产值平均水平。

[①] 奚大龙：《以新发展理念推进北京文化产业园区高质量发展》，文促小新公众号，2022 年 11 月 1 日。

[②] 徐婧：《"文化+"促京城特色园区创新发展　集聚效应提升》，中国新闻网，2023 年 6 月 23 日，https://baijiahao.baidu.com/s? id=1769471023480360541&wfr=spider&for=pc。

[③] 《胡同里的创意工厂》，《北京日报》2022 年 4 月 7 日，https://www.beijing.gov.cn/renwen/jrbj/202204/t20220407_2655736.html。

[④] 《北京正东电子动力集团有限公司 2022 校园招聘简章》，海投网，2021 年 11 月 18 日，https://xyzp.haitou.cc/article/2388310.html。

[⑤] 《高品质科技园区巡礼⑥｜中关村东升科技园：构建以人为本的价值型园区》，北京国际科技创新中心，2023 年 1 月 7 日，https://www.ncsti.gov.cn/kjdt/xwjj/202301/t20230107_106249.html。

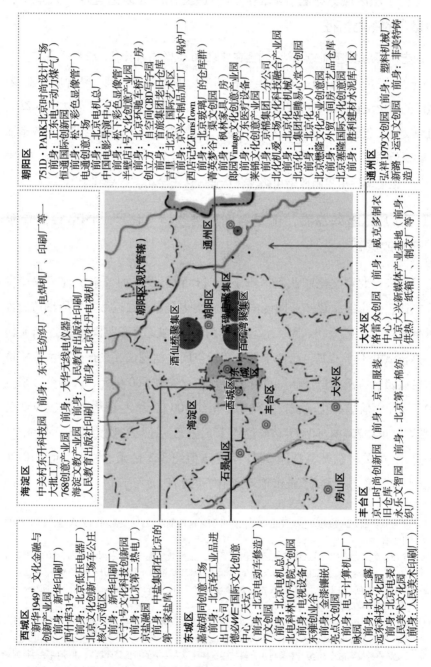

朝阳区
751D·PARK北京时尚设计广场（前身：正东电子动力煤气厂）
恒通国际创新园（前身：松下彩色显像管厂）
电通创意广场（前身：北京电机总厂）
中国电影导演中心（前身：松下彩色显像管厂）
半壁店1号文化创意产业园（前身：北京环地车桥厂房）
创立方·自空间CBD写字楼（前身：北京CBD写字楼旧仓库）
吉里（北京）国际艺术区（前身：首旅集团老旧仓库）
西店记忆FunsTown（前身：北京兴木制品加工、锅炉厂）
菁英梦谷广聚文创园（前身："北京玻璃"集团的仓库群）
郎园Vintage文化创意产业园（前身：万东医疗设备厂）
枫林家具文化创意产业园（前身：京棉集团一分公司）
北京机爱工场文化科技融合产业园（前身：北京化工机械厂）
北京化工厂国际华腾易心堂文化创意园（前身：北京化工八厂）
莱锦文化创意产业园（前身：北京化工产业创意园）
北京懋隆文化创意产业园（前身：外贸三同房工艺品仓库）
北京塞隆国际文化创意园（前身：塞隆水泥库厂区）

海淀区
中关村东升科技园（前身：东升毛纺织厂、电焊机厂、印刷厂等大批工厂）
768创意产业园（前身：大华无线电仪器厂）
海淀文教产业园（前身：人民教育出版社印刷厂）
（前身：北京牡丹电视机厂）人民教育出版社北京公庄

西城区
"新华1949"文化金融与创新产业园（前身：新华印刷厂）
西什库31号（前身：北京低压电器厂）
北京文化创新工场车公庄核心示范区（前身：新华印刷厂）
天宁1号文化科技创新园（前身：北京第二热电厂）
京瑞融园（前身：中盐集团在北京的第一家盐库）

东城区
嘉诚印同创意工场（前身：北京轻工业品进出口公司（天恒））
德必WE'国际文化创意中心（天坛）（前身：北京电动车修造厂）
77文创园（前身：北京电影洗印录像技术厂）
北科科林107号院文创园（前身：电视设备厂）
东雍创业谷（前身：金漆镶嵌厂）
亮点文创园（前身：北京三露厂）
（前身：电子计算机二厂）
远东科技文化园（前身：北京电表厂）
人民美术文化园（前身：人民美术印刷厂）

丰台区
京工时尚创意园（前身：京工服装旧仓库）
永乐文智园（前身：北京第二棉纺织厂）

大兴区
格雷众创园（前身：北京大兴新媒体产业基地（前身：供热厂、纸箱厂、制衣厂等））
威克多制衣

通州区
弘祥1979文创园（前身：塑料机械厂）
新路·运河文创园（前身：菲美特特造厂）

海淀区　石景山区　丰台区　房山区　西城区　东城区　通州区　大兴区
（朝阳区现状管辖）　朝阳区
酒仙桥聚集区　高碑店聚集区　百子湾聚集区

图1　北京部分由老旧厂房改造的市级文化产业园区分布

（六）从政策支持看，政策体系不断完善，支持力度不断加大

北京市发布一系列支持老旧厂房转型文化产业园区的政策，既注重顶层设计，又加强了对具体领域的支持，政策体系不断丰富完善。从顶层设计看，出台了《北京市人民政府关于实施城市更新行动的指导意见》《北京市城市更新条例》等，推动老旧厂房等存量空间资源高质量发展。从专项政策看，围绕老旧厂房、工业资源发展、文化创意产业等领域发布系列政策，助力老旧厂房转型文化产业园区（见表1）。

表1 北京老旧厂房转型文化产业园区相关政策梳理

时间	政策名称	意义
2007 年 10 月	《北京市保护利用工业资源发展文化创意产业指导意见》	建立工业遗产的评价标准和认定机制,促进一批工业遗址改造为文化产业园区
2017 年 12 月	《关于保护利用老旧厂房拓展文化空间的指导意见》	是北京市首个保护利用老旧厂房拓展文化空间的专项政策,充分激活老旧厂房价值,推动部分老旧厂房资源向文化产业园区转型
2019 年 12 月	《保护利用老旧厂房拓展文化空间项目管理办法(试行)》	设计了一整套办理改造建设及登记注册手续的流程规范,一定程度上解决了老旧厂房改造文化产业园区"审批难"的问题
2021 年 6 月	《关于开展老旧厂房更新改造工作的意见》	指出五环路以内和北京城市副中心的老旧厂房可根据规划和实际需要,引入文化等产业创新项目,补齐城市功能短板
2021 年 5 月	《北京市人民政府关于实施城市更新行动的指导意见》	明确老旧厂房在符合规划的前提下,优先发展智能制造、科技创新、文化等产业
2021 年 8 月	《北京市城市更新行动计划（2021—2025 年)》	引导利用老旧厂房建设新型基础设施,发展现代服务业等产业业态
2022 年 11 月通过	《北京市城市更新条例》	明确产业类城市更新以推动老旧厂房、低效产业园区等存量空间资源提质增效为主
2023 年 8 月	《关于加强腾退低效产业空间改造利用促进产业高质量发展的实施方案》	将通过投资补助和贷款贴息两种方式支持低效楼宇、老旧厂房和片区统筹改造,支持改造后引入战略性新兴产业、现代服务业等新业态

三 北京老旧厂房转型文化产业园区面临的问题

老旧厂房转型文化产业园区虽然已取得良好的经济效益和社会价值，但仍面临更新成本高、手续办理困难、功能定位不清晰、产城联动不足等问题亟待解决。

（一）更新成本高、运营难度大、回款周期长，资金扶持力度有待加强

一是建设期改造成本高。部分老旧厂房转型文化产业园区涉及用地性质的变更，需要补交高额的土地出让金，部分权利人有意愿但无实力推动老旧厂房转型升级。改造需投入大量资金进行设计、建筑加固和重新装修，施工建设成本高，例如郎园 Vintage 文化创意产业园经历 5 个阶段的改造建设，共投资 4.5 亿元左右。

二是运营期盈利难度大。文化创意产业孵化周期长，投入运营初期，相关产业仍在导入、培育期，盈利能力需要一定的时间培育，短时期内资金难以实现动态平衡。曾有数据显示，全国半数以上文化产业园区处于亏损状态。[①] 部分园区依赖"瓦片经济"，利润来源主要是办公场地租赁、物业服务，综合效益不高。

三是退出期面临回款压力。受国家及区域政策、土地类型、项目类型、合规风险、运营能力和市场环境等因素影响，项目未来收益率具有不确定性，加之建设成本和资金成本较高，除少部分轻资产文化产业园区投资回收周期在 5 年左右，如，德必 WE″国际文化创意中心（天坛）前身是电动车修造厂，2016 年开始升级改造，目前已实现盈利，大部分园区在退出期回款压力较大。社会资本参与园区项目的投资意愿不强，目前园区项目多由市、区国资企业承接。

---

① 陈红玉：《光明时评：超过半数亏损，文创园还是一门好生意吗?》，光明网，2021 年 5 月 20 日，https：//m.gmw.cn/baijia/2021-05/20/34854311.html。

（二）更新改造手续办理困难，流程仍需简化完善

一是手续不全。老旧厂房前期为工业用地性质，部分存在权属手续不全、产权不明等历史遗留问题，如果不变更土地性质，后续改造中面临立项、规划、施工、消防以及登记注册等一系列手续难以办理的问题，导致更新项目进程难以保障、优质资源难以合规导入。

二是协调不畅。北京老旧厂房涉及集体、国有、外资等不同性质的产权主体，利益关系复杂，项目协调难度大。同时更新项目需要多个部门共同协作推进，但各区、住建委、规自委等部门在开工证、设计报批、消防审批等各项手续办理时，存在协调不畅、职能划分不清晰等问题，进一步加大了项目推进难度。

（三）更新改造园区缺乏顶层设计，企业服务能力有待提升

一是园区顶层设计不足。部分文化产业园区产业定位不清晰，"同质化"现象凸显。园区内资源分散、企业混杂，尚未形成以主导企业为核心的产业链条，部分文化产业园区对龙头企业认识不足，忽略上下游企业间的关联性和渗透性，存在"填鸭式"招商模式，土地使用效率低。部分园区与入驻企业之间尚未形成良好的产业关联效应，企业之间关系网络较为单薄，产业链条难以延伸。

二是园区专业服务能力不足。部分文化产业园区"专业化、市场化、国际化"的产业服务能力不强，对入园企业服务还停留在一般的园区资讯、政策咨询、热线服务等基础层面，为企业提供融资、人才、多场景孵化加速等公共服务能力不足。同时工程化开发平台、中试熟化平台、共性技术平台等专业服务机构缺乏，尚未形成"创新集成服务商"，无法满足企业的金融服务、股权融资、产业链服务、市场拓展、应用场景、专业科技服务等多元化需求。

三是园区数字化水平不高。北京文化产业园区中有50%以上的园区未建设智慧信息管理服务平台，77%的园区尚未提供云服务，80%的园区尚未

推出线上便民系统。① 部分园区数字化转型人才缺乏、数字化转型意识有待提升。

四是园区承载能力不强。部分文化产业园区占地面积相对较小，可承载的文化产业空间有限，如东城区50%以上的园区面积不超过1万平方米，社会资本的投资偏好不强，吸引优质企业入驻难度大。

（四）更新改造园区联动、产城联动有待加强，产业生态不完善

一是园区联动有待加强。北京文化产业园区发展力量相对分散，区域间、园区间联动合作不足、各自为战，尚未形成系统性、制度性的园区联动机制，导致上下游产业链之间协作关系不够紧密，尚未形成明显的产业集群效应。文化产业园区集聚区域发展特色不突出，存在重复建设和无序竞争情况，业态融合发展程度较低。

二是产城联动仍需加强统筹协调。大部分文化产业园区处于单独规划、自行开发，从区级层面推动园区融入街区特征、融入城市更新还不够，走向"全方位开放式"的后劲不足，将稀缺性的文化资源与文化服务向外辐射的积极性不高。文化产业园区"围墙"效应明显，园区、社区、街区之间融合互动相对有限，让文创走进百姓日常生活、进入社会基层的力度仍需持续加大。

四 推动北京老旧厂房转型文化产业 园区更新改造策略

坚持资金拉动、科技驱动、政策带动、产城联动，加快推进老旧厂房转型文化产业园区，促进园区转型升级、提质增效，实现文化产业经济效益和社会价值的良性互动。

---

① 奚大龙：《以新发展理念推进北京文化产业园区高质量发展》，文促小新公众号，2022年11月1日。

（一）加强资金支持、降低改造成本，不断提升园区"造血"能力

一是拓展融资渠道。政策层面，参照上海2022年成立规模100亿元的园区开发类私募股权基金——市级园区高质量发展基金，探索设立老旧厂房改造文化产业园区专项基金，加大资金支持。银行层面，引导国有商业银行和政策性银行加大对园区更新项目的专项贷款和融资贷款支持，积极开展以文化产业园区为载体的文化金融创新试点。社会资本层面，探索采用PPP等模式引导社会资金参与园区更新，强化园区更新改造内生动力。

二是降低土地成本。健全先租后让、租让结合、长期租赁、弹性年期等用地市场供应体系，降低用地综合成本。增加混合产业用地供给，探索在改造后的文化产业园区内实施功能适度混合的产业用地模式，合理配置地块兼容功能和比例。针对在重点产业集聚区和功能区中利用老旧厂房拓展文化空间的园区，按照有关规定优先给予政策和资金支持。

三是提升盈利能力。研究制定分期改造、滚动开发建设模式，鼓励园区以合理的多业态项目开发顺序进行更新，保障现金及时回流，缓解资金压力。延长项目整体曝光度促进市场引流，实现资金动态平衡。鼓励园区通过提高老旧物业品质、增强运营能力、塑造IP文化等方式提升项目经济价值。

（二）精简优化手续办理流程，推动老旧厂房更新改造提速增效

一是建立健全改造手续和流程。针对项目建设过程中遇到的各类手续问题，按照风险可控、安全可控、依法合规的总体要求，探索容缺办理、先办后补等模式，优化精简相关程序审批流程。针对特定问题进行特事特批、特批特办，建立项目开工、建设、验收等手续办理绿色通道。

二是加强协同联动。精准把握更新项目的区域功能定位和发展方向，立足资源禀赋优势，结合政府、市场、产权方、社会公众等多方利益和诉求，明确园区产业定位。建立由区政府、建设主管部门和工程监管部门等组成的联席会议机制，围绕开工建设、设计报批、消防审批等流程加强沟通协调，提高项目推进效率。积极调动社会力量，努力搭建"行业规范、标准制定、

联动协同、政府参谋"的平台，增强园区联动能力，持续吸引高端资源集聚。

（三）提升专业化服务能力，完善园区生态服务体系

一是提高园区管理服务专业化水平。整合入驻企业金融信贷、人力资本、知识产权、供应链管理、云平台服务等共性需求，制定高品质文化产业园区专业服务清单，适时转化为专项支持政策。聚焦金融、知识产权、设计等领域，引进一批专业化、国际化的第三方服务机构，不断提升园区服务水平。加大对园区管理运营复合型人才的支持力度，探索以产学研合作的方式引入"高精尖缺"人才，对于园区在人才引进、积分落户、工作居住证办理等方面给予适度倾斜。

二是提升园区数字化水平。搭建文化产业园区运行数据监测平台，整合文化产业园区内各子系统信息资源，建立客观、全面、系统的文化产业园区建设发展和管理服务标准体系，打通数据孤岛，实现园区内全要素和全场景数据的汇聚、融合与共享。运用5G、人工智能、数据分析等技术，汇聚企业信息数据，为园区提供精准招商服务、为企业提升决策能力。

三是推动园区生态承载能力建设。基于"空间-产业-服务"多维需求，推出集内容创作、场景应用、信息交互、交流活动、用地性质、招商激励、优化营商环境等一系列政策"组合拳"。推进园区空间内资源共享、信息互通、业态协同、空间互用、项目共建、品牌共营，形成功能上相互补充、相互呼应的"文创部落"。加强园区内楼宇、公共服务设施之间互动协同，吸引具有较强核心竞争力的领军企业和专精特新的中小微企业集聚。借助服贸会文化专题展、文创大赛、文创市集等重大文化品牌活动平台，推动文化产业园区加强跨区对接交流合作，打造园区跨区资源共享生态圈。

（四）强化科技赋能，增强文化产业园区发展动力

一是激活文化资源。挖掘古都文化、红色文化及京味儿文化等文化价值，推动文化服务业与旅游、教育、体育、中医药等融合发展。通过"上

云、用数、赋智"等科技手段激活文物、非遗等资源，提升文化产品和服务的附加值，增强传统优势文化产业核心竞争力和企业发展活力。

二是搭建文化场景。借助 5G、物联网、大数据、云计算等科技手段，培育数字文化产业新场景，增强文化经济发展新动能。发挥应用场景招商、育商、留商功能，加强文化产品服务模式创新，联动周边社区、政府、学校打造一批具有沉浸式体验的未来文化服务新场景，建设元宇宙主题乐园，打造游戏、影视等线下沉浸式娱乐体验中心，满足人民群众对文化体验的需要。

三是促进文化消费。顺应居民消费升级趋势，推进微电影、短视频、网络直播、网络文学等业态发展，引导共享经济、数字贸易等适用于文化领域的新业态在文化产业园区落地。丰富网络音乐、网络动漫、网络表演、知识服务等数字消费，发展可穿戴设备、智能家居、数字媒体等新兴消费，不断提升园区文化产业质量和核心竞争力。

（五）强化融合发展，打造多元共享的城市文化新空间①

一是联动商区打造"前店后厂"的复合园区。推动文化产业园区的文化内容制作、时尚设计等创意智造功能与商区改造升级融合发展，打造"文化-技术-经济"良性循环，形成内部联动协同生态链，以空间综合复用方式提升空间利用效率。

二是联动街区打造"融合互促"的魅力园区。支持园区和属地街道建立共建共享共商机制，共同推进区域特色街区和产业综合体建设。吸引文化产业园区参与街区更新，提供公共文化服务运营功能，推动文化事业与文化产业的融合发展。

三是联动社区打造"以人为本"的幸福园区。在园区内面向周边社区开放公共文化服务空间，丰富公共文化服务活动，扩大居民文化产品消费试

---

① 赵海英：《文化产业园区高质量发展对策》，《北京日报》2021 年 9 月 28 日，https：//finance. sina. com. cn/jjxw/2021-09-28/doc-iktzqtyt8497729. shtml。

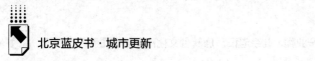

点，努力打通公共文化服务"最后一公里"，不断提升社区居民的文化获得感和幸福感。

四是联动外企打造"中外合作"的国际园区。鼓励园区以国际标准、世界眼光，超前思考和谋划，构建各具特色的开放型创新体系和国际化创新生态，鼓励园区携手国际知名艺术家共同打造国际展览品牌。高起点筹办北京文化论坛，高水准办好服贸会文旅专题文化产业园区展、"联通世界·感知北京"中外企业对接交流等活动，持续提升北京国际电影节、北京国际设计周等活动的品牌影响力。

产业类：北京老旧厂房更新改造研究

贾　硕　刘作丽　尹云航*

摘　要： 老旧厂房更新改造是城市更新的重要组成部分，在推动产业转型升级、功能优化和提质增效，促进存量资源集约高效利用中发挥着重要作用。本报告结合北京老旧厂房更新改造的政策趋势，系统梳理了老旧厂房改造现状，重点分析了当前老旧厂房改造中面临的问题，如缺乏统筹协调机制、产权主体复杂、配套政策有待细化等，提出从加强统筹协调、细化改造类型、坚持因地制宜改造、优化更新改造条件、完善配套政策五个方面加快推进老旧厂房更新改造的建议。

关键词： 老旧厂房　因地制宜　统筹推进

北京在全国较早开始了老旧厂房更新改造的探索，形成了798艺术区、751艺术区、郎园文创园区、东升科技园等一批更新改造范例。随着城市更新以及老旧厂房更新改造相关政策逐渐完善，北京老旧厂房更新改造方向和路径更加明晰。但同时也要看到，实践中仍存在统筹管理不够、社会资本参与度低、配套政策不完善等亟待解决的问题。站在首都现代化的新征程上，要以首都发展为统领，落实减量发展要求，以改革思维统筹推进老旧厂房更新改造，推动实现城市内涵式高质量发展。

---

* 贾硕，北京市经济社会发展研究院战略规划研究所高级经济师，主要研究方向为宏观经济、产业规划等；刘作丽，北京市经济社会发展研究院战略规划所所长，主要研究方向为区域经济、全球城市等；尹云航，北京市经济社会发展研究院战略规划所实习研究员，主要研究方向为空间规划、产业经济。

一 老旧厂房更新改造是统筹推进城市更新、畅通城市经济循环渠道的重要抓手

本报告所提及的老旧厂房是指北京范围内由于疏解腾退、产业转型、功能调整以及不符合区域产业发展定位等，原生产无法继续实施的老旧工业厂房、仓储用房、特色工业遗址等相关存量空间及设施。老旧厂房更新改造作为城市更新的重要领域，是统筹推进城市更新、促进产业转型升级、畅通城市经济循环渠道的突破口和着力点。新形势下，必须以更大尺度、更大范围、更大力度推动老旧厂房盘活利用，不断提升空间要素资源配置效率。

（一）老旧厂房是减量发展背景下重要的存量空间资源

当前，北京正处于转型发展、提质增效的关键时期，框定总量、限定容量、盘活存量、做优增量、提高质量是城市未来发展的基本遵循。老旧厂房是北京宝贵的存量资源，通过有效盘活和统筹利用，可以为产业转型升级，建设国际科技创新中心、全球数字经济标杆城市、国际消费中心城市提供更加广阔的空间载体，也可以加快补齐公共服务设施不完备、公共空间不足等短板，切实改善人居环境和安全条件，不断满足人民群众"七有"要求、"五性"需求。

（二）老旧厂房更新改造有助于推进城市空间合理布局和职住平衡

随着首都城市战略定位的牢固确立和"四个中心"功能建设的持续推进，新的城市空间格局正在加快构建中。在历史原因之下，北京形成了以老城为中心环加放射状的发展格局，城市功能布局不够合理，平均通勤距离达到11.3公里，远高于上海（9.5公里）、深圳（8公里）等一线城市，[1] 加

---

[1] 住房和城乡建设部城市交通基础设施监测与治理实验室、中国城市规划设计研究院、百度地图：《2022年度中国主要城市通勤监测报告》，2022年7月，https://huiyan.baidu.com/cms/report/2022tongqin/。

剧了职住不平衡问题。通过对老旧厂房"腾笼换鸟"、布局高精尖产业，可以在北京范围内推动新一轮的生产、生活、生态空间功能重组和有机融合，进而促进职住平衡。

（三）老旧厂房更新改造有助于畅通生产、分配、流通、消费循环

老旧厂房支持更新改造的类型广泛，包括更新改造为文化空间、商业综合体、租赁住房、养老设施、体育综合体等，从这个角度看，老旧厂房可成为优化投资供给结构、带动消费转型升级、畅通城市经济循环的多功能载体。此外，不同于老旧小区更新改造，老旧厂房更新改造通过补缴土地出让金等方式能带来一定收益，可以满足城市更新其他领域庞大的更新改造资金需求，从而实现城市更新资金统筹平衡，形成良性可持续的资金循环。

二　北京老旧厂房更新改造新趋势

随着《北京市人民政府关于实施城市更新行动的指导意见》（京政发〔2021〕10号）、《北京市城市更新专项规划（北京市"十四五"时期城市更新规划）》（京政发〔2022〕20号）、《北京市城市更新条例》等顶层设计政策出台，以及《关于开展老旧厂房更新改造工作的意见》（京规自发〔2021〕139号）、《关于印发加强腾退空间和低效楼宇改造利用促进高精尖产业发展工作方案（试行）的通知》（京发改规〔2021〕1号）、《关于促进北京老旧厂房更新利用的若干措施》（京经信发〔2022〕68号）等专项政策陆续发布，北京老旧厂房更新改造路线图日渐明晰，为进一步推动老旧厂房转型升级、功能优化和提质增效奠定了良好基础。

（一）更新方向更加明确

从当前政策文件看，老旧厂房更新改造主要有五个更新方向：一是优化中央政务功能。鼓励首都功能核心区内的老旧厂房依需调整为中央政务功能

用房。二是推动产业转型升级。鼓励利用老旧厂房发展智能制造、科技创新等高精尖产业以及新型基础设施、文化产业等符合街区主导功能定位的产业。三是增加公共空间。结合街区控制性详细规划编制，引导老旧厂房改造优先保障交通市政条件预留、"三大设施"设置、绿地及开放空间等需求。四是补齐城市配套短板。主要是补充文化体育、停车服务、医疗养老等公共服务设施，以及增加道路、绿地、广场、应急避难场所等设施。五是发展经营性用途。鼓励利用闲置老旧厂房发展现代服务业或建设新型服务消费载体，以及改建为保障性租赁住房以促进职住平衡。此外，对区域差异化更新也进行了引导，五环路以内和北京城市副中心的老旧厂房主要是引入产业创新项目，补齐城市功能短板，五环路以外其他区域的老旧厂房原则上用于发展高端制造业。

（二）实施方式更加明晰

目前老旧厂房改造主要分为自主更新和政府收储两种更新方式。自主更新鼓励原产权单位（或产权人）通过自主、联营等方式对老旧厂房进行更新改造和转型升级。在这种更新方式下，支持成立多元主体参与的平台公司，作为项目实施主体，对老旧厂房设施、业态等进行统筹利用和管理。政府收储是由政府按照规划用途重新配置土地资源，由新的使用权人按照规划落实相应功能。对于无法更新改造的工业腾退空间和闲置、低效老旧厂房，鼓励各区通过收储回购等方式盘活利用。

（三）审批手续更加简化

针对老旧厂房办证难、程序复杂、涉及主管部门多等问题，现行政策制定了一些解决措施，以达到简化和缩短审批流程的目的。比如，《关于开展老旧厂房更新改造工作的意见》规定不改变规划使用性质、不增加现状建筑面积，对现状合法建筑进行内外部装修、更新改造的，由实施主体向区住建部门申请办理施工许可，无须办理规划审批手续；对涉及规划使用性质改变的，也设计了一套明晰的办理程序和详细的推进步骤。

（四）配套政策更加具体

老旧厂房更新改造离不开规划、土地、资金等配套政策的综合支持，北京进行了诸多创新。比如，规划方面，允许老旧厂房可配建不超过地上总建筑规模15%的配套服务设施。土地方面，鼓励依法采取租赁、先租后让、租让结合、作价出资（入股）等多种方式办理用地手续。同时，"5年过渡期"政策由文化产业延伸到5G、人工智能、大数据、工业物联网、物联网等新型基础设施，以及国家鼓励和支持的新产业、新业态。在符合工业用地管控要求的前提下，工业及仓储类建筑可以转换为其他用途。资金方面，包括投资补助或贷款贴息支持等，对于老旧厂房及设施改造项目，可按照固定资产投资总额30%的比例安排市政府固定资产投资补助资金，银行贷款可以按照基准利率给予不超过2年的贴息支持，总金额均不超过5000万元。[①]对发展先进制造业、创新主体中试线项目、专精特新特色园区，在符合一定条件下也可获得不同额度的资金补助。[②]

三　北京老旧厂房更新改造现状

北京作为新中国成立后第一批重点发展重工业的城市之一，拥有大量老旧厂房资源。北京文促中心调查数据显示，截至2019年10月，各区共梳理出老旧厂房资源774处，占地面积约3227万平方米。根据《北京市"十四五"时期城市更新规划》所展现的老旧厂房集聚程度，老旧厂房主要分布在顺义、经开区等平原新城区域。近年来，随着产业加快转型升级和疏解非首都功能持续推进，不少低效、闲置的老旧厂房纷纷开启转型之路，涌现出一批城市更新改造范例。

---

① 北京市发展和改革委员会：《关于印发加强腾退空间和低效楼宇改造利用促进高精尖产业发展工作方案（试行）的通知》，2021年5月28日；《关于加强腾退低效产业空间改造利用促进产业高质量发展的实施方案》，2023年8月31日。
② 北京市经济和信息化局：《关于促进北京老旧厂房更新利用的若干措施》，2022年8月26日。

（一）老旧厂房蝶变为文创园

北京老旧厂房改造转型文创园的实践起步较早，已经形成了798艺术区、751艺术区、郎园文创园区等品牌文创产业聚集区。为进一步发挥老旧厂房传承发展历史文化、扩展文化空间的重要作用，更好推进全国文化中心建设，在2017年出台北京首个保护利用老旧厂房拓展文化空间专项政策——《关于保护利用老旧厂房拓展文化空间的指导意见》，解决了原有诸多掣肘和发展瓶颈，向市场释放政策利好，老旧厂房转型文创园的步伐持续加快。

案例：龙徽1910文化创新产业园

龙徽1910文化创意产业园前身是北京葡萄酒厂，占地总面积约6.5万平方米，一期改造总建筑面积约2万平方米，致力于打造文化与科技融合示范街区、国际葡萄酒文化传播中心和科技商务交往交流中心，推动数字文化、展示交流、公共艺术融合发展，是北京首批保护利用老旧厂房拓展文化空间项目。改造后的老旧厂房重点打造文化科技企业办公空间和公共文化活动空间。目前园区已集聚几十家电竞娱乐、动漫游戏、数字出版等优质数字文化企业。通过开放式音乐沙龙、草坪体育文化趴、萌娃"摊"玩市集、中国画院书画名家作品联展等沉浸式特色主题文化活动，园区有效满足了居民多样化的文化消费需求。

（二）老旧厂房变身科创园

在国际科技创新中心加快推进的背景下，不少老旧厂房通过腾退低效产业空间，重点发展符合首都城市功能定位的高精尖产业。2021年发布的《关于印发加强腾退空间和低效楼宇改造利用促进高精尖产业发展的工作方案（试行）的通知》，对符合条件的项目给予市政府固定资产投资补助资金支持，专项用于推动腾退低效产业空间的智能化绿色化改造，进一步激发了市场主体盘活存量产业空间的动力，有利于加强高精尖产业发展空间的要素保障。

案例：城市副中心硬科技产业示范基地

城市副中心硬科技产业示范基地是北京出台加强腾退空间和低效楼宇改造利用、促进高精尖产业发展政策以来落地的首批试点项目，也是北京首个厂房改造后用于硬科技孵化和成果转化的专业园区项目。该项目前身为北京铝材厂，位于通州区临河里路4号院，占地面积约8.7万平方米，建筑面积约3.4万平方米。厂区荒废十多年后由中关村发展集团所属北京中关村硬创空间科技有限公司全资子公司为主体出资改造。按照规划，项目围绕电子信息、先进制造和创新创业服务领域，以中试、研发和测试等专业技术服务为抓手，通过"中试科技+空间办公+智慧金融"一体化的新型生态服务园区模式。截至2022年6月底，城市副中心硬科技产业示范基地已经累计注册企业超过50家，其中研发类科技型企业和生物医药研发类企业占比超过50%，专业科技服务类企业占比约30%。

（三）老旧厂房改造为文化、体育等公共服务设施

北京的城市更新已经由过去的大拆大建进入小规模、渐进式、可持续的新阶段，利用老旧厂房等疏解腾退空间，因地制宜补充文化体育、便民服务、停车等服务设施，通过空间美化、功能再造，打造温馨和谐、有归属感的社区空间新形态，逐渐成为社区微更新的重要形式。

案例：丰台老库房变身全市最大体育综合体

位于丰台葆台北路的金岁广场由一处老库房更新改造而来，总面积达15万平方米，是北京市最大的体育综合体，里面设有篮球馆、羽毛球馆、攀岩馆和网球馆等，可以同时容纳6000~8000人运动。[1] 北京市首家斯伯丁

---

[1] 孙颖、刘平：《总面积15万平方米！北京最大体育综合体开门迎客》，《北京日报》2023年3月18日，https：//baijiahao.baidu.com/s？id=17606740509211111926&wfr=spider&for=pc。

冠名的篮球馆、北京市唯一一家尤尼克斯冠名的羽毛球馆、北京市首家YONEX 主题网球俱乐部都入驻在此。该改造项目填补了京西南没有大型体育综合体的空白。随着二期项目的建成，马术、亲子游乐、室内冲浪、花样滑冰、室内滑雪、室内高尔夫，以及航空模拟器等新潮流项目已陆续开门迎客，为居民群众提供了健身休闲好去处。

四　北京老旧厂房更新改造的难点

虽然北京老旧厂房更新改造的顶层设计和政策框架已经明晰，但在具体实施过程中，仍面临老旧厂房统筹力度不足、产权主体协调难度大、社会资本参与积极性不高、园区更新改造呈现同质化趋势、政策有待细化等难点。

（一）老旧厂房更新改造缺乏统筹协调机制

从统筹主体看，目前全市老旧厂房改造统筹部门在市经信局，但在项目推进过程中，需要发改、规自、财政等部门多主体协调，规划、审批、消防等环节仍存在手续烦琐、耗时较长等堵点问题。从底数信息看，虽然市经信局建立了全市老旧厂房台账，但由于老旧厂房的界定范围没有明确，且信息收集主要靠各区上报，老旧厂房地块和项目情况的准确性和全面性有待提高。从改造范围看，老旧厂房改造依然是单独的点状更新，缺乏对片区、区域城市更新需求的整体考虑，虽然城市更新条例明确提出可将多个城市更新项目划定为一个城市更新实施单元，但具体实施路径尚不清晰，老旧厂房改造与其他更新项目的联动性和融合性有待提升。

（二）老旧厂房涉及产权主体多、利益协调难度大

北京老旧厂房涉及集体、国有、外资等不同性质的产权主体，利益、权属关系较为复杂，加之很多老旧厂房建立于较早年代，产权归属问题更加难以确定，增加了项目协调和推进难度。从莱锦、751 等老旧厂房更新改造文

创园的典型案例看，产权主体相对简单，主要是依靠国企推动，如莱锦文创园是由国棉公司组建的运营团队进行整体改扩建。然而北京老旧厂房资源台账中有 1/4 处于待开发状态，特别是平原新城区域中依然有大量闲置厂房没有得到有效利用，产权复杂、权责不清是老旧厂房改造推进慢的重要原因。

（三）老旧厂房更新改造成本高，市场主体参与度较低

为满足产业发展升级需要，老旧厂房更新改造往往涉及用地性质的变更，需要补交高额的土地出让金，一定程度上打击了市场主体更新改造的积极性。此外，在土地、建筑规模指标等刚性条件约束下，通过改造提高容积率的做法较难实现，也影响了社会资本投资意愿。相比而言，深圳、上海等地已经探索形成了成熟的"工业上楼"模式，在促进存量土地高效利用、扩展产业空间上效果显著，而北京只在经开区有天空之境、健康智谷等几个项目，且受制于"推倒重建"的性质，并不能享受现行的老旧厂房改造资金补助政策。

（四）老旧厂房更新改造呈现同质化趋势，盈利能力不足

在政策东风下，北京由老旧厂房更新改造的文创园"遍地开花"，但一些园区定位模糊、同质化竞争等问题逐渐显现。文旅部文化产业司曾做过相关统计，全国 70% 以上的文创园处于亏损状态，真正盈利的不足 10%。[①] 与其他类型的产业园相比，文创园在前期设计、建造等方面往往需要投入大量资金，短时间内难以实现资金平衡，而文化创意企业大部分业务规模较小，盈利能力需要一定时间培育，特别是当前经济下行压力较大、市场有效需求不足的背景下，租金支付能力、租约稳定性方面存在很大不确定性，给文创园的运营带来很大挑战。

[①] 余頔：《超 70% 的文创园在亏损，文创产业园区不能只是看上去很美》，网易新闻，2021 年 3 月 19 日，https://www.163.com/dy/article/G5EQB9H70519MU3H.html。

（五）老旧厂房更新改造相关政策有待细化和完善

老旧厂房政策出台后，还需要结合实践情况进一步细化和完善，打通政策"最后一公里"。比如，北京对利用老旧厂房发展文创、人工智能等产业，推出了土地"5年过渡期"政策，但目前很多项目面临政策到期或临近到期的情况，下一步政策如何调整尚不明确，对市场预期造成一定影响。再比如，工业设备再利用上，外形独特的储气罐作为一种空间形式受到市场欢迎，但由于没有房产证，无法办理工商注册，利用老火车车厢开办服装工作坊、餐吧等也面临同样问题，[①] 亟须探索灵活有弹性的处理方式，通过技术导则、技术规范等保障老旧厂房改造工作顺利推进。

五　推进北京老旧厂房更新改造的政策建议

面对新趋势、新机遇和新挑战，北京老旧厂房更新改造要在统筹推进城市有机更新的政策框架下，立足于城市空间形态和城市功能优化调整的整体目标，着眼于存量资源集约高效利用，坚持规划引领、因地制宜，分区分类推进，以老旧厂房盘活利用撬动新的投资和消费需求，形成引领产业结构转型升级、激发城市发展新动能、畅通城市经济循环的新局面。

（一）加强统筹协调，探索老旧厂房改造新模式

一是加强部门协同联动。探索建立市区两级多部门联合的老旧厂房改造项目推动协调机制，明确责任分工，协调相关部门，及时解决老旧厂房改造中遇到的各类问题。鼓励各区健全老旧厂房改造项目前期审核、中期监督、后期评估、全程监管的全生命周期管理模式，促进土地资源集约高效利用。

二是鼓励创新工作机制。建立自下而上问题反馈和自上而下政策创新的

---

① 张璐：《老厂房发展文创空间存在哪些难点？市政协常委调研支招》，《新京报》2020年8月21日，https://baijiahao.baidu.com/s? id=1675611294021830480&wfr=spider&for=pc。

双向互动机制，政府主管部门在改造前及改造过程中应积极听取老旧厂房主体与实施主体等多方意见建议。鼓励各区结合实际不断改革创新，选取具有代表性的老旧厂房项目进行先行试点，在工作流程、审批程序等方面积极探索，争取创造更多可复制、可推广的经验。

三是探索推进片区统筹更新。鼓励各区将老旧厂房与老旧校区、低效楼宇等进行片区统筹改造，明确坚持区域统筹，做好"肥瘦搭配"，跨项目、跨区域划定实施单元，统筹公益性和经营性空间，盘活建筑规模指标，促进微利可持续，实现减量发展下的"长平衡""大平衡"。

（二）细化更新改造类型，分类推进老旧厂房更新改造

一是鼓励利用老旧厂房发展高精尖产业。鼓励各区对辖区内的老旧厂房全面摸底，抓紧落点落图，保持动态更新，完善老旧厂房资源台账和更新改造数据库。引导各区围绕老旧厂房空间资源制定产业招商地图，对重大项目通过固定资产投资、运营补贴等方式予以配套支持政策，吸引市场主体投资改造，促进高精尖产业项目落地。

二是鼓励利用老旧厂房建设养老服务设施。围绕北京养老服务设施专项规划、区域更新需求，研究将养老服务设施项目纳入老旧厂房更新改造整体方案中，明确项目主体、实施流程、土地出让等事宜。对于老旧厂房中的办公、居住等空间，在确保结构安全、消防安全的基础上，可暂不改变规划性质、土地权属，不得新建和扩建，可临时改变建筑使用功能用于养老服务。利用老旧厂房兴办养老设施，可享受城市更新相关支持优惠政策，养老服务设施建设补助、运营补贴，以及税费减免、水电气与有线电视费用优惠等。

三是鼓励老旧厂房转型为商业综合体等商业设施。立足国际消费中心城市建设，探索在平原新城等消费设施欠缺、消费需求旺盛的区域，将符合条件的老旧厂房更新改造为商业综合体、消费体验中心、健身休闲娱乐中心等多功能、综合性新型消费载体，支持社会资本积极参与，加快打造一批新的消费地标，提升城市活力和吸引力。

（三）坚持因地制宜，分区推进老旧厂房更新改造

一是首都功能核心区老旧厂房要突出政务服务保障功能。结合非首都功能疏解，统筹好老旧厂房腾退空间的承接利用，稳步推进核心区功能重组。以优化中央党政机关办公布局为重点，将老旧厂房按需更新改造为中央党政机关办公用房，以更大范围空间布局支撑中央政务活动。

二是中心城区、副中心、平原新城老旧厂房更新改造要突出因地制宜、特色发展的定位。朝阳区要在现有老旧厂房保护利用与城市文化发展经验的基础上，进一步推动文创园区由综合型园区向特色化、专业化园区转变。海淀区要依托中关村的创新资源，利用老旧厂房重点发展智能制造、新一代信息技术等高精尖产业。副中心要围绕绿色金融、高端商务、文化旅游等现代服务业，打造一批老旧厂房更新改造的标杆项目。鼓励北京经济技术开发区和房山、顺义、昌平、大兴等平原新城聚焦各自特色产业，利用老旧厂房优先发展先进制造业和提供相关创新服务。

三是生态涵养区老旧厂房更新改造要补齐民生短板。结合分区规划和控制性详细规划编制工作，系统梳理生态涵养区基础设施和公共服务设施的存量问题和增量需求，鼓励利用老旧厂房补充文化体育、医疗养老、便民服务等公共服务设施，有针对性地补齐短板。

（四）优化更新改造条件，鼓励老旧厂房权利人自行更新改造

一是明确更新改造优惠条件。参照广州市的做法，对独立分散、未纳入成片连片收储范围、控制性详细规划为非居住用地的国有土地旧厂房，支持其优先申请自行更新改造。鼓励市、区属国有企业积极收购盘活低效、闲置工业用地，所产生负债可不计入对该国有企业的考核。属于同一企业集团、涉及多宗国有土地上老旧厂房更新改造的，鼓励实施整体规划和打包更新改造。

二是探索以存量补地价方式自行更新改造。在满足相关规划用途和具备独立开发条件的情况下，鼓励老旧厂房原土地权利人采取存量补地价的方

式，对老旧厂房自行开发更新改造。对于工业用地外的"边角地""夹心地""插花地"等存量土地，不具备独立开发条件的，可采取扩大用地的方式，由原土地权利人结合开发。

三是探索自主更新与政府收储相结合方式进行"工改商"。在自主更新和政府收储外，增加自主更新与政府收储相结合模式。老旧厂房更新改造主体保留一定比例地块，通过变"平面"为"立面"、改变土地用途，享受土地增值收益。政府根据规划需要，对收储土地进行统筹安排，并通过明确一定的公建配套分摊系数来平衡项目各主体、各地块的承担比例。

（五）完善配套政策，打好政策组合拳

一是加快出台改造技术导则。目前国家缺乏老旧厂房改造工程设计建设的专用标准，现行工程建设相关规划控制、结构加固、建筑节能、建筑消防等方面的标准规范难以适用，建议根据全市老旧厂房建筑特点以及改造实际情况，研究出台老旧厂房改造技术导则，推动改造工作高质量开展。

二是完善规划土地政策。利用现状老旧厂房补充公共服务设施或其他配套设施的，在确保结构安全、消防安全的基础上，可临时改变建筑使用功能，暂不改变规划性质、土地权属。对于保障居民基本生活、补齐生活短板的老旧厂房更新改造项目，适当放宽建筑密度、容积率等规划管控要求。

三是加大金融支持力度。鼓励国开行等开发性银行、政策性银行、商业银行等金融机构在政策允许范围内给予长期低息贷款支持。利用商业银行机制灵活特点，创新金融产品，为老旧厂房更新改造实施主体及产业转型升级提供资金支持。鼓励金融机构通过市场化方式设立或参与投资老旧厂房更新改造等城市更新基金。针对老旧厂房更新改造仓储物流设施等项目，支持社会资本开展类 REITs、ABS 等资产证券化业务。

参考文献

范周、梅松：《北京市保护利用老旧厂房拓展文创空间案例评析》，知识产权出版社，2018。

刘佳燕：《北京城市社区更新理论与实践》，中国建筑工业出版社，2022。

沈昊婧、王金燕、荆椿贺：《城市存量用地更新和空间治理——北京非首都功能疏解中的实践研究》，中国计划出版社，2021。

田莉、姚之浩、梁印龙：《城市更新与空间治理》，清华大学出版社，2021。

唐燕、张璐、殷小勇：《城市更新制度与北京探索：主体-资金-空间-运维》，中国建筑工业出版社，2023。

B.6

设施类：系统设计　完善制度　以综合管廊助力北京韧性城市建设

王尧　刘沛罡　周方　刘思岐*

摘　要：　综合管廊是在城市地下建设隧道空间集成电力、通信、燃气、供热、给水和排水等工程管线的基础设施，是保障城市安全高效运行的"生命线"工程，是韧性城市建设的重要内容。本报告介绍了国内外综合管廊建设运营的经验做法，阐明北京市在建及规划建设综合管廊面临的挑战，并建议围绕韧性城市建设和地下空间利用，统筹考虑北京综合管廊建设，从系统规划设计、配套制度完善、多元出资模式三方面推进北京综合管廊建设运营可持续发展，保障城市运行的"生命线"建设。

关键词：　综合管廊　资产确权　韧性城市

综合管廊是提升"城市生命线"韧性的强有力手段，可有效助力宜居、韧性、智慧城市打造，因地制宜地规划建设综合管廊还可以集约高效利用土地资源和地下空间。新版北京城市总体规划提出到 2035 年综合管廊建设约 450 公里的任务目标，截至 2023 年底北京已建成综合管廊里程居全国首位，但也存在一些阻碍综合管廊可持续建设运营的问题。本报告建议研究总结国

---

*　王尧，北京市经济社会发展研究院改革开放研究所干部，主要研究方向为现代化基础设施建设、经济体制改革；刘沛罡，北京市经济社会发展研究院改革开放研究所干部，主要研究方向为经济体制改革、开放理论与实践；周方，北京市经济社会发展研究院改革开放研究所副所长，主要研究方向为经济体制改革、开放理论与实践；刘思岐，北京市经济社会发展研究院投资消费研究所干部，主要研究方向为投资消费。

内外综合管廊建设经营的经验做法，秉持"整体、宜建、适度、多用"原则，系统做好立法、地下空间规划、综合管廊专项规划等工作，在城市总体规划实施及城市更新等推进过程中划定综合管廊宜建区、优先区和限建区，规划构建"布局合理、集中管理、有机衔接、功能完善"的"干-支-缆"综合管廊体系，探索综合管廊延展"平急两用"等功能，持续完善建设运营收费等制度，推动综合管廊建设运营可持续发展，有效助力北京韧性城市建设。

一 国内外综合管廊建设运营的经验做法

综合管廊兴起于19世纪的法国，20世纪应用推广到英国、美国和日本等，其中日本是世界上综合管廊发展最先进的国家，日本国内已建设9000余公里。北京是我国最早建设综合管廊的城市，建设里程与投资体量均居全国首位，截至2023年，北京已建和在建综合管廊200多公里，已完成城市总规要求的近50%。截至2020年，上海规划建设了100公里综合管廊（未设定远期长度目标），广州虽规划建设综合管廊约200公里，但以支线、缆线管廊为主，干线管廊不足50%。总结国内外综合管廊建设历程，在法规制定、系统设计、可持续运维等方面形成一定的经验做法。

（一）有力保障城市安全运行

1832年，巴黎在饮用水被污染后爆发大规模霍乱，1833年开始规划地下管线系统，将下水道、自来水管道、电信电缆、压缩空气管、交通信号电缆五种线路整合起来，以抵御城市重大灾害。截至2023年，巴黎已建成综合管廊超过2400公里。日本是建设综合管廊最先进、发展最快的国家之一，1926年关东大地震之后，日本政府针对地震导致的管线大面积破坏等问题，从防灾角度在东京都复兴计划中规划建设综合管廊。1995年日本阪神大地震，神户市内大量房屋倒塌、道路被毁，但当地的综合管廊却大多完好无损，大大减轻了震后救灾和重建工作的难度。随着城市发展速度加快，日本政府随道路大规模建设综合管廊，截至 2023 年，在东京市区已建综合管廊长度超过 1100 公里。广州中心城区环城综合管廊穿越五个主城区，将串联中心城区变电站及各大自来水厂、通信枢纽，打通新老城区"生命线"主动脉，同时，广州中心城区地下综合管廊还是目前全国首个落实人防防护要求的管廊项目，率先打造"平急两用"的大型公共基础设施，实现设施的多功能性和对空间的高效利用。

（二）不断完善法律法规

一是发达国家普遍制定形成较完善的法律法规体系，为综合管廊建设搭建系统的制度体系。英国历经百年发展，制定形成《管道法》《共同沟建特别措施法》等。日本自 20 世纪 70 年代起相继颁布《关于建设共同沟的特别措施法》《共同沟实施令》《共同沟法实施细则》等，在法律层面规定了日本相关部门组织实施综合管廊建设的资金分摊与回收、建设技术等关键问题原则，并于 1991 年成立专门的综合管廊管理部门，负责推动共同沟的建设，其中道路管理部门是共同沟的主要管理部门，各入沟管线单位配合管理。美国、德国、新加坡等国也围绕综合管廊建设运营制定完善的法律法规体系。

二是上海、广州、深圳、南京等地积极探索地下空间开发利用的地方立法统筹综合管廊建设。其中 2008 年出台的《深圳市地下空间开发利用暂行办法》是国内最早颁布的针对地下空间的综合性政府规章，对地下空间的部门管理、规划编制、权属范围及获得、权属登记等方面进行了大胆的探索与尝试。2014 年起实施的《上海地下空间规划管理条例》是国内首部针对地下空间的综合性地方性法规，对地下空间部门管理、规划管理、用地管理、建设管理、使用管理以及用地权属管理等方面均进行了较为全面的规定，是地方层面立法等级最高、内容最全面的地下空间地方性法规。

（三）系统做好制度设计

一是统筹做好地下空间利用整体规划。统筹综合管廊与人防工程、地下道路、地下商业综合体和轨道交通等地下构筑物的整体规划建设。例如，苏州 2008 年编制了《地下空间专项规划（2008～2020）》，此后分别出台了《苏州市地下综合管廊专项规划》和《苏州市地下管线综合规划（总规层面）》。典型的统筹地下空间利用的项目包括日本京都伏见地区项目、加拿大蒙特利尔地下城项目、广州国际金融城项目等。

二是系统规划管廊建设区域。综合国内外建设经验，综合管廊多建在高强度开发区（城市中心区、商业中心、城市地下空间高强度成片集中开发区、重要广场、高铁、机场、港口等重大基础设施所在区域）和管线密集地区（交通流量大、地下管线密集的城市主要道路以及景观道路）。例如，日本综合管廊规划和建设的必要条件是人口密度大、交通干线繁忙地段；我国台湾地区综合管廊一般建设在中心区、商务区、人口居住高密度区、工业园区及旧城改造区等区域。

三是精细化做好管廊技术规划。例如，日本每一条管廊从计划到建成平均需要 5～6 年的时间，对管线的选择、走向、种类、数量、管廊断面形式及尺寸等均要做精细设计，统筹考虑工程场地的水文地质、抗震、防水和消防条件等。

（四）多种建设运营模式

一是政府全额出资建设运营模式。该模式有利于建成后明晰产权和进一步大规模兴建，但政府投资压力较大。国外水务、电信等私有制产权国家，政府通过立法等手段强制入廊缴费，回收建设成本，如英国等欧洲国家普遍采用这一模式，伦敦市区综合管廊均由政府出资建设，管廊所属权归伦敦市政府所有，管线单位通过向伦敦市政府交付租金来获得使用权。国内上海、深圳、广州、厦门等城市也采用政府全额出资模式，但缺乏入廊收费机制，年入廊收费不足管廊建设成本的 3%。

二是建设运营费用分摊模式。日本、我国台湾地区等地多采用这一模式。日本综合管廊的建设费用由政府与管线单位共同承担，其中管线单位负担约 60%～70%（与管线直埋费用相当），政府通过政策性贷款、设立"共同沟"专项基金等方式出资。我国台湾地区借鉴日本经验，政府与管线单位之间按照政府交通基建投资额和管线直埋费用设定出资分摊比例。

三是多种 PPP 模式。例如，昆明和苏州的特许经营模式，政府授予专门的管廊建设运营企业特许经营权，企业承担管廊投资建设、运营维护管理工作。珠海横琴新区综合管廊和石家庄正定新区综合管廊等 BT（建设-移交）模式，政府委托专门的企业建设综合管廊，项目建成后由政府负责运营、维护和管理。贵州六盘水市的 BOT（建设-运营-移交）模式，政府授予企业特许经营权，期满后移交政府部门。

二　北京在建及规划建设综合管廊面临的挑战

截至 2023 年底，北京超过设计使用年限的地下管线约 7000 公里，近年发生地下管线事故超 750 起。建设综合管廊并吸纳管线入廊将有效化解相关安全隐患、集约利用地下空间及增强城市韧性，但在建及未来规划建设过程中，北京仍面临一定挑战，表现为"不足、不强、不顺"三个方面。

一是北京全市综合管廊建设管理的系统性协同性不足。北京综合管廊建设缺少专项规划，采取一事一议基于各类管线的独立需求推进工作，导致反复开挖、资金时间成本被动增加等问题。部分设计标准高于实际需求，存在已规划建设的管廊将各类管线行业规范标准简单叠加，在设计与成本核定时缺少对通用标准、行业特殊标准进行系统集成和优化精简的现象。管线入廊后，管廊公司与管线公司之间、不同管线公司之间存在对管廊的多头管理，易造成安全隐患、人力浪费等问题。

二是管线公司因费用高、管理职能弱化等入廊意愿不强。因埋设深度增加、增设管廊外层结构和附属设施系统等，管线入廊相较直埋的成本明显提高，管线公司入廊费远高于直埋管线所需费用。将过去"管线公司自行建设和直埋管线"改为"管廊公司统一建设管廊、管线公司仅安装管线入廊"的模式后，管线公司原本享有的建设权、改建维护权、配套资金支持和自由裁量空间等被大幅削弱。并且管线入廊后，各家管线公司维修时可能因对其他管线了解不足出现误操作，对其他管线造成损坏，增加工作复杂度和管理矛盾。

三是管廊建设相关配套机制不顺。综合管廊建设投运改变了过去各专用管线分别直埋的投资模式，但与之配套的财务、审计、资产管理等制度并未建立或完善，对未来更大规模的项目投建形成障碍。相关国企财务平衡模式未建立导致债务风险攀升。目前北京市已建综合管廊投资超100亿元，其中70%的建设资金由相关国有企业通过贷款、公开市场发行债券等方式自筹，形成了国企债务。按照城市总体规划到2035年建设450公里的目标，需安排总投资约390亿元，还需投入近300亿元（按照1.5亿元单公里造价和200公里建设任务估算）。管线行业现有规定之下，成本顺出机制不畅等导致管线企业出资路径未建立。在电力等垂直管理又相对市场化的行业，国家电网对电力公司铺设电网有一套完整的投资、运营支出及资产折旧规定，但在缴纳入廊费、入廊管线运维支出等方面几乎空白，电力公司入廊支出在财务管理上无规可循，可能面临审计风险；政府资金支持政策针对的是企业建设投资，当管线公司改为缴纳类似于租金的入廊费时，支持政策就不再适用，入廊相关的财政补贴政策又尚未出台，部分管线公司因此出现资金缺口。资产确权缺少法律依据制约市场化资本进入。国家已明确综合管廊实行有偿使用、鼓励企业投资、形成收费机制的基本原则，但目前综合管廊等地下构筑物的确权登记制度处于空白，管廊建设投资不能形成有效资产，降低了社会资本投资的积极性。即使是入廊的管线公司在无法确权时也难以进行投资，还可能面临较大的审计风险。

三　对策建议

围绕韧性城市建设和地下空间利用，统筹考虑北京综合管廊建设，从系统规划设计、配套制度完善、多元出资模式三方面推进北京综合管廊建设运营可持续发展，保障城市运行的"生命线"建设。

（一）加强综合管廊建设规划的系统性

加强地下空间利用整体规划。建议统筹考虑地下空间利用，将综合管廊建设纳入北京市韧性城市建设专项规划和地下空间利用总体规划，将综合管廊与地下道路、人防设施、轨道交通、停车场和商业综合体等设施统筹规划建设，实现地下空间综合利用效率的最大化。

制定北京综合管廊建设专项规划。统筹北京市综合管廊规划建设，规划构建布局合理、集中管理、有机衔接、功能完善的"干－支－缆"综合管廊体系，规划高强度开发区和管线密集地区两类宜建区，其中结合城市更新、新开发区、地下空间综合开发区和重点建设区域，在宜建区范围内划定优先区；将城市建设区中非高密度建设区和地质条件不适宜区域划为慎建区。统筹安排时间进度，对安全间距、净空高度、断面形式、建设时序等规划难点进行系统安排。

延展综合管廊"平急两用"等多功能用途。探索存量管廊和空间条件适合的增量管廊，积极落实国家地下综合管廊人防要求，在受灾时人群可以通过管廊实现有序迅速转移到地下，并在有条件地区探索与地铁等联通，形成"平急两用"的"立体可转移"设施。

（二）完善综合管廊建设配套制度

推动管线行业有偿使用等相关制度建设与制度改革。建议市城市管理委牵头进一步完善北京综合管廊建设运营管理体制，引导形成合理收费机制，适时推动管线强制入廊，将管廊有偿使用与企业征信挂钩，提高管线单位不依规入廊的违法成本。鼓励各管线行业主管单位制定与综合管廊使用相衔接的投资、运营支出、项目审批、成本核算、资产折旧等规章制度，打通管线单位出资路径。

推进综合管廊资产确权。建议以住建部《城市地下空间开发利用管理规定》为基础，研究出台北京地下空间开发利用管理相关办法，建立明晰的地下空间权属制度，明确地下空间产权确立登记，切实解决各管线企业"有物无权"问题，为拓宽综合管廊融资渠道奠定基础。

建立和完善项目后评价制度。综合管廊项目建设完成并投运一定时间后，将项目设计方案与建成后所达到的实际效果进行对比分析，评估所采用

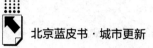

新技术、新工艺、新材料等的成本管控情况，综合考量建成后对经济社会发展的作用。

（三）活用多种融资渠道建立多元出资模式

规范实施"PPP新机制"支持社会资本投入管廊建设。严格落实执行2023年11月国家发展改革委、财政部提出的《关于规范实施政府和社会资本合作新机制的指导意见》，联合社会资本合作建设增量管廊。建议采用PPP新机制的增量项目全部采取特许经营模式，确保使用者付费。严格审核特许经营方案，公平选择特许经营者，定期开展项目运营评价，建立常态化信息披露机制，切实加强运营监管。

组合使用专项债、国债等资金支持。密切关注并积极争取国家下发2024年提前批专项债、提前批一般债，以及2024年一季度国债，组合使用各类债券政策工具支持综合管廊建设。

探索存量管廊REITs试点。探索将环球影城、大兴国际机场、城市副中心等入廊较为充分的存量管廊，按照使用者付费、受益者补偿原则，设立基础设施公募REITs实现资产盘活，形成长效投资机制。

B.7
设施类：北京市闲置社区配套公共服务设施更新研究

段婷婷　刘　烨　朱跃龙*

摘　要：　公共服务设施更新是对城市建成区内公共服务设施形态和设施功能的完善及优化调整，是在减量发展背景下，提高空间使用效率的必然要求，是丰富公共服务供给、提升居民获得感的重要举措，是应对人口结构变化带来公共服务设施挑战的现实需要。受政策标准变化、使用成本、邻避效应等影响，北京市部分配套社区卫生服务设施使用困难，本报告建议坚持需求导向、先易后难，先行先试、多元参与、政策支撑，解决好政策、路径、资金等问题，推动闲置配套公共服务设施转型使用，尽快实现服务功能，提升居民的获得感和幸福感。

关键词：　公共服务　城市更新　配套设施移交使用

一　北京市公共服务设施更新的内涵和意义

（一）公共服务设施更新的内涵

公共服务是政府的基本职能，与居民生活息息相关。《中共中央关于完

---

* 段婷婷，博士，北京市经济社会发展研究院社会所副研究员，主要研究方向为公共服务、人口老龄化等；刘烨，北京市经济社会发展研究院社会所副所长，副研究员，主要研究方向为公共服务和社会治理；朱跃龙，北京市经济社会发展研究院社会所所长，副研究员，主要研究方向为社会公共服务。

善社会主义市场经济体制若干问题的决定》提出，政府职能包括"经济调节、市场监管、社会管理、公共服务、环境保护"等方面。具体而言，公共服务是政府和社会组织为满足居民生存和发展权，运用法定权力和公共资源，面向全体公民或某类群体，组织协调或直接提供的以共同享有为特征的各种产品和服务。①

增加公共服务供给是坚持以人民为中心，坚持共享发展，不断增进人民福祉，推动实现共同富裕的重要途径。党的十八届五中全会通过的《中共中央关于制定国民经济和社会发展第十三个五年规划的建议》提出要"增加公共服务供给，提高公共服务共建能力和共享水平"。公共服务的内容在不同的历史时期有不同的界定。②《"十四五"公共服务规划》根据政府在服务供给上的不同权责，将公共服务分为基本公共服务、普惠性非基本公共服务，并将市场提供、居民付费的生活服务作为公共服务的补充，提出要"持续推进基本公共服务均等化，着力扩大普惠性非基本公共服务供给，丰富多层次多样化生活服务供给"。③ 在《"十四五"公共服务规划》中，公共服务主要涵盖幼有所育、学有所教、劳有所得、病有所医、老有所养、住有所居、弱有所扶、优军服务保障和文体服务保障等领域。

公共服务设施是能够为居民日常生活提供各类公共产品和服务的空间载体，④ 是与人口规模或者住宅规模相适应的，能够满足各个阶层、不同群体居民的基本生活需要并提供相应服务的所有设施的总和。⑤ 随着经济社会的发展，公共服务设施相关规范和要求几经变迁。1981 年，为了解决职工住

① 施昌奎：《北京公共服务：布局·标准·路径》，知识产权出版社，2013，第 112 页。
② 罗震东、韦江绿、张京祥：《城乡基本公共服务设施均等化发展的界定、特征与途径》，《现代城市研究》2011 年第 7 期，第 9 页。
③ 国家发展和改革委政研室：《〈"十四五"公共服务规划〉解读 推动公共服务高质量发展，增强人民群众获得感、幸福感、安全感》，https：//www.ndrc.gov.cn/fggz/fgzy/xmtjd/202201/t20220121_1312756.html。
④ 湛东升、张文忠、谌丽、虞晓芬、党云晓：《城市公共服务设施配置研究进展及趋向》，《地理科学进展》2019 年第 4 期，第 506 页。
⑤ 孙德芳、秦萧、沈山：《城市公共服务设施配置研究与进展》，《现代城市研究》2013 年第 3 期，第 91 页。

宅商业、服务业网点配套建设不足，群众生活不方便的问题，北京市印发了《北京市人民政府关于加强商业、服务业网点建设的若干规定》（京政发〔1981〕108号）（已失效）。1985年，为加强新建居住区公共设施和生活服务设施的配套建设，为居民创造方便、舒适、良好的生活条件，北京市制定发布了《北京市人民政府关于新建居住区公共设施配套建设的规定》（京政发〔1985〕149号）（已失效），其规定"凡集中开发新建居住区、居住小区和住宅组团，必须按照新建居住区、居住小区公共设施配套建设定额指标，实行住宅同文化、教育、体育、公共卫生等公共设施和商业、服务业等生活服务设施配套设计，配套建设"。① 20世纪90年代起，随着城市商品住宅建设步伐加快，先后出台了《北京市人民政府关于本市新建改建居住区公共服务设施配套建设实行指标管理的通知》（京政发〔1994〕72号）、《北京市人民政府办公厅关于加强住宅小区配套设施建设的通知》（京政办发〔1995〕79号）（已失效）、《北京市人民政府关于印发本市新建改建居住区公共服务设施配套建设指标的通知》（京政发〔2002〕22号）等文件，对居住区公共服务设施配套建设指标进行了修订，要求住宅小区开发建设单位必须做到"住宅小区的配套设施与住宅同步建设、同步交付使用"。

进入新时代以来，北京市深入贯彻以人民为核心的理念，公共服务设施体系日趋完善。根据《北京市人民政府关于印发〈北京市居住公共服务设施配置指标〉和〈北京市居住公共服务设施配置指标实施意见〉的通知》（京政发〔2015〕7号），居住公共服务设施以"千人指标"为依据，实施"分级配置"，包括教育、医疗、文化、体育、交通市政、商业服务和社会综合服务七大类。新建住宅小区必须按照配置标准进行配套建设公共服务设施。《北京市"十四五"时期社会公共服务发展规划》，从"保基本、扩普惠、提品质、优布局"四个方面完善公共服务体系建设，提出了40项重点任务举措。

---

① 《北京市人民政府关于新建居住区公共设施配套建设的规定》（京政发〔1985〕149号），https://www.beijing.gov.cn/zhengce/zfwj/zfwj/szfwj/201905/t20190523_71027.html.

城市更新，是指对城市建成区内城市空间形态和城市功能的持续完善和优化调整。[①] 党的十九届五中全会通过的《中共中央关于制定国民经济和社会发展第十四个五年规划和二〇三五年远景目标的建议》提出"实施城市更新行动"。2022 年 11 月，北京市第十五届人大常委会通过了《北京市城市更新条例》，明确北京市城市更新包括居住类、产业类、设施类、公共空间类、区域综合性和其他等六大类型。

公共服务设施更新是指对城市建成区内公共服务设施形态和设施功能的完善及优化调整。在《北京市城市更新条例》中规定的六类城市更新中，公共服务设施更新与老旧市政基础设施、公共安全设施更新改造同属于保障安全、补足短板为主的设施类城市更新。

（二）公共服务设施更新的意义

1. 公共服务设施更新，是在减量发展背景下，提高空间使用效率的必然要求

北京是全国第一个实行"减量发展"的超大型城市。2017 年，《北京城市总体规划（2016 年—2035 年）》中明确提出要切实减重、减负、减量发展，实施人口规模、建设规模双控，倒逼发展方式转变、产业结构转型升级和城市功能优化调整。这要求首都的建设和治理，必须走内涵式发展之路。

在城市发展从增量扩张到存量提升的前提下，根据居民实际需求和现实条件，对现有公共服务设施的功能进行调整、更新和完善，有利于推动存量空间资源的再利用，提高公共服务运行效率。

2. 公共服务设施更新，是丰富公共服务供给，提升居民获得感的重要举措

2022 年，北京市人均 GDP 达到 2.8 万美元，居民对公共服务的需求从"有没有"，进一步向"优不优""近不近"转变，需求更加多元化、多样化，更加注重生活品质和服务水平。实施公共服务设施更新，着力补齐公共服务设施短板，有利于回应群众关切，进一步提升住宅配套设施服务水平和

---

① 《北京市城市更新条例》，2022 年 11 月 25 日，http：//www.bjrd.gov.cn/rdzl/dfxfgk/dfxfg/202211/t20221128_2867572.html。

居民的生活品质，不断满足人民群众"七有"要求、"五性"需求，让居民的生活更方便、更美好。

3.是应对人口结构变化带来公共服务设施挑战的现实需要

随着人口结构的变化，公共服务设施配置也应相应调整。2022 年，北京市 60 岁及以上常住人口超过 465 万，占比达到 21.3%，99% 的老年人倾向于居家养老。然而，居家养老所需的上门医疗、康复护理等服务仍不完善。特别是核心区养老空间资源有限，需要加强各类社区公共服务设施资源统筹和综合利用。

二 部分住宅配套社区卫生服务设施使用困难

住宅配套公共服务设施是城市公共服务设施的重要组成部分，也是关系群众幸福感和获得感的眼前事、门前事，从规划建设到移交投用的周期长、环节多、程序复杂。受管理制度不足、政策变迁等影响，2007 年以前的部分商品住宅项目中的配套医疗、教育、社区综合服务等公共服务配套设施，存在应建未建、应交未交等问题。2021 年，北京市将商品住宅小区配套公共服务设施建设和移交纳入"疏整促"专项行动。在各方努力下，配建公共服务设施移交的年度任务全部完成。然而，由于标准不足、资金未到位、居民意见分歧等，一些配建公共服务设施仍存在交而未用、交而难用的现象，设施功能无法实现。

为推动公共服务设施更新和配套公共服务设施的有效利用，建议将配套公共服务设施转用于需求迫切、政策支持力度大的托育服务，作为探索配建设施转用具体实施路径的突破口，加快推进配套服务设施能用尽用、物尽其用，推进改善生育环境，助力儿童友好型城市建设，也是落实中央经济工作会强调"推动新的生育政策落地见效"的务实抓手。

（一）配套公共服务设施移交投用难度大、堵点多

社区卫生服务设施移交是住宅配套公共服务设施移交中的难点，不仅数量多、占比高，而且移交后投用难。社区卫生服务设施移交难、投用难的原

因复杂多样。

1. 社区卫生服务设施专业性、安全性和标准化要求较高

按照 2006 年《北京市社区卫生服务中心（站）基本建设与设备配备标准》，社区卫生服务设施要满足社区卫生与基本医疗功能需要，符合医学流程规范，达到污水处理的要求。按照 2015 年《北京市居住公共服务设施配置指标实施意见》，社区卫生服务中心（站）应安排在建筑首层，有独立的出入口。然而在实践中，一些开发商在建设配套公共服务设施时，考虑面积要求和工程质量多，对专业标准和实际使用需求考虑不足。

2. 随着政策变迁，标准数次上调，达标使用难

2006 年经北京市政府同意由北京市规划委印发的《北京市居住公共服务设施规划设计指标》（市规发〔2006〕384 号）要求服务 0.3 万~0.5 万人的社区卫生服务站建筑面积为 100 平方米；2015 年发布的《北京市居住公共服务设施配置指标》将社区卫生服务站最小面积标准提高到 120 平方米；社区卫生服务机构规划与建设最新标准要求服务 1 万人以下的社区卫生服务站面积至少达到 350 平方米。考虑到疫情防控因素，新标准还要求社区卫生服务站设置预检分诊室（台），预留隔离留观区域。标准不断提高导致历史遗留的未移交项目即使移交投用也难以达标使用。

3. 部分配建项目不符合行业标准，装修改造成本较高

调查显示，100 平方米社区卫生服务站按行业要求简单装修成本就在 30 万元左右，如果涉及房屋结构、功能设置和无障碍改造，则装修成本超过 100 万元，这些资金均需由区级财政负担。有的小区为实现配建社区卫生服务站达标投用，不仅通过置换扩大了使用面积，还重新专设了出入口。

（二）一些社区卫生服务设施已失去需求基础

1. 部分配套设施服务功能有效需求不足

经过"疏整促"专项行动多年的努力，中心城区部分医疗卫生机构逐步向外疏解，郊区三甲医院分院和新院区纷纷投用，医疗卫生服务资源不断均衡，居民就近看病难的问题得到缓解。具体实践中，已建未交、已交未用等情况涉及的绝大部分是多年未解决的历史遗留问题，这些建成小区的基本公共卫生服务需求大多数已通过周边医院和临近社区卫生服务机构满足。

2."邻避效应"影响设施投用

"邻避效应"（Not in my backyard，"不要建在我家后院"）是指居民因担心建设项目对身体健康、环境质量和资产价值等带来负面影响，从而产生的集体反对行为。[①] 近年来，随着我国城市化进程加快，各类公共服务设施建设力度加大和居民环保维权意识的提高，"邻避效应"问题日益凸显。居民对垃圾焚烧厂、殡仪馆、污水处理厂、变电站、通信基站、医院等邻避设施[②]建设的相关投诉愈加频繁。在北京，有的社区卫生服务站由于"邻避效应"，遭到小区居民反对，这造成了设施移交和投用工作推进滞后的情况。

三 闲置社区卫生设施转用托育服务的
必要性与可行性

（一）配建社区卫生服务设施转托育服务的必要性

改善托育服务的现实需要。当前，北京托育服务缺口大，普惠型托位供给稀缺，供需结构性矛盾突出。截至 2022 年 7 月，北京市千人托位数 1.33个，与"十四五"时期末千人托位不少于 4.5 个的规划目标相比，存在较大差距。[③] 95%以上的托育服务由民办营利性机构提供，与调查[④]中 85.1%的居民选择公办和政府参与办托的需求不匹配。

---

① 汤汇浩：《邻避效应：公益性项目的补偿机制与公民参与》，《中国行政管理》2011 年第 7期，第 111 页。

② 指满足社会需求功能，但可能带来生活环境、生命健康、经济财产、心理等方面负面影响的"邻居希望躲避"的设施。引自李晓辉《城市邻避性公共设施建设的困境与对策探讨》，《规划师》2009 年第 12 期，第 81 页。

③ 高枝：《北京以普惠优质托育服务破解"带娃难"》，《北京日报》2022 年 9 月 24 日，http://bj.people.com.cn/n2/2022/0924/c82840-40137601.html。

④ 数据来源：2019 年 12 月北京市经济与社会发展研究所开展的有关托育服务的问卷调查。

（二）配建社区卫生服务设施转托育服务的可行性

从配建社区卫生服务设施转托育服务的可行性看，存在诸多有利条件。

1. 主管部门不变，有利于功能集成，提高服务质量

卫健委是托育服务的主管部门，将社区卫生服务设施用作托育服务，不用变更接收主体，可避免因部门不同而产生的管理问题和产权移交问题。此外，卫健委担负的妇幼卫生职能也可在其中集成服务。各区妇幼保健院和儿童早期综合发展中心可以在当中增设功能，为社区婴幼儿家庭提供生长发育监测与指导、儿童保健、亲子课程和家长培训等服务，提升托育服务水平。

2. 土地用途和房屋使用性质不变，有利于缩短投入使用的时间

一般土地和建筑用途改变需要依法进行审批。按照相关政策，非独立场所按照安全规定标准改建托育点，无须变更土地用途和房屋使用性质。这样可以缩短闲置社区卫生服务设施改造投用的时间，尽快让配套设施发挥服务功能。

3. 改造使用成本较低，有利于发展普惠型托育服务

调查显示，场地租金是托育服务除人力成本外的大头，占三四成。使用社区卫生服务设施开展托育服务，由政府、社区或企事业单位举办普惠型托育点，免费或低租金提供场地，能大幅降低托育成本，提供大多数居民可负担的婴幼儿照护服务。国家卫健委发布的托育服务设施标准以安全、卫生、环保为主，没有单体空间、楼层等强制性要求。以毛坯房移交的社区卫生服务设施无须经过太多改造，装修改造成本较低。据与托育机构负责人的访谈，托育服务装修成本每平方米在 1000 元左右，低于新建托位成本和社区卫生服务设施改造成本。100 平方米的社区卫生服务站装修改造为托育服务设施的话，以 10 多万元成本可新增 10 余个①托位。

---

① 按照《上海市 3 岁以下幼儿托育机构设置标准的通知（试行）》，每个幼儿人均建筑面积不低于 8 平方米测算。

4. 贴近低龄托育需求，有利于活化利用社区资源，补充托育服务短板，提高居民获得感

配套社区卫生服务设施嵌入社区、贴近家庭，还可借助社区退休老人等志愿服务力量提供托育服务，有利于就近满足婴幼儿家庭，特别是 1 岁左右的低龄婴幼儿的半日托、临时托等托育服务需求。在社区这个熟人环境中，方便照看，更让人放心，还能增进邻里关系，加强社区凝聚力。

（三）面临的堵点卡点

1. 居民占比偏小，征求意见环节不占优势

托育服务是针对特定人群的服务，受益群体主要是 0~3 岁婴幼儿家庭，在社区中全体居民中占比不高，不属于人群中的"大多数"。2022 年，北京市 0~3 岁婴幼儿约 59 万人，[①] 按 0~3 岁婴幼儿家庭占家庭户的比例计算，仅为 7%。[②] 推动配建公共服务设施更新的过程中，婴幼儿家庭的需求在居民沟通和投票环节不占优势。

2. 运营要求较高，责任风险大

0~3 岁的婴幼儿是最柔弱的群体，是每个家庭中最受关注的成员。托育服务的安全和水平关系到婴幼儿的人身安全和健康成长，关系到家庭的幸福稳定。面对新冠疫情和重大公共卫生事件，托育服务停业早、恢复晚，往往最容易受到冲击。相较于文化、体育等公共服务，举办托育服务，需要承担更大的责任，面临更大的风险和不确定性。

3. 人口形势变化和公共服务设施建设滞后性

近年来，北京市经历了全面两孩政策带来的人口出生高峰，随之而来的是出生人口逐年下降。2022 年，北京市出生人口由高峰期 2016 年的 20.2 万人，下降到 12.4 万人，减少了近 40%。北京部分民办幼儿园也出现了招生难现象，未来托育资源可能出现更多闲置。

---

① 根据 2019~2022 年北京新出生人口计算。

② 按"七普"数据，北京有 823.1 万家庭户。

四 闲置配套公共服务设施更新的对策建议

公共服务设施更新要坚持实事求是、需求导向、先易后难，先行先试、多元参与、政策支撑，解决好政策、路径、资金等问题，推动闲置配套公共服务设施转型使用，尽快实现服务功能，提升居民的获得感和幸福感。

（一）允许根据实际情况调整使用功能，妥善做好善后工作

1. 允许和鼓励各区探索闲置配套设施转用

配套设施应先依规划用途使用，实在无法依规使用再探索转变使用功能。允许各区加大探索力度，鼓励各区制定闲置配套服务设施再利用的实施办法。根据项目实际情况，明确项目工作流程、实施主体、改造性质、资金来源、改造建设手续、消防设计审核等。如用独立场所改造服务设施，建议由区规自部门研究寻找解决路径。

2. 优先推动卫生服务设施转用托育服务试点

在现实条件下，社区卫生服务设施转用托育服务较具可行性，可以优先启动试点。待转用工作路径相对成熟后，再逐步探索其他类型的配建设施转用方式，加快推进配建设施能用尽用、物尽其用。

3. 依法、务实解决公共服务设施转用问题

一是居民通过居住地附近医院就近就便满足社区医疗卫生服务需求的，通过技术手段支持社保报销比例参照社区执行。

二是加强对居民的沟通协调和宣传工作。对配套设施功能转变充分做好调研、沟通和宣传。通过居委会工作人员、居民代表、楼门长等做好居民的沟通解释工作，用好《向前一步》等节目平台，凝聚社会共识，实现社会共治共建共享。

4. 总结托育转用经验，探索更多类型的闲置配套服务设施转用方式

一是推动街道（乡镇）在提供补充公共服务时，优先考虑闲置配套服务设施。充分发掘现有空间资源，提高空间使用效率。

二是完善居民沟通议事机制。建立街道办事处（乡镇政府）、闲置配套服务设施产权人、居委会和居民的沟通议事渠道，及时了解、把握居民诉求，组织征求居民关于闲置配套服务设施改造及功能改变的意见。借鉴回天地区将闲置锅炉房改造为养老餐桌的实践经验，在征得大部分业主或产权人同意后可进行设施改造及功能改变。

三是研究制定闲置配套服务设施转型使用的工作流程和具体路径。结合闲置社区卫生服务站改做托育服务设施试点的流程路径，参照老旧小区更新改造中利用现状房屋补充社区服务设施的实施办法，明确用闲置配套服务设施补充托育、养老、文体服务等其他配套设施的操作流程。可由街道（乡镇）、居委会在征求产权人和业主意见的基础上，制定改造方案，确定改造实施主体，公开确定或直接委托专业企业、社会组织等参与运营管理。

（二）加大闲置配套设施转型托育服务政策支持力度

1. 对闲置配套设施改造给予资金支持

充分发挥政府投资引导作用，对社会力量用闲置设施改托育项目中涉及新建改扩建的部分，按照中央预算支持社会力量发展普惠托育专项行动资金的相关规定，每个托位按1万元标准给予补贴。市级层面加快制定北京普惠型托育的固定资产投资支持和财政补贴办法，统筹安排项目建设、装修改造等资金支持。市区两级按比例对托育改造费用进行支持。探索以区为单位，结合区域实际需求，因地制宜地将配套公共卫生服务改造托育设施，打包申请资金支持。卫健部门还可将部分妇幼卫生、儿童早期发展资金集成投入接收设施中。

2. 落实托育服务税费优惠政策

对闲置服务设施改造普惠型托育服务项目全面落实托育服务机构相关税收优惠、行政事业性收费减免和建设补助等优惠政策。改造后的托育机构用电、用水、用气、用热按居民生活类价格执行。对吸纳符合条件劳动者的托育机构按规定给予社保补贴。建议对利用闲置服务设施改造为普惠型托育服务的适当给予运营补贴。

3.加大托育服务场地支持

目前，北京有一些利用小区住宅开办的"民居园"或家庭式托育点由于住宅等非经营用途的房屋不能登记为企业住所，无法登记备案。① 将闲置社区卫生服务设施改造为托育服务设施，采取公建民营的方式，为此类民办机构中专业化程度高、服务质量优的机构提供低成本的合法场地，推动实现规范化运营。

（三）多元参与，促进闲置配套设施综合利用

1.引入社会力量，利用闲置社区卫生服务设施举办普惠型托育服务点

鼓励国有企业、家政服务中心、社会组织等与产权单位签订服务协议，负责社区托育点运营管理、聘用或派驻有资质的育婴师、保育员，为有需要的家庭提供就近方便的日托、半日托、计时托、临时性托育服务，组织亲子活动、提供育儿指导。以普惠型托育服务点建设为契机，加快制定完善符合北京实际的托育服务监督考核体系和退出机制，加强托育综合监管。建立完善的托育质量评价体系，从场地安全、师资要求、照料计划、师生配比、家园沟通、管理等方面制定质量评价标准。

2.鼓励改造后的托育服务设施综合使用

一是建设社区托育服务综合体。将面积和硬件条件适宜的闲置社区卫生服务设施改造为托育服务综合体，综合发挥托育服务、妇幼保健、儿童早期发展等职能。由区级妇幼保健院、儿童早期发展综合中心或示范性托育服务机构牵头，统筹安排、合理调配保健、保育等资源，进行儿童保健、膳食营养、早期发展、疾病防控等技术指导，建立科学育儿指导团队，通过家长课堂、职业培训等方式，为家长及婴幼儿照护者提供婴幼儿早期发展和照顾的指导服务，提高科学育儿能力和托育服务水平。

二是打造错时共享的社区公共服务空间。拓展社区共享空间资源，根据

---

① 国家卫健委流动人口服务中心课题组：《家庭式托育：现状、规制困境与政策建议——基于北京市"民居园"的调研》，《社会治理》2021年第4期。

居民对不同类型服务时间需求特点，错时满足不同居民的需求。白天可作为儿童早期发展中心、日托、计时托或临时托育机构，傍晚和空余时间可根据居民需求，举办青少年托管、素质教育或老年文化活动等。

三是开展基层社区社会服务试点。将改造后的托育服务设施作为儿科等相关医护人员基层服务定点单位，服务时长作为基层服务时间，在医护人员申报专业技术高级职称时作为评分条件使用。根据托育服务时长和质量发放绩效奖励和补贴。引入时间银行，鼓励社区志愿者提供服务，将时间银行扩展到托育服务，召集志愿者利用闲置配套服务设施提供社区养老、托育服务。

B.8
公共空间类：打造高品质滨水空间促进首都城市高质量发展研究

黎念青　韩丽*

摘　要： 本报告从建设国际一流的和谐宜居之都、建设韧性防洪体系、城市更新、减量发展四个方面论述了打造高品质滨水空间的意义，全面分析了北京市滨水空间建设取得的成绩和不足，提出了滨水空间建设的对策建议：统筹发展和安全，将滨水空间环境整治与救灾善后、恢复重建工作相结合，不断筑牢城市安全防线；通过恢复历史河湖水系，做好北京旧城整体格局的保护；以滨水空间环境整治和开发建设为抓手，建设品质城市；以滨水空间开发建设促进南城振兴和京西地区转型发展；健全完善财税体系，形成滨水空间利益分享机制；健全完善滨水空间管理政策法规体系，形成滨水空间管理长效工作机制。

关键词： 滨水空间　品质城市　韧性防洪体系

　　滨水空间是城市水陆交错的特殊地带，既是基础性的自然资源，也是承载城市历史、文化的重要场所。我们要充分发挥河湖滨水空间的排洪通道、生态廊道、休闲漫道、文化长廊、活力滨水经济带等复合功能，以高品质滨水空间建设，为首都城市的高质量发展提供空间资源支持。

---

　　* 黎念青，北京市经济社会发展研究院干部；韩丽，北京市水科学技术研究院水战略研究所所长，高级工程师。

一　打造高品质滨水空间的重要意义

（一）打造高品质滨水空间是建设国际一流和谐宜居之都的必然要求

临水而居，择水而栖，亲近自然，是人类的天性。城市滨水空间是人们重要的生活和休闲场所，是城市开放空间的重要组成部分。世界城市都是因河而生，这些河流扮演着城市名片的角色。塞纳河养育了巴黎，诞生了灿烂的法兰西文明；泰晤士河横穿伦敦，伦敦的主要建筑物分布在泰晤士河的两岸；江户川滋润了东京都，见证了明治维新以来日本的现代化进程。同其他世界城市一样，北京这座国际大都市也是因水而生、逐水而兴。由永定河冲积形成的"北京小平原"，是北京建城的地理基础。从燕国都城的琉璃河、金中都的莲花池，到元大都的通惠河、明清时期的御河；从新中国成立初期的官厅水库、密云水库、十三陵水库，到 21 世纪以来的南水北调工程、"通州堰"工程、西郊雨洪调蓄工程，在北京 3000 多年建城史、870 年建都史中，水文化贯穿古今，始终是促进首都发展的一条主线。今天，北京市共有 425 条河流，[①] 是一座"六海映日月，八水绕京华"的山水园林之城，滨水空间面积约占市域面积的 9.4%，[②] 是城市空间的重要组成部分。

（二）打造高品质滨水空间是提高城市河湖防洪排涝能力、建设韧性防洪体系的重要途径

近年来，随着全球气候变化和降雨带北移，华北地区极端天气事件不断发生，北京市城市河湖防洪排涝压力越来越大。特别是 2023 年 7 月底 8 月初遭遇的史所罕见的极端强降雨，更加凸显了水库、河道、蓄滞洪区等各类

---

① 《北京日报》：《北京目前共有 425 条河流　有水河长达 2600 余公里》，首都之窗，https：//www. beijing. gov. cn/ywdt/gzdt/202012/t20201214_ 2163428. html。

② 《北京滨水空间城市设计导则》，北京市规划和自然资源委员会官网，https：//ghzrzyw. beijing. gov. cn/biaozhunguanli/bz/cxgh/202106/t20210624_ 2420731. html。

防洪工程在应对特大暴雨洪水中的至关重要性，对滨水空间建设提出了更高的要求。今后要通过滨水空间建设，进一步提高城市河湖防洪排涝标准和能力，推动韧性防洪体系建设，保障首都城市安全。

（三）打造高品质滨水空间是城市更新的重要内容

进入后工业化社会以来，随着产业结构的调整，河流的航运功能衰退，城市滨水空间已经不再作为主要工业运输航道、仓储空间，许多城市通过基础设施的升级和场地的重新利用，对城市滨水空间进行更新改造，把开放的公共空间与文化积淀相结合，使高品质的滨水空间成为激发城市活力的源泉。伦敦市理顺泰晤士河管理机制，注重对沿河历史元素的保护与发展，形成功能特色分区，集中开发文化功能建筑群体，串联成一条文化旅游线路。纽约市强调滨水区应该是对公众开放、适宜人们生活和休憩的地方，通过提高公园、码头、堤岸、海滩等滨水地区的公共可达性，为居民和游客提供娱乐、休闲、观光和各种水上活动。巴黎市将河堤划入规划范围，并根据用途将其划分为休闲步道区、娱乐商业区、工业与港口区。政府鼓励市民利用塞纳河沿岸的城市开放空间组织文化和商业活动，动员市民参与研讨滨水空间开发与利用计划，并将提高滨水空间的适用性作为核心工作目标。2022年11月北京市第十五届人大常委会第四十五次会议通过的《北京市城市更新条例》，将"以提升绿色空间、滨水空间、慢行系统等环境品质为主的公共空间类城市更新"作为城市更新的六项内容之一。

（四）滨水空间是减量发展背景下城市经济社会发展的宝贵空间资源

北京是全国第一个实现减量发展的城市。随着《北京城市总体规划（2016年—2035年）》的深入实施，城市发展方式已经从增量开发转向存量更新，探索形成以"规模约束、功能优化、空间提升"为鲜明特征的高质量发展模式，全市城乡建设用地净减量约120平方千米，存量用地供应占比由"十二五"时期的51%提升至近两年的60%以上，城市更新的"北京实践"加速形成。要妥善化解用地减量、空间腾退与健全完善公共服务设施、满足市民"七有""五性"需求之间的矛盾，迫切需要提高城市滨水空间使用效益，在滨水空间上配置更多的城市功能。

二　北京市滨水空间建设的进展

（一）滨水空间建设初见成效

一是探索出"以河道复兴带动城市更新"的亮马河模式，树立了大运河文化带建设的"北京样板"。2019 年，朝阳区启动亮马河国际风情水岸建设，探索以河道复兴引领城市更新，创新以政企共建为核心的"共商、共治、共建、共管、共享、共赢"新模式，将功能疏解促提升与水生态文明建设同步推进，"水-绿化-建筑"无缝衔接，打造出一条集沿岸建筑物、绿地、水面美景无缝衔接的景观廊道，为市民提供了文化、娱乐、休闲场所。亮马河国际风情水岸建设中，将新消费与水岸特色相结合，打造体验式消费场景，带动当地商业品质全面升级，形成"休闲生活段""活力商业段""文旅消费段""艺术生活段" 4 个相互关联又各具特色的水岸商业片区，"三里屯商圈""燕莎商圈""蓝港商圈"串联发展，实现了经济、社会和生态效益的多维共赢，优化了营商环境，激发了区域经济活力。亮马河国际风情水岸入选全市高质量发展十大经典案例，亮马河滨河路入选 2022 年十大"北京最美街巷"，已成为北京知名的国际化旅游胜地，被誉为"北京塞纳河"。此外，充分发挥北台上水库（雁栖湖）作用，积极打造北京雁栖湖国际会展中心等高端会展平台。依托大运河文化带建设，高起点规划，高标准建设，高效率推进，树立了大运河文化带建设的"北京样板"，在国内外形成了良好的品牌示范效应。

二是持续推进滨水慢行系统建设。2021 年《北京市城市河湖滨水慢行系统规划》经市政府同意印发实施，近期规划至 2025 年，远期规划至 2035 年，规划涵盖 40 条段河流，总长度约 555 公里，在河道管理保护范围内，利用巡河路等滨水空间，打造环境优美舒适的步行和骑行滨水慢行系统，形成"一环两轴六带多廊"的空间结构，让市民"伴着河流骑回家"。目前通过打通沿途"梗阻"节点，加强便民配套设施建设和管护，整治综合秩序，实现河湖两岸滨水游憩步道"一走到底"，全市已累计建设200多公里滨水步道，打造便利可达的城市滨水生态体系。9条北京"最美滨水骑行线路"分布在京城的东、南、西、北四个方向，将五大水系串联在一起。其中，西南二环水系步道连通及河道设施改造提升一期工程将昆玉河、永引渠、护城河沿线步道连接起来，打通了从颐和园至南护城河东便门的沿河步道，总长度28.5公里。在凉水河流域，建设了长度22.4公里，从双营桥至南五环连续贯通的慢行步道系统，将生态河道与堤顶口袋公园、河道两侧城市公园相互串联，同时增设路灯、坐凳、垃圾桶等便民设施，为周边百姓亲水、休闲、纳凉、娱乐提供多样化服务，不仅解决了沿河安全通行问题，也极大地提升了周边居民的获得感、幸福感。

三是不断开辟滨水亲水活动场所。除了水源地，北京绝大部分河湖都已经向公众开放。陆续开放了包括八一湖、晓月湖等25处河湖、公园内的滑冰场，修建了600余处河湖垂钓平台。引领休闲新时尚，开展了皮划艇、桨板等新兴水上运动项目。西郊雨洪调蓄工程向市民免费开放，温榆河滞洪区建成温榆河公园。顺利实现大运河游船通航，市民可以乘坐游船抵达河北。

四是传承弘扬水文化，延续历史文脉。北京是一个因水而立的历史名城，经过历朝历代营建，形成了以从玉泉山到通惠河的御河为主线，护城河围绕城市及皇城，运河串联城区河湖，涵闸节制、河湖连通环绕的水系格局，并由此奠定了北京城的基本空间格局。2002年市政府发布的《北京历史文化名城保护规划》中，水系保护首次作为一个专项规划，明确了首都水系治理和保护的总体思路：重点保护与北京城市历史沿革密切相关的河湖水系，部分恢复具有重要历史价值的河湖水面，使市区河湖形成一个完整的系统。2002年，菖蒲河故道得到恢复，依托历史遗址建设了富有古典风格的菖蒲河公园，延续了皇城文化，展现了历史文脉。2017年，新版城市总规批复后，前门三里河水系成为北京老城内第一条恢复的水系，重塑了三里河河道景观，修补完善了街区功能设施，重现了水穿街巷、庭院人家的美好意境。2022 年，北京市认定了 7 处水利遗产，开辟了密云水库、官厅水库、十三陵水库、南水北调团城湖明渠纪念广场共 4 处爱国主义教育基地。南长河作为历史上御河的一部分，是现存的唯一一条明清两代御用河道，河流沿线古迹众多，沿线整治提升项目 2023 年 6 月完工，打造了长河中游段 2.2 公里滨水游览空间，再现"长河观柳"景象，显著提升了区域生态环境和城市空间品质，"三山五园"地区承载能力得到增强。

（二）政策法规不断完善

2012 年 7 月，北京市人大常委会审议通过《北京市河湖保护管理条例》（本段内以下简称《条例》），把北京在河湖水系全流域治理方面的一些行之有效的制度和措施，通过立法形式确定下来。《条例》规定，要坚持统一规划、综合治理、科学管理、保护优先、合理利用的基本原则，建立流域管理与行政区域管理相结合的管理体制。相关部门和区县应协调配合，明确职责，做好河湖保护管理相关工作。2019 年 7 月，市人大常委会对《条例》作了进一步的修正。

2015 年 2 月，北京市政府印发《关于加快推进河湖水系连通及水资源循环利用工作的意见》，对全市的河湖水系作出了"三环水系"的总体布局：连通"六海"、筒子河、菖蒲河等河湖，形成约 20 公里的"一环"环状水带；连通长河、北护城河、南护城河、通惠河等 10 条河道及玉渊潭、龙潭湖、朝阳公园等 8 个公园的湖泊，约 60 公里的"二环"环状水带；连通永定河、京密引水渠、北运河以及东沙河、北沙河、南沙河、凉水河、新凤河等河道，形成约 230 公里的"三环"环状水带。

2020 年 7 月，北京市规自委印发《北京滨水空间城市设计导则》（本段内以下简称《导则》），用于指导各区开展滨水空间规划设计和审批工作，推进建设具有"首都风范、古都风韵、时代风貌"的高品质城市公共环境。《导则》明确了以滨水第二条市政道路为界来定义滨水空间，将中心城区重点滨水空间细分为"两环、两廊、多支线"三个层级，形成滨水空间的分级体系。"两环"即"老城慢行滨水环线"（连通前海、后海、西海、北海以及筒子河、菖蒲河等河道，约20公里的滨水线路及其滨水空间）和"公园游憩滨水环线"（连通长河、昆玉河、通惠河、亮马河等河道及与之相连通的公园绿地）；两廊即"永定河滨水廊道"和"温榆河滨水廊道"两条滨水廊道；多支线包括京密引水渠、永定河引水渠、清河、坝河、亮马河等19条"休闲滨水支线"。

2022年1月，北京市水务局印发《北京市城市河湖滨水慢行系统规划》。市水务局深入调查研究城市建成区内40条段河道滨水空间及交通现状，明确了近期（2025年）、远期（2035年）工作目标，规划到2035年建设涵盖河流40条段，在554.8公里的河道长度内建设长1109.6公里的城市滨水慢行系统，形成"一环两轴六带多廊"的滨水慢行空间。

2022年3月，北京市规自委印发《北京市河道规划设计导则》（以下简称《导则》），明确北京河道建设理念和规划设计策略。构建全民共享的公共滨水空间，是《导则》提出的重要策略之一。《导则》将全市主要河湖水系划分为平原建设区、平原非建设区和山区。平原建设区的河道要重点加强河道与滨水区域功能联系，适量布置公共服务设施，让滨水公共空间承载更多功能；平原非建设区的河道应通过河流水系、道路廊道、城市绿道等绿廊绿带相连接，注重野趣和原生态，塑造自然生态型河道。《导则》还根据河段所在区位、两侧滨河空间功能、河道资源特色，将河道划分为历史风貌型河道、公共活力型河道、自然生态型河道和一般型河道四种类型。

2022年9月，北京市政府发布《关于进一步加强水生态保护修复工作的意见》，明确水生态保护修复工作要从生态整体性和流域系统性出发，加强规划引领，强化空间管控，严格落实生态保护红线管控规定，分类处理不符合水生态空间管控要求的存量建设，严控各类与水生态空间主体功能不符的新增建设项目和活动，确保水生态空间面积不减少、功能不降低。加大河湖监管和执法力度，有序推进各类违法违规用地清理，腾退过度开发的河湖空间。

2022年11月4日，北京市委生态文明建设委员会发布《北京市加强水生态空间管控工作的意见》，明确水生态空间是国土空间的重要组成，是完整生态系统的基础支撑，是最普惠的民生福祉和公共资源。要制定水生态空间管控规划，有序清退违法违规建设，依法加强空间用途监管，确保水生态空间面积不减少、功能不降低。让广大市民能够望山见水，共享河湖等公共空间。

2022年12月31日，北京市委办公厅、市政府办公厅发布《关于进一步强化河（湖）长制工作的实施意见》，明确强化河湖空间与滨水区域空间融合，提升滨水空间开放共享与管理服务水平，进一步增强滨水空间活力。建设水城共融、林水相依的生态景观廊道，构建一批富含"生态、生活、生机"内涵理念的城市活力空间，打造一批水岸经济带。加快城市滨水慢行系统建设，依法合理布局河湖岸线便民服务配套设施，有序推动适宜河湖水域开展的水上冰上运动，不断满足市民休闲运动游憩需求。提升郊野河湖水生态品质，打造近自然岸线，构建清新明亮、蓝绿交织的生态景观带，提高滨水空间的通达性、宜居性。

（三）管理体系初步形成

1999年6月北京市人大常委会通过的《北京市城市河湖保护管理条例》对河湖管理体制作出了明确规定：市、区政府应加强对河湖保护管理工作的组织领导；市、区、乡镇、街道建立河长制，分级分段组织领导本行政区域内河流、湖泊的水资源保护、水域岸线管理、水污染防治、水环境治理等工作；河湖保护管理实行流域管理和行政区域管理相结合的管理体制，市水行政主管部门对全市河湖保护管理工作实施统一监督管理，并在永定河、北运河、潮白河等跨区重要水系设置流域管理机构；市水行政主管部门组织编制河湖治理、养护、保护管理标准、规范和规程，市和区发展改革、财政、生态环境、规划自然资源、城市管理、园林绿化、农业农村、市场监督管理、公安、城市管理综合执法、文物、文化旅游、教育等有关部门按照各自职责做好河湖保护的相关工作。

2022年12月北京市委办公厅、市政府办公厅印发的《关于进一步强化河（湖）长制工作的实施意见》，进一步把强化水生态空间管控、强化水岸共治纳入河（湖）长制工作的重要内容，作为各级河长履职的重要方面，逐步健全完善流域统筹、区域协同、部门联动、社会共治的治水格局。

三 滨水空间建设存在的问题和不足

（一）历史水系主导的城市空间布局被以环状、放射状高速路为主导的空间所取代

历史上北京河流众多、湿地遍布，城市格局的形成和发展与水系有着紧密的联系，北京的皇宫、王府、衙署多依河而建。近代以来，随着海运和铁路的兴起，大运河不再承担漕运功能，过去为满足皇家园林用水的引水河道逐渐破败。新中国成立后，北京市水利工作的重心放在引水和排洪疏浚上。由于人口急剧增加，不得不大量开采地下水，这导致北京市和华北地区地下水位大幅下降，"有河皆干，有水皆污"现象普遍。城市扩张导致人地矛盾、与水争地现象不可避免，原来作为城市空间骨架的河湖被填埋成住宅和交通要道，或是被改造成暗河。大量滨水空间被高等级城市道路、工业厂房、棚户区所占据，北京空间结构框架演变成了以环状、放射状高速路为主导的空间。北京城市总规和《北京市河道规划设计导则》（以下简称《导则》）基本是以这一城市格局为基础，对河湖水系主导北京城市空间结构这一历史规律的认识有待进一步加强。

（二）统筹安全和发展的能力有待进一步提高

受体制机制、思想认识等多重因素的影响，统筹安全和发展的能力有待进一步提高。从2023年7月底8月初发生在北京永定河、大清河流域的特大暴雨洪水看，严格水生态空间管控、给洪水以出路、保障滨水空间行洪安全是头等要事。同时也要看到，市民日常亲水需求也应该得到一定程度的满足，滨水空间管控和开发利用问题需要协同推进。多年来，北京中心区河湖水系的功能主要着眼于解决城区防洪排涝问题，在水利工程设施的规划、设

计、建设、运行方面，对其景观、文化功能认识不充分，与城市整体景观风貌相统筹协调有待进一步加强，河湖多采用人工垂直驳岸以保障过洪能力，导致现状水系岸线笔直单一，滨水空间多为硬质斜坡护岸，用栏杆围挡将游人拒于河岸之外，亲水性与环境品质受到很大限制。河道滨水绿带景观多以防护绿化为主，景观趋同，文化设施缺乏，文化特色体现不够。滨水活动空间单调，公共服务设施不足，缺少广场、公园等形式的公共空间节点，使得滨水空间环境品质差、可留性差。停车、环卫、照明、指示等设施关系不协调，管理强度不够。市民多样化、多层次、多方面的亲水需求得不到满足。

体制机制方面，河湖生态空间中不同生态要素的布局尚不合理、配置关系还不协调，虽然初步建立了全市水生态空间规划管控体系，但距离全面落实落地落细还有差距，河道内已经形成的一些影响行洪的房屋、设施、林木等还未有效解决。受规划和现行法规限制，一些必要的、不影响防洪的亲水便民设施或无法修建，或修建后面临法律风险，满足市民亲水需求的滨水空间开发利用还需属地政府和相关部门协同推进。

（三）政府投入巨大，没有形成成本分摊和利益分享机制

滨水空间环境整治和开发建设投资巨大，根据目前的投资管理体制，市级河道内的水生态保护修复资金投入主要由市财政负责，滨水空间环境整治主要由区财政负责。市政府职能部门着眼于防洪，区政府更关注岸上滨水空间的整治和开发。发展水岸经济已经成为全社会的共识，市级财政资金投入有时序安排，满足不了区级层面的需求。

由于没有房地产税政策，政府不能分享滨水空间环境提升给沿线企业和居民带来的收益，影响了滨水空间环境整治和开发建设的可持续性。

社会资本参与滨水空间投资和收益分享的机制还没有形成。为满足社会对滑冰场地的需求，减少"野滑"事故的发生，水务部门将18处"野滑"区域划出专门水域，向社会招标选择运营单位，但由于企业对收益不确定，无人报名。长兴湖水质清澈沙滩细腻，品质近似海滨浴场，"野泳"人员较

多,存在安全风险。永定河流域公司将其开发为游泳场地,但据企业测算,每人次成本高达 500 元,企业望而却步。

(四)多头管理,互相掣肘,缺乏统筹

滨水空间内的各类空间和设施涉及管理部门众多,各部门的权责存在交织和衔接不畅现象。《北京市河湖保护管理条例》对职能部门的分工仅限于水面空间,岸上空间的管理界限至今没有明确,一些部门不愿承担行业管理责任,单靠水务部门一家很难实现规范管理。在滨水空间设施建设维护、河道改造更新的实施时序等方面,缺乏对多部门的协调统筹,未形成工作协调机制与共管共治的长效保障机制。

(五)法律法规体系有待进一步完善

2022 年 5 月水利部发布的《关于加强河湖水域岸线空间管控的指导意见》提出,严格管控河湖水域岸线,强化涉河建设项目和活动管理,全面清理整治破坏水域岸线的违法违规问题,构建人水和谐的河湖水域岸线空间管理保护格局,依法治理滨水空间显得更加迫切。2021 年,上海市颁布实施《上海市黄浦江苏州河滨水公共空间条例》,对滨水公共空间规划建设、设施设置与维护、共享与共治、法律责任作了比较全面的规定,提出了将一江一河沿岸地区建设成为宜业、宜居、宜乐、宜游的"生活秀带"和"发展绣带"的发展愿景,统筹协调、绿色发展、风貌保护、文化传承和共享共治的基本原则,并体现整体性、安全性、亲水性、可达性、生态性等要求。西安市制定了《西安市河湖滨水空间管控条例》和《西安市灞河重点区域风貌管控条例》,厘清了部门管理职责,确定了编制河湖滨水空间管控规划应当遵循的原则,明确了灞河重点区域风貌整体性、空间立体性、平面协调性、文脉延续性等方面的规划和管控。

北京市对滨水空间治理的政策法规散布在《北京市实施〈中华人民共和国水法〉办法》《北京市水利工程保护管理条例》《北京市实施〈中华人民共和国防洪法〉办法》《北京市河湖保护管理条例》《北京市水污染防治

条例》等多个地方性法规和一系列政策文件中，亟须制定《北京市滨水空间管理条例》，将已有的法规、政策文件整合进来，明确各政府部门的职责边界，加大对违法行为的处罚力度。

四　滨水空间建设的对策建议

滨水空间是城市最有活力、最有成长空间的蓝海。滨水空间环境整治和建设开发不仅仅是景观设计或建设工程，更是对城市空间资源的整合，是提升城市宜居水平、建设品质城市的重要抓手。

（一）统筹发展和安全，将滨水空间建设与救灾善后、恢复重建工作相结合，不断筑牢城市安全防线

海河"23·7"流域性特大洪水再次给城市河湖防汛工作敲响了警钟，也是对北京市滨水空间建设成果的一次大检验。滨水空间环境整治和建设开发要坚持底线思维、极限思维，着眼河流与流域、上游与下游、山区与平原、市域与周边地区的关系，科学规划防洪排涝体系，按照"一年基本恢复，三年全面提升，长远高质量发展"总体思路，坚持"平急结合"，建设"旱天有景观，大雨保安全，旱涝两相宜"的韧性河道，实现河湖水系自然生态与城市经济社会环境的有机融合，做到尊重自然、顺应自然，人水和谐、科学发展。更好地统筹发展和安全、当前和长远，遵循海绵城市、韧性城市理念，综合采取"渗、滞、蓄、净、用、排"等多种措施，修复因多年来城市建设遭到破坏的河湖水系自然风貌，恢复其自我循环、自我修复、涵养地下水资源的生态功能。基础设施建设要融入新技术新材料，更加突出对雨水的吸纳能力，尽量避免地面过度硬化，必须硬化的也要建成透水性路面，绿化带更多地采用下凹式绿地形式。

（二）通过恢复历史河湖水系，做好北京旧城整体格局的保护

以河湖水系引导城市空间布局，有利于规避城市安全风险，更好地构建

人水和谐的公园城市。《导则》明确提出，尊重核心区内历史水系格局，逐步恢复湮灭的历史河湖水系。近年来，北京市结束了持续多年的干旱，降水量不断增加。南水北调投入运行，有效改变了华北地区水资源条件和配置格局。2021年，密云水库蓄水创建库以来最高纪录，永定河、潮白河等北京五大河流全部重新成为"流动的河"并贯通入海，不少干涸多年的河道水库复苏、泉眼复涌，为恢复历史河湖水系提供了水源条件。建议以核心区疏解整治促提升为契机，从整体考虑北京旧城保护出发，有计划有步骤地恢复老城里的历史河湖水系，特别是御河的平安大街到前三门大街段、已经列入《北京历史文化名城保护规划》的前三门护城河。充分挖掘历史、人文等文化元素，将沿岸建筑改造为博物馆、美术馆、剧场、音乐厅等文化设施，融入建筑风貌和景观小品，还原具有北京历史文化特色的滨水生活区，形成御河滨水文化带。激活商业、旅游、餐饮、文创等功能，使御河滨水空间成为北京历史文化的展示窗口、城市文旅产业的主阵地。

（三）以滨水空间环境整治和开发建设为抓手，建设更高水平的品质城市

继续推动水、路、绿三网融合，塑造更具亲和力的城市公共空间。滨水绿道具有交通、生态、游憩、审美等多重功能，对城市的建设发展、自然生态的保护、居民休闲游憩空间的塑造、历史文化资源的保护、绿地系统的完善有着重要的作用。在通惠河、清河等河道沿线全面打造景美路畅的慢行出行环境，把河湖滨水空间打造成水文化、地域文化、民俗文化传承发展的重要载体，塑造区域特定的空间识别感，带给这里的居民和游客独一无二的体验，不断提升市民的获得感、幸福感。灾区恢复重建工作要着眼长远、整体规划，优化受灾地区功能布局，建设高水平的滨水绿道，让群众拥有更加安全、更加美好、更加宜居的新家园。

发展水岸经济，做好"水+文化""水+体育""水+旅游"文章。在不影响防洪功能的基础上，引导滨水建设用地向民生用地开放，鼓励安排商业、文化、体育等用地功能。借助滨水环境和区位，增加商务办公、酒店会

议、商业娱乐等新功能。倡导滨水空间和滨水建筑的功能复合，鼓励临水建筑底层开放，面水位置设置出入口，鼓励设置底层商业，激发滨水空间活力。适当在滨水绿地内设置公共功能建筑，如特色餐饮、露天茶座、咖啡吧等。完善滨水空间设施，有效提供游览信息、公共厕所、饮水点、售货亭、无线网络覆盖、应急医疗救助点、维修站等功能。

积极探索开设各类水上运动的可行性，鼓励更多的水利工程向公众开放。历史上形成的个别绿带内建设用地，应结合规划设计逐步腾退，打通断点，确保河道沿线的公共开放性。

（四）以滨水空间开发建设促进南城振兴和京西地区转型发展

北京的南城和京西地区水资源比较丰富，具有发展水岸经济、冰雪经济的优越条件，是实现南城振兴战略和京西地区转型发展的重要支撑。要突出区域特点的滨水公共空间营造，加深区域的标识性与归属感。

构建休闲滨水公共空间和大尺度绿色生态空间。践行"人民城市人民建，人民城市为人民"理念，对城南地区滨水公共空间高起点规划、高标准建设、高品质开放和高水平管理，将永定河、拒马河、小清河、凉水河、凤河等沿岸地区建设成为休闲滨水公共空间。推动西山永定河文化带高端发展。依托滨水空间资源，打造新时代首都城市复兴新地标，形成绿水青山转化为金山银山的"京西样板"。加快推进青龙湖国家级旅游度假区、乐高主题乐园、国家大熊猫繁育基地等重大文旅项目建设，助力北京国际消费中心城市建设。

在丰台区实施"点靓凉水河"行动。将以往的背水发展转变为向水而荣，充分打开滨水城市界面、拓展城市发展空间，让市民真切感受到凉水河滨水生态空间魅力。在大红门地区沿凉水河建设国粹主题博物馆群，打造具有全球影响力的中华文化基因库，使博物馆群成为国家文化中心和国际消费中心城市建设的枢纽工程，带动城南地区高质量发展。

（五）健全完善财税体系，形成滨水空间利益分享机制

创新项目资金投入政策和支持模式，探索打破分行业确定投资内容的传

统做法，实行山水林田湖草沙一体化保护修复综合支持政策。在符合流域规划的前提下，针对不同流域和项目的特点，明确牵头部门和协同部门，统筹组织推进流域水生态保护修复项目实施。加大市区财政投入力度，用好专项债券，发展绿色金融，加强水务投融资体制改革与水价政策联动。建立完善滨水空间收益分享机制，积极探索政府与社会资本合作模式，鼓励和支持社会资本通过自主投资、与政府合作、公益参与等模式，参与滨水空间项目的投资、设计、实施和全生命周期运营管护。

（六）健全完善滨水空间管理政策法规体系，形成滨水空间管理长效工作机制

建立科学合理的滨水空间运营管理体制机制。探索形成规划部门统筹、各部门协同、属地负责、社会参与的工作机制。建立滨水空间管理统筹协调联席会制度，加强规划、水务、住建、园林绿化、城市管理等部门在规划、工程设计、审查、建设、维护等环节的沟通协调，明确各阶段的主体和程序。定期组织水务、园林绿化、城管执法、公安、属地街乡等多部门联动执法模式。依托科技赋能提升管理效能，推动滨水空间治理的智能化、数字化。

借鉴国内外滨水空间立法成功经验，整合已有的法规和政策文件，将一些行之有效的经验和做法固化下来。从法规层面明确各部门在滨水空间管理方面的职责。近期可以通过修订《北京市河湖保护管理条例》的形式，将滨水空间纳入该《条例》实施范围。

健全滨水公共空间社会共治机制。鼓励滨水空间属地企事业单位、社会团体和社会公众，通过成立共治平台、制定共治规约等方式，提升滨水公共空间社会共治能级，加大社会参与力度。建立水上运动的安全保障和应急救援机制，加强对滨水空间极限运动的引导和管理，通过立法明确水上运动参与主体的责任、权利和义务关系，引导公众安全亲水、文明亲水。

参考文献

陈建刚、李其军：《北京市滨水空间管理立法研究》，《水利发展研究》2022 年第 10 期，第 60~64 页。

李鸿：《北京蓝网：都市区滨水空间发展整体构想》，《北京规划建设》2015 年第 2 期，第 102~107 页。

刘泉：《把最好的资源留给人民——立法护航"一江一河"滨水公共空间高品质发展》，《上海人大》2021 年第 12 期，第 20~21 页。

唐亚男、李琳、韩磊、谢双玉：《国外城市滨水空间转型发展研究综述与启示》，《地理科学进展》2022 年第 6 期，第 1123~1135 页。

王海燕：《上海首部公共空间立法凸显"人民性"》，《解放日报》2021 年 11 月 27 日，第 1 版。

席珺琳、吴志峰、冼树章：《我国城市滨水空间的研究进展与展望》，《生态经济》2021 年第 12 期，第 224~229 页。

B.9
区域综合类：北京推进统筹式
城市更新的政策研究

北京统筹推进城市更新政策研究课题组[*]

摘　要：　本报告结合北京市城市更新工作实际，阐述了点线状城市更新和分类式城市更新的局限性和统筹式城市更新的内涵，以及新发展格局下推进统筹式城市更新的重要意义。对当前北京统筹式城市更新推进情况和问题进行了全面系统的梳理和总结，认为主要存在统筹更新政策有待进一步完善、缺乏完整的城市更新管理和项目流程、缺乏可持续的融资机制、缺乏有效协同机制四方面问题。建议以街区更新为重点，突破条块分割管理模式，衔接规划、建设、管理三大环节，推动政策进一步细化和落地，以党建为引领构建多方共建共治共享机制，激活全市城市更新"一盘棋"。

关键词：　城市规划　街区更新　投融资

---

* 课题组执笔人：于国庆，北京市经济社会发展研究院投资消费研究所所长，主要研究方向为宏观经济、金融、投资、消费政策；张晓敏，北京市经济社会发展研究院投资消费研究所副所长，主要研究方向为城市更新、投资、消费政策；雷来国，北京市经济社会发展研究院投资消费研究所高级经济师，主要研究方向为固定资产投资、城市建设、财政、消费；滕秋洁，北京市经济社会发展研究院投资消费研究所高级经济师，主要研究方向为房地产、投资、消费；郭颋，北京市经济社会发展研究院产业发展研究所助理研究员，主要研究方向为基础设施、固定资产投资、产业经济；贾硕，北京市经济社会发展研究所战略规划研究所高级经济师，主要研究方向为宏观经济、产业规划。

一 统筹推进城市更新的内涵及意义

（一）点线状更新和分类式更新的概念及其局限性

点状、线状更新以建筑空间为主体划分治理边界，聚焦于空间上的建筑外观与形式改造，如一条胡同改造、老旧小区翻新等，具有小型化、碎片化、分散化的特点。分类更新则关注建筑与空间功能，按照其所侧重承担的生产、生活等不同类型的功能，按照工业建筑、居住建筑、公共建筑等类型进行改造。这种分类型改造较注重对改造区域某一方面功能的优化和突出，呈现单一化、片面化、局部化的状态。

上述传统更新模式面临的困境有：（1）只注重建筑改造，忽略文化、民生等多领域、多样化的需求；（2）未考虑周围环境，改造后的区域与周边环境的衔接和融入产生困难；（3）盈利模式单一，产业持续运营困难；（4）资金渠道较窄，财政负担重，影响改造成效；（5）不同参与方各自为政，利益缺乏协调，易导致长期、复杂矛盾。这些传统的更新模式弊端在于，覆盖领域较为狭窄，整体协调性考虑不足，因而更新效率与质量还有进一步优化提升的空间。

（二）准确把握统筹式城市更新的概念

统筹式城市更新，就是指统筹不同行业、不同区域、不同层级、不同资金来源、不同实施主体，即将生产、生活等不同类型的更新项目综合考虑、互相配合、协同推进，将分类别、分散化的更新有机整合，构建全覆盖、全要素、多主体耦合的系统体系，畅通投资、生产、消费的循环，不断提升城市能级，激发城市创造力和活力。

统筹推进更新强调更新的全面性、系统性、高质量和精细化，避免了传统更新模式导致的上述更新问题。具体而言，在更新方式上，推动城市建设发展由依靠增量开发向存量更新转变，建立良性的城市自我更新机制。将传统的"拆、改、留"转向"留、改、拆",从以往"大拆大建"的量化式更新,转为提升质量的精细化更新,聚焦城市建成区存量空间资源提质增效,优化增量、盘活存量、提升质量。在更新层次上,不再将重点局限于建筑与空间本身,而是提升关注层次,扩展更新领域,通过城市更新统筹推进经济、社会、环境、民生等多领域发展,推动更新区域的功能再造、空间重塑、公共产品提供、人居环境改善、城市文化复兴、生态环境修复以及经济结构优化等多方面发展提升。在参与主体上,由政府统筹引导,各部门协同配合;打破原有的孤立式、片面式、局部式更新模式,推动区域化、整体化更新;鼓励社区群众广泛参与,倾听群众声音,满足群众需求,真正为群众办事,做到共建共治共享;纳入专业力量,吸收社会资本,引进社会力量,推动多主体、多力量参与更新,上下一体形成合力,协同推进。

(三)新发展格局中推进统筹式城市更新具有重大意义

一是统筹式城市更新有助于落实首都功能战略定位。城市更新是实现城市功能重组的有效方式。随着首都城市战略定位和"四个中心"功能建设持续推进,新的城市功能空间布局正在加快构建中。只有通过统筹式城市更新,由注重规模向注重品质转变,注重城市更新与城市功能定位相结合,才能够为北京城市的发展提供功能合理的战略空间和资源承载力,促进城市发展更科学、更生态、更智慧。

二是统筹式城市更新有助于畅通投资消费内循环。在减量发展背景下,难以依靠土地开发收益平衡项目投入,即使通过物业运营和部分闲置资源运营的收益也难以弥补巨大的资金需求。统筹式城市更新在更大范围、更大尺度、更多类型上去统筹谋划,通过盘活存量资源,打通不同项目间的资金循环,并通过更新改造投资撬动消费,形成投资消费的内循环。

三是统筹式城市更新有助于调整不合理的城市功能布局。统筹式城市更新把首都城市作为生命有机体,适度适宜打破居住、工作、娱乐与休闲等的边界,以街区更新为主导,统筹考虑老旧小区、商业楼宇、厂房和公园绿地在更新过程当中的协调性、一体化、互动性,补齐民生短板,充分盘活利用闲置空间，提供社区便利店、主食厨房、文具书吧等便民生活配套设施，构建生产空间、生活空间、生态空间相互交织、有机融合的格局。

四是统筹式城市更新能够为构建高质量经济结构提供有效空间载体。统筹式城市更新更注重空间的联动性、整体性、融合性，为重塑北京市的供应链条提供有效的空间载体，通过对低效老旧厂房的盘活再利用，加快扩链补链强链，为北京市经济循环提供稳定高效的产业基础。在补交厂房的土地出让金后，一方面选取大面积、连片化空间进行科技产业链扩链布局，另一方面对于分布零散的厂房空间进行重点行业补链强链。

二　北京统筹推进城市更新的问题

近年来，北京重点围绕城市更新政策体系建设、"疏整促"专项推进、重点领域更新等稳步推进城市更新工作，并取得一定成效。为进一步将城市更新和优化城市空间布局相结合，补齐区域功能短板，市委、市政府提出了统筹式城市更新的思路。2019年2月北京市委、市政府发布《关于加强新时代街道工作的意见》中提出，北京将科学划分街区单元，实施街区更新。2021年8月，《北京市城市更新行动计划（2021—2025年）》提出，北京实施城市更新要转变思路，从以往点状、线状、区域式的更新模式，转变为以街区为单元的统筹式城市更新。围绕统筹更新要求，2021年市级层面推出六个街区更新试点，包括东城区北大红楼周边和王府井地区；西城区爱民街周边和天桥片区，通州区"三庙一塔"所在的西海子片区和复兴里片区。2023年3月1日《北京市城市更新条例》正式实施，提出以统筹存量资源配置、优化功能布局，实现片区可持续发展的区域综合性城市更新。从实践情况看，目前统筹式城市更新推进难度较大，主要面临以下问题。

（一）统筹更新政策有待进一步完善

持续推动城市更新工作有序高效开展，要针对城市更新实施过程中出现的规划、土地等问题，不断完善政策保障。城市更新中的相关专项政策，如规划、土地、公共管理政策等内容要逐步逐级明确，以更好地指导城市更新实施、实践过程。从北京市城市更新统筹政策现状来看，城市更新规划和土地相关政策还有待进一步完善。

一是原有规划机制不能较好地适应现有城市更新。原有规划机制适用于城市开发建设和新城拓展，因配合城市用地有偿出让，为便于土地价值评估，城市建设用地往往采用单一用途的用地管控形式，但城市建成区范围内已形成各类功能设施、用地高度混合局面，功能密度、开发强度相对较高。原立足单一功能分区和单一用途分类要求的管理模式已经明显不能统筹特大城市更新的需要。

二是城市更新规划无法有效落地，用途规划管制与更新实践存在脱节。实施主体在城市更新中有实际需求，希望能在控规指导下进行更有针对性和时效性的规划，但这样的规划由于不在法定规划层级内，规划管理部门无法审批，给实施工作的推进带来困难。另外，用途调整需先在城市规划上（特别是控规层面）对用地性质进行调整才可以进行，而规划调整工作程序复杂、审批流程烦琐、周期较长，如青龙文化创新街区更新改造中将老旧工业厂房植入文创、办公等新业态，却面临审批困境。

三是针对城市更新中土地的出让年限、补缴土地出让金、土地性质兼容等方面缺少统筹支持政策。现有城市更新土地政策只针对特定类型更新项目"一事一议"特征明显，北京针对特定方向（如文创）或特定项目（如"新首钢"）出台了相关土地政策，而对城市更新中的土地出让年限、补缴土地出让金、土地性质兼容等方面，缺少普适的统筹支持政策，社会资本参与的积极性不高。更新改造对象复杂、改造任务目标较为多元化，这就亟须对拆除重建类、政府收储改造、村集体改造等在地价政策、土地征储、更新主体与原产权单位土地收益分配、村集体经营性建设用地入市等方面补齐政策短板。对于土地使用权即将到期的工业、仓储物流等用地，如何灵活应对产业结构升级已是迫在眉睫。

（二）缺乏完整的城市更新管理和项目流程

城市更新属于城市投资建设的重要内容，原则上首先应遵循投资建设项目的一般规律和流程管理，如申报城市更新单元计划、编制审核与报批实施方案、确认实施主体、规划用地施工许可、方案实施、竣工验收及资产登记等程序，同时城市更新又是小规模、渐进式、可持续的更新，项目管理与实施流程还不够完善。2021 年出台的《北京市人民政府关于实施城市更新行动的指导意见》《北京市城市更新行动计划（2021—2025 年）》作为北京市推进实施城市更新行动的指导性文件，初步从市级层面解决了北京市城市更新体制、机制、政策等方面的问题，为城市更新指明了实施路径，提供政策支撑和组织保障。而北京城市更新项目多以"一事一议""一项一策"方式推进，统筹式城市更新的推进更是受到决策环节多、审批手续多的制约。

（三）城市更新缺乏可持续的投融资机制

城市更新发展过程中北京市积累了一定的投融资方面的经验，但是在融资结构上仍显单一，资金以财政支持和银行贷款为主，融资渠道单一和巨额资金需求矛盾越发凸显。

政府财政压力大，社会资本参与仍缺少常态化对口支持政策。特别是在老旧小区综合整治中，社会资本参与方式不能破题，相应的财税和金融支持政策、存量资源统筹利用有待进一步深化研究。城市更新市区两级财政补助资金机制和统筹机制尚不明确。涉及城市更新项目的报审条件、审批程序和支出路径等还不明朗，如历史文化街区更新申请式退租的资金主要来源于市区两级财政，由于市场参与度较低，更新项目的运行和维护完全依赖政府投入的模式难以持续，市区两级如何分担资金等相关问题日渐凸显。

（四）城市更新缺乏有效协同机制

《北京市城市更新条例》提出了建立城市更新组织领导和工作协调机制。但市级层面，存在"分片化"特征，在建设规模等方面探索跨区统筹协同难度大。如各区老旧厂房、老旧商圈存量资源差异较大，与新的产业需求、资金保障还难以完全适配，因而各区更新力度不一。目前北京培育自主更新、加强社区治理、畅通自下而上的更新渠道、引入多元主体等长效措施尚在探索阶段。市、区、街区、街乡镇各级更新职责分工框架下，街道（乡镇）将各项任务落实落地落细的任务更加艰巨，其保障落实能力需要持续加强，调查摸底等基础工作还需要不断完善。

三　政策建议

城市更新工作需根据统筹推进的要求，进一步突破条块分割管理模式，衔接规划、建设、管理三大环节，完善体制机制和政策体系。完善城市更新专项小组负责统筹、四级联动的常态化工作机制，优化全周期的城市更新项目管理流程，以街区为单元推进统筹式城市更新，以政策突破创新推动项目落地实施，以党建为引领构建多方共建共治共享机制，激活全市城市更新"一盘棋"。

（一）以统筹推进和流程管理为目标，加强城市更新协同管理体制机制建设

1.更好发挥城市更新专项小组作用，完善协同机制

市城市更新专项小组负责统筹推进城市更新工作，研究决定城市更新工作涉及的重大事项、重大政策，协调解决项目实施中的重大问题、推进重大实施类项目。推动建立城市更新行动项目储备库，实行清单化管理、项目化推进，为城市更新行动提供项目数据支撑；编制城市更新行动政策清单、示范项目清单，提供实施样板。协调各部门做好政策衔接，督促各部门制定好推进更新的本部门职责相关政策，细化工作目标任务，协调推动项目实施。协调调度市、区政府相关资金落实到位，发挥好对社会投资的引导放大作用。充分发挥政府统筹引导作用，实行"市-区-重点片区-更新单元"四级联动，建立部门间常态化的沟通协调机制。

2.完善城市更新项目管理流程

继续完善政策体系和优化实施流程。以政策完善促进城市更新管理流程优化，在更新主体确认、审批流程、项目管理等重点环节予以明确，并合理简化审批程序，支持各主体有序开展城市更新工作；建立流程管理体系，加强更新项目全过程监管，保障利益均衡分配，以规则协调平衡各方利益。

加强城市更新项目全生命周期管理。做好城市更新与现有政策规划的有机衔接，建立城市更新"一张图"，与土地储备、公共住房建设、厂房大院疏解提升等工作有机衔接，与历史风貌和历史建筑的保护与活化利用有机衔接，最终形成"政策机制+重点领域"工作格局。建议借鉴上海经验，对城市更新项目实行全生命周期管理，城市更新项目的公共要素供给、产业绩效、环保节能、房地产转让、土地退出等全生命周期管理要求，应当纳入土地使用权出让合同；对于未约定产业绩效、土地退出等全生命周期管理要求的存量产业用地，可以通过签订补充合同约定；市、区有关部门应当将土地使用权出让合同明确的管理要求以及履行情况纳入城市更新信息系统，通过信息共享、协同监管，实现更新项目的全生命周期管理。市、区人民政府可以根据实际情况，委托第三方开展城市更新情况评估。

强化城市更新基础和前期工作。建立健全全市统一的城市更新信息系统，向社会公布城市更新指引、更新行动计划、更新方案以及城市更新有关技术标准、政策措施等；市、区人民政府及其有关部门依托城市更新信息系统，对城市更新活动进行统筹推进、监督管理，为城市更新项目的实施和全生命周期管理提供服务保障。各区相关部门和街道对需更新空间，特别是腾退低效楼宇、老旧厂房等，要加强开展摸底和储备，建立资源台账和储备库；制定腾退低效产业空间招商地图，促进重大项目与空间资源精准匹配，加快项目对接落地。

（二）以街区更新为突破主线，更好激活全市城市更新"一盘棋"

1. 选取重点街区为试点推进统筹式城市更新。结合中心城区已划定的城市更新单元，可选取产业类型多样、主体构成多元、功能定位多面的街区作为统筹式城市更新的率先试点区域。对于试点区域给予专业人员配置、体制机制创新改革权限，如用地性质混合、兼容和转换机制等，率先在试点街区探索形成可推广可复制的统筹式城市更新模式和样本。

2. 在街区内分领域式推进更新改造。经济领域，要高效利用存量产业用地，推动老旧厂房和传统产业园区更新改造，推动产业结构转型升级，对于传统商业区与老旧商业楼宇，要合理规划布局产业空间，调整优化商业结构，对接市民消费需求，统筹推动商业现代化发展。历史文化领域，要注重城市中文化遗产与文化风貌的保留，在保护城市特色风貌和城市肌理的基础上统筹推进开发，尊重和认识街区的文化和建筑价值，建立适用于我国旧城复杂的产权形态和存量建筑特质的住房微更新政策和技术指引，把街区肌理保护、老旧小区、棚户区改造和建筑遗产保护统筹结合。民生领域，打造现代社区，改造老旧小区、棚户区。对于老旧小区、棚户区，要在了解群众需求的基础上统筹基础设施建设，共同推动小区供水、供暖、道路等基础设施改造，增加公共活动空间，优化小区生态环境。生态领域，街区内一些闲置用地和空间可用于城市绿地公园建设，加强街区内城市绿廊、城市绿道建设，增加城市绿地面积。

3. 重点补齐和完善街区内的功能短板。分析查找街区在职、住、商、生态、交通、公共服务等方面存在的短板。统筹规划土地用途，支持同一地块、建筑复合利用和合理转变规划用途。探索建立街区内部跨项目平衡机制。支持通过利用疏解腾退空间资源、建设小尺度休闲空间、在传统百货商场中引入公益性设施、在商务楼宇中增加便民餐饮等生活服务设施等方式，丰富街区功能，提升街区活力，促进职住平衡。

4. 发挥区属企业平台优势推进街区城市更新。充分利用区属企业与政府部门、街区的纽带关系，搭建城市更新统筹平台，建立跨区域、跨项目的统筹实施机制，建立街区内统一的城市更新资金池。引导和推进区属商业企业混改，不断提升市场化、专业化运营能力。引导区属房地产公司向城市更新、物业公司转型发展，鼓励其由"重资产"转向"轻资产"运营，结合停车位紧张、充电桩缺乏等居民消费需求，以盘活住房公共维修基金、拓展增值服务为手段，各区可支持区属企业参与物业管理，加快住房养护市场化步伐。

5. 探索多元化筹资模式。通过发行新增政府债券、企业债，设立政策性融资产品，成立社会化专项基金等方式支持城市更新项目。跟踪总结中关村科学城城市更新与发展基金的运作经验，将可复制经验及时向全市其他街区推广。赋予城市更新主体市属楼宇、直管公房、腾退空间等长期经营权，集中资源通过注资、注产等方式增强可持续运营能力。利用已疏解空间发展新消费业态，适度打造一批融合精品酒店、文化体验、艺术品展览、商品首发、休闲阅读功能的精品消费区，以消费带动提升街区活跃度进而筹集街区更新资金。

（三）以政策突破创新为重点，更好推进统筹式城市更新项目实施

1. 加大对统筹式城市更新项目的融资支持力度。借鉴上海等城市经验，探索设立城市更新基金。在传统 TOD 模式的基础上，探索在城市更新中引入以教育、文化、医疗、生态等优势设施、资源为导向的 XOD 发展理念。[①]

2. 积极探索规划政策创新。强化规划用途的需求导向。在"自上而下"的宏观管控的基础上，更加注重"自下而上"的需求，鼓励居民、企业等多方参与决策，增强城市更新活力。支持土地复合利用，借鉴新加坡土地规划中"白色地带"的概念，允许经营主体在"负面清单"之外自主决定用途，在转换用途时无须审批和付费。

3. 进一步明确待更新区域产业政策导向。在明确疏解腾退空间"不能干什么"的基础上，进一步明确"能干什么"，为城市更新主体吃下定心丸，提高更新再利用的积极性，进而提高整体投资收益水平。

（四）以基层党建为引领，更好培育基层治理力量调动公众参与积极性

1. 健全党建引领基层治理模式，构建共建共治共享机制。健全党建引

---

① XOD 模式起源于 TOD（交通导向开发）模式，X 即以优质的教育、医疗、体育、生态环境等公共设施取代交通设施，利用这些设施带来的空间价值提升推动实现城市更新中的资金平衡。

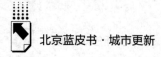
领基层治理模式。以"吹哨报到"机制为工作抓手，推动城市更新工作中党组织发挥积极作用。责任规划师、建筑师全程参与街区城市更新，加强业务指导，做好技术服务。

2. 将城市各类更新改造与加强基层党组织建设、社区治理体系建设有机结合。通过设立党员议事会等议事平台，将业主委员会、社会力量的更新主体、居民等不同群体中的党员组织起来，搭建党组织与居民的沟通协调平台。充分发挥党组织在城市更新设施管理环节中组织、宣传、凝聚、服务群众的带头作用，参与基层居民自治，培育自主更新，统筹主体权益诉求，参与城市更新实施监督，保障城市更新中的基层权益。

3. 培育基层更新治理力量。通过提高规划时效性、加强公众在规划决策中的发言权、动态跟踪地区规划发展和建设现状、构建多元主体协作平台。通过鼓励创建街区更新协会、保护协会等平台，形成政府民间良好通畅沟通机制，把居民、企业需求意见有机纳入城市更新规划中，保障公众参与在确认实施主体、报批更新规划、验收更新项目等关键环节的参与权。

参考文献

北京市规划和国土资源管理委员会：《北京城市总体规划（2016 年—2035 年）》，2017年 9 月 29 日，https：//www.beijing.gov.cn/gongkai/guihua/wngh/cqgh/201907/t20190701_100008.html。

北京市人民代表大会常务委员会：《北京市城市更新条例》，2022 年 11 月 25 日，https：//www.beijing.gov.cn/zhengce/gfxwj/202212/t20221206_2871600.html。

丁惠玲、孙之淳：《社会资本参与城市更新的困境及对策研究》，《现代商贸工业》2021 年第 28 期，第 9 页。

马红杰、赵晔、贾欣、黄莹：《推进以街区为单元的城市更新——北京街区更新工作规划研究》，《北京规划建设》2021 年第 4 期，第 7 页。

专题篇

B.10

北京市城市更新立法的创新与实践探索

李承曦*

摘　要：　随着北京城市新版总体规划的实施，北京成为全国第一个减量发展的超大城市，进入以存量更新为主的城市高质量发展新阶段。新形势下，北京市于2021年启动了城市更新地方立法，并于2023年正式实施，为依法规范、有序实施城市更新工作提供了有力的法治保障。本报告针对北京城市更新立法的创新与实践探索进行了研究探讨，共分为五个部分。第一部分结合政策背景、现实需求和实践探索，分析了北京市城市更新立法面临的主要问题；第二部分立足于全方位回应社会需求和期待，梳理了立法实践中的创新做法；第三部分聚焦立法总体思路，重点研究分析了立法破解的城市更新难点问题；第四部分总结提炼了北京城市更新立法的主要特点；第五部分梳理了北京城市更新面临的新任务新挑战，针对如何更好地推动法规实施和具体工作开展，提出了加快配套规范制定、持续做好制度宣传、重点推进项目实施等对策建议。

---

* 李承曦，北京市人大常委会城市建设环境保护办公室副处长，主要从事城市建设、环境保护领域地方立法工作。

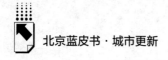

关键词： 城市更新　城市更新地方立法　立法实践探索

　　北京的城市更新，是指对城市建成区内城市空间形态和城市功能的持续完善和优化调整。① 党的十九届五中全会和国家"十四五"规划纲要作出了"实施城市更新行动"的重大战略部署。② 党的二十大报告指出，"加快转变超大特大城市发展方式，实施城市更新行动"。③ 随着《北京城市总体规划（2016 年—2035 年）》的批复实施，北京的城市发展进入减量双控、以存量更新为主的新阶段，中共北京市委提出要"实施城市更新行动""加快推进城市更新领域相关立法"，④ 北京市第十三次党代会围绕大力推动新时代首都发展，提出了"深入推进城市更新，打造更多高品质活力空间"的明确要求。⑤

　　为深入贯彻党中央决策部署以及中共北京市委要求，在新时代首都发展统领下推动北京城市高质量发展，更好满足人民群众对美好生活的期待，北京市人大常委会于 2021 年 11 月通过《北京市城市更新条例》（以下简称《条例》）的立项论证，通过立法总结实践经验，创新"北京模式"，推动城市结构优化、功能品质完善、保障改善民生，更好地服务于"四个中心"建设和"四个服务"水平提升。2022 年，《条例》作为审议项目纳入北京

① 《北京市城市更新条例》第二条第二款，《北京市人民代表大会常务委员会公报》2022 年第6 号（总 309 号），第 26 页。
② 《中共中央关于制定国民经济和社会发展第十四个五年规划和二〇三五年远景目标的建议（2020 年 10 月 29 日中国共产党第十九届中央委员会第五次全体会议通过）》，《人民日报》2020 年 11 月 4 日，第 3 版；《中华人民共和国国民经济和社会发展第十四个五年规划和2035 年远景目标纲要》，《人民日报》2021 年 3 月 13 日，第 9 版。
③ 《高举中国特色社会主义伟大旗帜　为全面建设社会主义现代化国家而团结奋斗——在中国共产党第二十次全国代表大会上的报告》，《人民日报》2022 年 10 月 26 日，第 3 版。
④ 《中共北京市委关于制定北京市国民经济和社会发展第十四个五年规划和二〇三五年远景目标的建议》（2020 年 11 月 29 日中国共产党北京市第十二届委员会第十五次全体会议通过），《北京日报》2020 年 12 月 7 日，第 2 版。
⑤ 《在习近平新时代中国特色社会主义思想指引下奋力谱写全面建设社会主义现代化国家的北京篇章——在中国共产党北京市第十三次代表大会上的报告》，《北京日报》2022 年 7 月4 日，第 3 版。

市人大常委会立法计划，并于年初正式启动调研起草工作，同年7月、9月两次提交北京市人大常委会审议，11月25日经北京市第十五届人大常委会第四十五次会议审议表决通过，于2023年3月1日起正式实施。

一 北京城市更新的立法背景及面临的主要问题

（一）主要立法背景

1. 深入贯彻落实中央和国家决策部署

城市更新是适应城市发展新形势、推动城市高质量发展的必然要求，是推动城市开发建设从粗放型外延式发展转向集约型内涵式发展的有效途径，也是推动解决城市发展中的突出问题和短板，提升人民群众获得感、幸福感、安全感的重大举措。党的十九届五中全会明确提出"实施城市更新行动"，国家"十四五"规划纲要提出加快实施城市更新行动的要求。2021年8月，住建部针对城市更新中的大拆大建问题专门下发通知，提出要以保留利用提升为主，加强修缮改造，补齐城市短板，注重提升功能，增强城市活力，强调要严控大规模拆除、增建和搬迁，推行小规模、渐进式有机更新和微改造，进一步明确了城市更新的方向和目标。[①] 同年11月，住建部又确定了北京等21个城市更新试点城市，要求试点城市探索城市更新统筹谋划机制、可持续模式以及配套制度政策。[②] 推动北京城市更新立法是深入贯彻落实中央和国家战略部署，支持保障北京市城市更新工作规范有序开展的重要举措。

---

① 《住房和城乡建设部关于在实施城市更新行动中防止大拆大建问题的通知》（建科〔2021〕63号），中国政府网，2021年8月30日，http://www.gov.cn/zhengce/zhengceku/2021-08/31/content_5634560.htm。
② 《住房和城乡建设部办公厅关于开展第一批城市更新试点工作的通知》（建办科函〔2021〕443号），中国政府网，2021年11月4日，http://www.gov.cn/zhengce/zhengceku/2021-11/06/content_5649443.htm。

2. 落实新版总规要求, 适应北京城市更新特点

按照党中央、国务院批复的《北京城市总体规划 (2016 年—2035年)》, 北京的城市发展面临减量双控、以存量更新为主的新形势、新特点、新要求。北京的城市更新更加注重存量资源的提质增效, 通过与疏解整治促提升专项行动有效衔接, 推动城市结构优化、功能完善和品质提升, 为加强 "四个中心" 功能建设、满足人民群众 "七有" "五性" 需求释放实施空间。同时, 北京的城市更新类型多、数量大, 还面临产权等权属关系复杂、利益协调平衡困难等情况。在 "老城不能再拆" 以及减量发展要求下, 通过立法进一步明确城市更新目标和原则, 明确相关主体的责权利, 建立稳定的制度规范, 有利于稳步推动城市结构优化、功能完善和品质提升, 以可持续的城市更新工作, 更好地服务于 "四个中心" 建设和 "四个服务" 水平提升, 体现 "以人民为中心" 的工作思路。

3. 总结提炼固化成熟经验, 创新推动城市更新

2021 年以来, 北京市相继制定了《北京市人民政府关于实施城市更新行动的指导意见》和《北京市城市更新行动计划 (2021—2025 年)》, 出台了涉及老旧小区、危旧楼房、老旧厂房、老旧楼宇、平房院落更新改造的5 个工作意见,[①] 相关部门陆续推出了涵盖土地、规划、资金、交通、消防、市政等多个领域的 40 多项政策文件, 搭建了北京城市更新 "1+N" 政策框架; 市区两级持续探索符合北京实际的城市更新路径, 推动了老旧平房院落、危旧楼房、老旧小区、老旧厂房、低效产业园区、低效楼宇、传统商圈等多种类型的城市更新具体实践, 为立法奠定了政策基础和实践支撑。上海、深圳等地也制定出台了关于城市更新的地方性法规, 为北京市立法提供了有益借鉴。有必要通过制定一部统领城市更新工作开展的地方性法规, 将

---

① 这 5 个工作意见包括北京市规划和自然资源委员会、北京市住房和城乡建设委员会、北京市发展和改革委员会、北京市财政局共同发布的《关于老旧小区更新改造工作的意见》《关于开展危旧楼房改建试点工作的意见》《关于开展老旧厂房更新改造工作的意见》《关于开展老旧楼宇更新改造工作的意见》《关于首都功能核心区平房 (院落) 保护性修缮和恢复性修建工作的意见》。

当前实践中的成熟经验做法及时归纳总结，有效提炼固化，创新制度设计，为推动北京市城市更新工作提供更有力的法治保障。

（二）立法面临的主要问题

1. 政府统筹体制机制有待完善。近年来，北京市形成了市委城市工作委员会所属城市更新专项小组统筹推进、相关专班协调落实的工作模式。但是也面临政府层面的统筹协调体制机制不健全，市、区两级相关政府部门职责不清晰，央地协同、部市合作机制不完善等情况，需要立法明确完善，确保更新工作整体协调推进。

2. 规划引领推动作用有待加强。北京市规划部门积极开展"十四五"时期全市城市更新专项规划编制工作，但是从整体工作推进来看，自上而下、逐级传导的城市更新规划体系尚不健全，城市更新专项规划的法定地位有待明确，不同层级更新规划与其他国土空间规划的衔接尚不清晰，各方面按照规划要求具体参与更新实施的路径尚未完全畅通，需要立法予以规范，确保在规划引领下城市更新工作有序有效推进实施。

3. 服务保障支持力度有待提升。涉及既有建筑改造的相关规定较为宽泛，对城市更新的支撑作用不凸显。比如，严格的规划控制要求与居住功能完善需求如何匹配还不明确，土地出让方式、建筑功能兼容等政策有待细化，符合存量更新现实需求、差异化的建筑间距、绿化、消防、市政配套等标准尚未制定，等等。需要立法进一步鼓励政策创新，明确实施路径，有效应对实践中的新情况、新问题。

4. 社会资本参与路径有待明确。近年来，北京市推进的城市更新项目多以政府主导为主，符合社会资本需求的城市更新参与机制和投资利益保障举措仍有待进一步完善，制度预期不够稳定，对社会资本的吸引力有限。需要立法规范社会资本在城市更新中的有序参与，维护其合法权益，明确其应承担的责任义务。

5. 居民利益协调机制有待优化。北京市老旧小区、平房院落等存量建筑，由于权属复杂、利益多元、诉求多样，更新改造中不同程度面临各方权

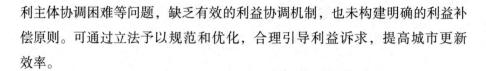

利主体协调困难等问题，缺乏有效的利益协调机制，也未构建明确的利益补偿原则。可通过立法予以规范和优化，合理引导利益诉求，提高城市更新效率。

二 北京城市更新立法的主要创新做法

作为北京市一项重要立法项目，《条例》从起草之初就得到了社会各方高度关注和共同参与。北京市委城市工作办、市委办公厅法规室全程跟进，市人大常委会、市住建委及相关政府部门"多线发力"，多形式多渠道听民声、汇民意、聚民智，协同创新工作方式，推动立法进入快车道。

（一）组建立法工作专班，高质高效推动法规起草

《条例》起草伊始，组建了由北京市人大、政府主管领导任"双组长"，党委、人大、政府27个部门组成的立法工作专班，分9个专题研究解决立法中的重点难点问题。"双组长"及时决策调度，专班成员全程深度参与，先后召开专题会、工作会50余次，广泛征求全国人大常委会法工委、住建部、自然资源部以及北京市十六区人大常委会意见，积极听取政府相关部门、街道乡镇、行业协会、市场主体以及社区居民的意见需求，多轮征求委员代表、专家学者意见建议。通过同步分析论证、共同研究起草，形成了全面融入、互相支撑、协同推进的立法工作合力。

（二）创新开展"代表专题调研"，发挥代表主体作用

在立法过程中深入践行"发展全过程人民民主，保障人民当家作主"的要求，积极探索创新，同步启动了"代表专题调研"和"市区联动调研"工作，由北京市人大城建环保委员会牵头组成7个人大代表专题调研小组，同时委托10个区的区人大组织区人大代表形成调研小组，从《条例》起草阶段就提前介入、深度参与，分专题深入平房院落、社区、厂区、商圈开展调研80余次，参加人数超过600人次。17个调研小组通过开展专题和综合

调研，总结提炼实践经验，吸纳汇集民意民智，梳理分析难点问题，研究提出对策建议，形成了 17 份共计 13.7 万余字的专题报告，提出了 110 余条立法建议，及时吸纳进《条例》草案之中，有的直接转化为制度条款，有效发挥了代表在立法中的主体作用，充分体现了全过程人民民主的成果。

（三）组织"万名代表下基层"，全过程汇集民声民意

北京市人大常委会组织开展了"万名代表下基层"征求立法意见建议工作，组织市、区、乡镇三级人大代表，深入街道、乡镇代表之家和社区、村代表联络站，广泛听取人民群众对《条例》草案的意见建议。其间，市领导分别以人大代表身份，带头到基层与群众面对面，现场听取意见建议。据统计，先后有 584 位市人大代表、3971 位区人大代表、9755 位乡镇人大代表参加，深入 322 个代表之家，2280 个代表联络站，征求 75608 名市民群众经整理汇总后的各类意见建议 10272 条。[①] 在此基础上，统一部署开展了市人大常委会组成人员专题联系代表活动，由常委会组成人员围绕《条例》草案中的重点问题，与代表开展专题联系并征求意见建议。活动中，各位常委会组成人员广泛发动代表结合各自本职岗位，充分听取身边人民群众的意见建议，共收集各类意见建议 270 余条。与此同时，还通过常委会门户网站、《北京日报》手机客户端向社会公开征求意见，通过召开立法座谈会、组织实地调研等形式听取有关方面的意见建议。通过对方方面面意见进行全面梳理和分析研究，按照能修尽修的原则，大部分吸收和体现到《条例》草案之中。据统计，根据征集到的各方面意见建议，《条例》草案先后有 110 余处进行了不同程度的修改和完善，力求在社会各方的不同意见之中寻求最大公约数。

三 立法破解北京城市更新难点问题

城市更新与城市功能、居住环境和生活品质紧密相关，政策涉及面广，

---

① 李万祥：《北京市人大常委会探索"万名代表下基层"机制，挖出解决问题"金钥匙"》，《经济日报》2022 年 11 月 23 日，第 2 版。

权属主体多元，群众诉求多样，法律关系复杂。作为国家第一批城市更新试点城市，北京的城市更新开展了一系列探索，具备了一定实践基础，但实施中仍然面临较为突出的焦点难点问题。制定《条例》就是通过地方立法形式，就北京城市更新活动作出整体性的制度安排，为在现行法律制度框架体系内破解城市更新中的焦点难点提供顶层制度设计。该《条例》分为总则、城市更新规划、城市更新主体、城市更新实施、城市更新保障、监督管理及附则等七章，共五十九条。①

（一）在立法思路上的总体考虑

《条例》立足于减量发展形势下推动新时代首都高质量发展目标方向，着力破解北京市城市更新中面临的难点堵点和人民群众的急难愁盼问题，坚持三个导向，在现行法律框架内多角度、多方面进行了有针对性的制度设计，有效呼应北京城市更新工作中面临的现实问题、人民群众对美好生活的期盼以及首都城市高质量发展需求。

1. 坚持目标导向。落实北京城市新版总体规划，以新时代首都发展为统领推动实施城市更新，保障服务首都功能，注重传承历史文脉，凸显首都城市特色，坚持"留改拆"并举，促进北京城市实现高质量发展。

2. 坚持民生导向。围绕人民群众"七有""五性"需求，畅通公众表达和参与渠道，注重保护涉及切身利益的相关群体知情权、参与权和监督权，落实社会安全风险防控要求，规范相关决策机关依法履行重大决策程序，保障城市更新活动中各方主体的合法权益。

3. 坚持问题导向。立足北京进入城市减量发展阶段的新形势新要求，强化规划引领的基本原则，完善城市更新活动中规划、土地、财政、金融等方面的支持保障措施，优化实施监管流程，着力破解社会资本参与路径不畅、积极性不高等问题。

---

① 《北京市城市更新条例》，《北京市人民代表大会常务委员会公报》2022 年第 6 号（总 309号），第 26~35 页。

（二）聚焦问题的主要制度设计

1. 明确适用范围

北京城市更新的特点是"减量发展"，不搞"大拆大建"。《条例》聚焦民生保障和首都城市特点，明确了北京城市更新包括居住类、产业类、设施类、公共空间类和区域综合性 5 大城市更新类型、13 项城市更新内容，强调北京市城市更新活动不包括土地一级开发、商品住宅开发等项目，最大限度凝聚了社会各界关于北京城市更新涉及范围的共识，为下一步推动实施确定了方向。

2. 提出基本要求

《条例》在明确坚持以人民为中心，"留改拆"并举，以保留利用提升为基本原则的基础上，进一步提出了先治理后更新、与"疏解整治促提升"工作相衔接，完善区域功能、补齐城市短板，落实城市风貌管控要求、严格控制大拆大建，落实绿色发展要求、打造绿色生态城市，统筹地上地下空间、提高空间利用效率，建设海绵韧性城市、提高抵御灾害能力，推广先进技术、建设智慧城市，建设无障碍环境、打造宜居城市等 9 项城市更新基本要求。

3. 健全管理体制

《条例》总结固化北京市现有城市更新工作经验，建立健全在党的全面领导下的城市更新组织领导和工作协调机制，明确了各级政府职责分工。规定由北京市人民政府统筹全市城市更新工作，市住房和城乡建设部门负责综合协调实施，市规划和自然资源部门研究制定规划、土地政策等，由区人民政府统筹推进、组织协调和监督管理城市更新工作，街道、乡镇组织实施辖区内街区更新，居（村）委会充分发挥基层自治组织作用。

4. 强化规划引领

《条例》明确通过城市更新专项规划和相关控制性详细规划对资源和任务进行时空和区域统筹，引领城市更新项目实施，通过国土空间规划"一张图"系统对城市更新规划进行全生命周期管理，统筹配置、高效利用空间资源。规定编制规划时应当进行现状评估，分类梳理存量资源的分布、功能、规模、权属等信息，提出更新利用的引导方向和实施要求。规定分类制定城市更新导则，明确更新导向、技术标准等，指导城市更新规范实施。明确城市更新项目应当依据控规和更新需要编制实施方案，符合简易低风险工程建设项目要求，可直接编制项目设计方案。

5. 加强政策保障

《条例》针对五大类城市更新项目特点，分类明确了实施要求并提出了相应支持政策。在严控建筑规模前提下，提出必要附属设施不计和保民生增量全区统筹等两条建筑规模核算路径，激活各区建筑规模指标流量池，激发城市更新实施动力。① 规定在符合正面清单和规模比例要求下，允许建筑使用功能转换和兼容，补充便民商业等经营性功能，充分考虑土地成本与公共要素贡献，综合确定土地价款。丰富设置国有建设用地配置方式，提出租赁、出让、先租后让、作价出资或者入股等灵活的有偿使用方式，租金可按年支付或分期交纳，明确可采用弹性年期供应方式配置国有建设用地。进一步加大对高精尖产业、文化产业、养老产业等新产业新业态的支持力度，对符合条件的设置五年过渡期，在五年内土地按照原用途管理。明确主管部门可按照环境改善和整体功能提升的原则，制定适合既有建筑改造的标准和规范。鼓励通过依法设立城市更新基金，发行地方政府债券、企业债券等方式筹集改造资金，同时也鼓励金融机构依法开展多样化金融产品和服务创新，为城市更新提供金融支持。

6. 平衡主体权益

《条例》明确参与城市更新的各方权责，推动多元参与。规定了城市更新物业权利人的范围和权利义务，明确了实施主体、实施单元统筹主体的确定规则，明确其承担编制实施方案以及推动达成区域更新意愿、整合市场资源、推动项目统筹组合、推进更新项目实施等职能。明确了项目实施方案特

---

① 按照《北京市城市更新条例》第四十七条，为满足城市更新中安全、环保、无障碍等要求增设必要附属设施的，增加的建筑规模可不计入建筑管控规模；而为保民生、补短板实施三大设施和危旧楼房成套化改造的，增加的建筑规模可进行全区统筹。

别是共有部分改造、老旧住宅楼房加装电梯等表决要求。规定街道、乡镇或者村（居）委员会可通过社区议事厅等形式，推动多元共治的议事协调工作，区政府应当加强工作指导，健全完善相关工作指引。对拒不执行实施方案或者无法达成一致意见的，明确相关的异议处置路径。明确相邻权利人应当为城市更新活动提供必要便利。

7. 优化实施管理

《条例》明确了区别于新开发建设的城市更新实施路径，规定建立市区两级城市更新项目库，实行项目常态申报和动态调整机制，同时明确了实施方案编制和审查程序要求。进一步简化审批流程，优化招投标、并联办理、审批标准和消防安全管理等项目审批手续。规定利用更新改造空间按照实施方案从事经营活动的，有关部门应当办理经营许可证。强化政府及社会监督，明确各级政府部门在城市更新工作中应当依法履行重大行政决策程序，市级加强监督指导，区级进行全过程监管，规定任何单位和个人均有权投诉举报，政府部门应当及时核实处理。

四 北京城市更新立法的主要特点及社会反响

北京的城市更新是千年古都的城市更新，是落实新时代首都城市战略定位的城市更新，是减量背景下的城市更新，是满足人民群众对美好生活需要的城市更新。[1] 可以说，北京的城市更新既承载着厚重的历史文化积淀，也寄托着更加强烈的新时代发展需求。《条例》聚焦这一方向定位，突出体现了四个方面的特点。

（一）凸显首都特色

《条例》坚持立足首都功能定位，明确了北京市城市更新内容，提出了

与"疏解整治促提升"工作相衔接、强化历史文化名城保护、完善城市功能补齐公共设施短板，以及绿色、韧性、智慧等城市更新基本要求，贯彻了新版总规对北京规划建设的总体要求。比如，《条例》将老北京四合院等老旧平房院落纳入城市更新范畴，将其作为以保障房屋安全、提升居住品质为主的居住类城市更新对象之一；再如，《条例》突出北京作为全国首个推行"减量"发展的城市定位，严控"大拆大建"等粗放发展方式，明确将土地一级开发、商品住宅开发等可能涉及增量的建设模式，排除在城市更新范畴之外，探索出一条独具首都城市更新特点的减量发展之路。

（二）突出民生优先

《条例》坚持以人民为中心，始终聚焦民生保障，针对事关人民群众切身利益的平房院落修缮利用、危旧楼房成套改造、老旧小区加装电梯、补充便民服务设施等更新事项，明确实施路径，贴合了"七有"要求和人民群众"五性"需求。比如，《条例》针对群众急难愁盼的老旧住宅楼房加装电梯问题，进一步细化操作指引，明确业主依法表决实施，受益业主应当参与分担加装电梯建设和维保、运维费用；再如，《条例》鼓励充分利用既有空间完善街区服务功能，补齐城市短板，支持将腾退地下空间用于便民服务设施和公共服务设施，始终契合人民群众对新时代美好生活的期待。

（三）规范实施路径

《条例》强化规划引领和流程再造，明确了"规划-导则-实施方案"逐级传导的规划管控实施体系，以统一的城市更新信息系统为依托，优化再造了涵盖项目申报、审批、实施、监督的全过程服务保障流程。比如，《条例》进一步强调规划引领作用和方式，突出控制性详细规划对更新实施的引导，细化了更新类控制性详细规划的编制和实施要求；在具体实施路径方面，《条例》系统规范了城市更新项目库、计划、实施方案编制以及项目审批等主体和程序性要求，明确了"由谁报""向谁报""由谁实施""由谁审批""怎么审批"等一系列问题，进一步增强了《条例》的系统性、协同性与可操作性。

（四）强调多元参与

《条例》明确参与城市更新的各方主体责任，建立平等协商共治机制，提出一系列激励保障措施，支持引导社会资本积极参与，全过程维护公众知情权、参与权、监督权，更全面地体现了共建共享的基本原则。比如在实施形式上，《条例》支持物业权利人自主更新或与市场主体合作更新、自主选择实施主体、联合实施更新，鼓励通过依法设立城市更新基金等方式筹集改造资金；在协商共治方面，《条例》对于对涉及多人和公众利益的城市更新项目，以及老旧小区改造的，提出健全完善相关的议事协调、利益协调工作机制的明确要求；在公众参与方面，《条例》在编制城市更新专项规划、实施方案等多个环节，均强调了群众、专家以及物业权利人、利害关系人等参与要求，着力构建全社会共建共治共享的城市更新格局。

《条例》审议期间以及公布后，受到了社会各方面的广泛关注，社会各界普遍认为《条例》落实了党和国家关于实施城市更新行动的部署要求，体现了社会各方协调一致确定的立法总体思路与基本原则，在处理好加强首都功能建设与补齐城市短板、提质增效与减量发展、激发城市活力与让核心区静下来的关系方面给予积极有效回应，将为新时代北京的城市更新工作提供更强有力的支撑与保障。

五　北京城市更新面临的新任务新挑战

《条例》实施后，北京市推动城市更新工作有了更全面有力的法治保障，但与此同时，也面临着"十四五"时期极为严格的城市更新要求和极其繁重的城市更新任务。按照《北京市城市更新专项规划（北京市"十四五"时期城市更新规划）》《北京市城市更新行动计划（2021—2025年）》和相关工作部署，北京市还需加快推动实施城市更新，聚焦178个城市更新重点街区，完成首都功能核心区平房（院落）10000户申请式退租和6000户修缮任务，完成全市2000年底前建成需改造的1.6亿平方米老旧小区改造任务，实施 100 万平方米危旧楼房改建和简易楼腾退改造；重点推动 500 万平方米左右低效老旧楼宇改造升级，完成 22 个传统商圈改造升级；有序推进 700 处老旧厂房更新改造、低效产业园区"腾笼换鸟"；在 2022 年启动实施多处区域综合类城市更新的基础上，还将再启动实施一批区域综合更新项目。

围绕《条例》实施和具体工作开展，今后一段时期北京市还有必要从多方着手，推动城市更新高质高效推进。一是为保障《条例》中的相关制度设计能够真正落地实施，政府及其相关部门需要加快制定相关配套制度规范，尽早研究出台实施主体确定、实施方案编制和申报、分类更新导则、用途转换和功能混合、土地过渡期、引入社会资本、设立城市更新基金等事关项目实施的具体政策文件，更好地稳定社会预期，引导各方参与。二是为增强贯彻执行《条例》的积极性和主动性，还需要持续深入做好《条例》、配套制度规范以及城市更新典型案例的宣传工作，提升社会公众对城市更新的认知与了解，吸引全社会的关心关注，让更多市民群众、市场主体参与到城市更新中来，形成共建共治良好氛围。三是加快推进城市更新项目实施，尽快按照《条例》规定落实城市更新项目库管理、项目联合审查、并联审批工作要求，建立城市更新议事协调工作机制，加快推进城市更新信息系统建设，强化技术支撑，通过加快城市更新项目落地，打造出更多城市高品质活力空间，主动融入和服务新发展格局，以高水平城市更新助力新时代首都高质量发展。

参考文献

北京市规划和国土资源管理委员会发布：《北京城市总体规划（2016 年—2035 年）》，北京市政府网（首都之窗），2017 年 9 月 29 日，https：//www. beijing. gov. cn/gongkai/guihua/wngh/cqgh/201907/t20190701_ 100008. html。

段进、易鑫：《以人为本的城市设计》，东南大学出版社，2021。

华润置地有限公司、北京德恒（深圳）律师事务所编著《城市更新项目法务工具库》，法律出版社，2020。

黄山主编《城市更新项目法律实务及操作指南》，法律出版社，2020。

陆玉蓝：《可持续发展理念下的城市更新规划途径探讨》，《中国住宅设施》2023年第6期，第145~147页。

邱梦华：《城市社区治理》，清华大学出版社，2013。

施卫良、石晓冬、杨明、王吉力、伍毅敏：《新版北京城市总体规划的转型与探索》，《城乡规划》2019年第1期，第86~93、105页。

石晓冬：《新总规划引领城市更新高质量发展》，《城市开发》2023年第6期，第31页。

吴良镛：《从"有机更新"走向新的"有机秩序"——北京旧城居住区整治途径（二））》，《建筑学报》1991年第2期，第7~13页。

吴志强、伍江、张佳丽等：《"城镇老旧小区更新改造的实施机制"学术笔谈》，《城市规划学刊》2021年第3期，第1~10页。

阳建强：《城市更新与可持续发展》，东南大学出版社，2020。

张舒怡、边兰春：《欧洲创新和知识型城市的文化遗产更新和优化项目及启示》，《中国名城》2023年第6期，第3~10页。

张晓东、陈从建：《城市老旧住宅小区更新路径与机制研究》，江苏人民出版社，2020。

中共中央党史和文献研究院：《习近平关于城市工作论述摘编》，中央文献出版社，2023。

B.11
北京城市更新投资环境研究

王昊　王伟　戴俊骋　吴思彤　吴怡乐*

摘　要：　城市更新投资环境是指在开展城市更新行动中，影响更新投资决策和项目实施运营的政府管理、市场环境、基础条件等因素综合形成的环境系统，对其展开分析有助于评价诊断一座城市的更新投资环境水平，识别优劣因素，进而开展针对性提升，推动城市更新的可持续发展。本报告在阐明城市更新投资环境内涵的基础上，构建城市更新投资环境指数模型，以 2021 年为基准年，采用纵向比较方法计算并分析了北京市 2022 年的城市更新投资环境指数，结果显示：从 2021 年到 2022 年，北京市城市更新投资环境总体呈现改善向好的趋势。针对存在的不足本报告进一步提出优化建议：完善城市更新法律法规，优化政策环境，简化审批程序，并有效加强政府与企业、社会等多方合作；创新市场化机制、加强信息公开、鼓励运营前置和模式创新应用、加强融资风险防范；优化交通基础设施、提升城市公共服务设施、建设智慧城市治理系统等。

关键词：　城市更新　投资环境　指数模型

---

* 王昊，中央财经大学管理科学与工程学院教授、博导，国际合作处副处长，主要研究方向为城市更新、土地利用、城市建设管理与发展；王伟，中央财经大学政府管理学院城市管理系主任，副教授，主要研究方向为空间规划与治理、大数据与智慧城市管理、城市更新与运营；戴俊骋，中央财经大学文化与传媒学院、文化经济研究院副院长，教授，主要研究方向为文化地理与文化经济；吴思彤，中央财经大学管理科学与工程学院学生，主要研究方向为城市更新；吴怡乐，中央财经大学管理科学与工程学院学生，主要研究方向为城市更新。

在国家开展城市更新行动战略指引下，北京市积极响应落实。2020 年以来，北京城市更新"1+N+X"政策体系①逐渐成形，涌现出一批优秀城市更新实践案例，取得可喜成绩。为进一步科学把握北京城市更新投资环境特征，本报告基于城市更新投资环境指数框架对 2022 年北京城市更新投资环境进行定量分析，并与 2021 年展开比较，以期为北京城市更新投资环境优化与政策完善提供参考依据。

一　城市更新投资环境指数

（一）城市更新投资环境的内涵

城市更新与传统城市开发都涉及建筑物与土地，但以存量空间再利用为特征的城市更新的投融资需求、建设方式、盈利模式与要解决的问题却与城市增量发展不尽相同，传统的投资环境分析已不适用于当前的需要。结合当前各地更新实践来看，开展城市更新行动是一项需要充分统筹考虑顶层设计和微观实践、战略规划和实施计划、短期收益和长期回报的决策行为过程。为此，科学评估城市更新投资环境需充分认识实施城市更新行动的系统复杂性，但又要在复杂性中把握最核心的影响因素。本报告结合经典的供给侧和需求侧理论，并对中国城市更新的大量案例进行归纳，提出分析城市更新投资环境的城市"政府管理、市场环境、基础条件"三位一体的逻辑框架（见图 1），以阐释中国城市更新投资环境的构成要素和评价维度。

1. 政府管理侧

市场环境是反映城市更新投资的内在动因，对市场环境的评估能够帮助

---

① "1+N+X"政策体系："1"是《北京市城市更新条例》，是全市层面的顶层制度设计文件，"N"是针对核心区平房（院落）、老旧小区、老旧厂房、老旧楼宇等更新对象的分类型、差异化管控政策，已出台《关于实施城市更新行动的指导意见》等"1+4"政策文件，"X"是结合实际情况，针对堵点、难点，及时出台小、快、灵的政策细则。

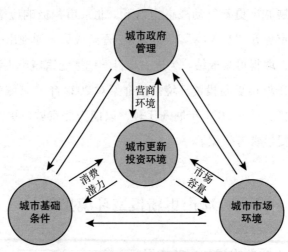

图1 城市更新投资环境的主要构成

资料来源：作者自制。

投资者发现市场机会和潜在风险，同时也影响着城市更新过程中各利益主体的博弈和投资决策。投资者需要关注市场的竞争程度、发展潜力以及风险水平，以作出明智的投资决策并在城市更新中取得良好的投资回报。因此，市场活跃度、潜力度和风险度等因素直接影响着更新市场环境的活力状况和投资回报前景，是评估城市更新投资环境的重要维度之一。

2. 市场环境侧

市场环境是反映城市更新投资的内在动因，对市场环境的评估能够帮助投资者发现市场机会和潜在风险，同时也影响着各利益主体的博弈和投资决策。因此，市场活跃度、潜力度和风险度等因素直接影响着更新市场环境的活力状况和投资回报前景，是评估城市更新投资环境的重要维度之一。投资者需要关注市场的竞争程度、发展潜力以及风险水平，以作出明智的投资决策并在城市更新中取得良好的投资回报。

3. 基础条件侧

城市更新投资与传统的城市建设项目投资类似，都需要良好的城市发展基础条件和预期潜力作为投资决策的基础依据。投资者在考虑进行城市更新时，会评估城市的经济发展水平、社会人口情况、科技创新能力、资源环境状况以及基础设施建设等方面的发育完备程度。良好的基础条件可以为投资者提供更有利的发展环境和潜在机会，从而增加投资成功的可能性。因此，衡量这些基础条件的成熟度和发展程度是评估城市更新投资环境的又一重要维度。

（二）城市更新投资环境指数模型

1. 指标体系构建

经过广泛的文献查阅，结合对城市更新相关领域专家的深度调研访谈，按照科学性、系统性、可操作性的原则，本报告首创性地提出城市更新投资环境指数。该指数由 3 个一级指标、11 个二级指标以及 30 个三级指标构成，具体如表 1 所示。

表 1　城市更新投资环境指数指标体系

一级指标及权重	二级指标及权重	三级指标及权重
城市更新政府管理分指数（37.75%）	机构健全度（16.93%）	城市更新专门机构设置（11.93%）
		城市更新机构层级（5.00%）
	政策完善度（9.25%）	城市更新政策精准度（5.44%）
		城市更新政策层级（3.81%）
	财政支持度（11.57%）	城乡社区政府预算支出占比（4.88%）
		城市更新项目政府补贴制度安排（6.69%）
城市更新市场环境分指数（30.53%）	市场活跃度（14.73%）	投资活跃度排名（7.00%）
		非国有经济在全社会固定资产总投资增速（3.43%）
		土地出让复合增长率（4.30%）
	市场潜力度（10.01%）	城镇常住人口变化率（3.63%）
		居民人均消费支出（2.61%）
		1990~2000 年全社会房屋竣工面积占比（3.77%）
	市场风险度（5.79%）	甲级写字楼空置率（2.53%）
		政府负债率（1.68%）
		银行不良贷款率（1.58%）

续表

一级指标及权重	二级指标及权重	三级指标及权重
城市更新基础条件分指数(31.72%)	经济发展条件(9.80%)	近三年 GDP 复合增长速度(4.70%)
		第三产业占 GDP 比重(2.00%)
		人均地方财政收入(3.10%)
	社会人口条件(7.22%)	常住人口城镇化率(2.00%)
		15~59 岁人口占比(2.35%)
		城市国内外游客量(2.87%)
	科技创新条件(6.90%)	全社会 R&D 支出占 GDP 比重(1.87%)
		万人拥有高新技术企业数量(2.53%)
		每万人普通高校毕业生数量(2.50%)
	资源环境条件(2.66%)	一般工业固体废物综合利用率(0.85%)
		空气质量优良天数比率(1.33%)
		单位 GDP 电耗(0.48%)
	基础设施条件(5.14%)	建成区绿化覆盖率(1.05%)
		高铁列车开行数量(2.05%)
		万人拥有城市轨道交通里程(2.04%)

2. 指数计算步骤及方法

（1）数据标准化

报告采用离差标准化对数据进行标准化处理，使原始数据在经过线性变化后的结果映射到［0~1］，成为无量纲的数值。

（2）指标赋权

报告采用层次分析法结合熵权法的综合赋权方法对城市更新投资环境评价的指标权重进行计算。

（3）指数计算

采用线性加权方法，结合已确定的指标权重，对测评城市各指标得分进行逐层加权计算求和（见公式1），得到城市更新投资环境指数，包括总指数和各项分指数。

$$M_i = \sum_{j=1}^{n} \omega_j Y_{ij} (i = 1, 2, \cdots, m) \qquad （公式1）$$

其中，M_i 表示测评城市更新投资环境总指数，ω_i 表示三级指标权重值，$n = 30$。

3. 数据来源

指数数据来源于各城市政府官方网站、统计年鉴、城市更新政策文件等，辅以中指数据库、12306 官网、天眼查、仲量联行等行业的权威大数据，并参考各城市"十四五"规划、地方商业银行报告、生态环境公报等政策报告进行综合评估。

二 基于指数模型的北京城市更新 投资环境年度评估

在本报告中，采用纵向比较的方法，以 2021 年为基准年，计算和分析了 2022 年的北京城市更新投资环境指数。将 2021 年作为基准年，通过对 2 年总分变化及各指标得分变化情况进行比较，更客观地反映北京在不同时间点上城市更新投资环境水平的变化趋势和进展情况，从而对未来的规划决策与政策制定提供更有价值的参考。

（一）2022年北京城市更新投资环境指数计算

1. 数据收集

城市更新投资环境指数相关数据来源包括北京市人民政府官网、《北京统计年鉴》、《北京市 2022 年国民经济和社会发展统计公报》、《北京市 2022 年固体废物污染环境防治信息》、《北京银行：2022 年年度报告》。

2. 指数计算过程

首先进行数据标准化，将 2021 年作为基准年，将各项指标的数值设定为 100，并利用实际数据计算 2022 年相对于 2021 年的指标值，确定其相对于基准年的变化程度，计算公式见下。

正向指标：

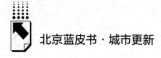
$$Y_{2022j} = 100 + \frac{(x_{2022j} - x_{2021j})}{|x_{2021j}|} \times 100 \qquad \text{(公式 2)}$$

负向指标：

$$Y_{2022j} = 100 - \frac{(x_{2022j} - x_{2021j})}{|x_{2021j}|} \times 100 \qquad \text{(公式 3)}$$

数据标准化后，对北京市各指标得分逐层进行加权计算求和。

（二）评估结果分析

1. 投资环境总指数分析

基准年 2021 年北京城市更新投资环境总指数得分为 100，通过评价模型计算，2022 年得分为 102.73（见图 2）。整体来看，从 2021 年到 2022年，北京市的城市更新投资环境整体呈现改善向好的趋势。政府管理水平的提升、市场环境的改善与优化都反映了对城市更新的重视和投入，但仍需关注基础条件分指数下降问题，并采取相应的措施加以改进。

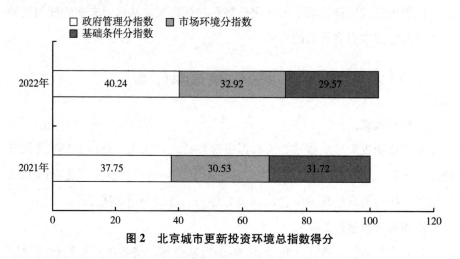

图 2　北京城市更新投资环境总指数得分

2. 政府管理分指数分析

政府管理分指数由机构健全度、政策完善度、财政支持度 3 个二级指标构成，用以反映北京城市更新投资环境在政府管理方面的发展水平。

报告以 2021 年为基准年，计算 2022 年政府管理分指数得分，2021 年政府管理分指数得分为 37.75 分，2022 年得分为 40.24 分（见图 3）。可以看出，在一年时间内，政府的机构健全度、政策完善度和财政支持度都有所提高，这些进步反映了政府在城市更新领域为提高治理能力、增加政策效力、促进更新发展方面所做的努力。

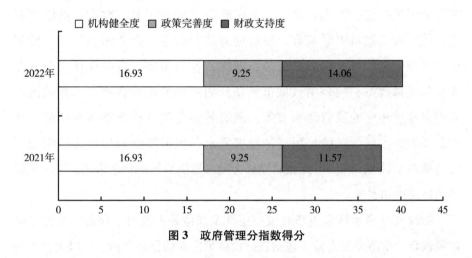

图 3　政府管理分指数得分

北京设有专门的城市更新处，隶属于住房和城乡建设委员会，主要负责规划和制定城市更新发展战略、研究制定城市更新相关政策、协调推动城市更新项目、监督评估城市更新工作，并与社会各方沟通合作等，为市民提供更好的服务和支持。2022 年 7 月，在城市更新专项小组的指导下，北京城市更新联盟成立。2022 年 5 月北京市人民政府发布《北京市城市更新专项规划（北京市"十四五"时期城市更新规划）》，12 月发布《北京市城市更新条例》，条例已于 2023 年 3 月 1 日正式实施。此外，各区也在积极完善城市更新相关政策，例如昌平区市政府于 2022 年 10 月启动编制《昌平区城市更新行动计划（2021—2025）》，建设城市更新项目资源储备库。通过建立健全的机构、制定完善的策略，政府能更好地协调执行政策，激发投资者和开发商的积极性，规范北京城市更新活动，创造更好的投资环境和市场条件。

在财政支持度方面，城乡社区政府预算支出占比在数量上有所减少，但2022年出台了较多与城市更新相关的政策文件，城市更新项目政府补贴制度安排相较2021年更为合理与完善。2022年北京市城市更新政策中的补贴制度更为丰富，旨在提供更多的资金来源、降低项目运营成本、吸引更多社会资本参与，根据《北京市城市更新条例》，政府在补贴方面采取了多项措施。首先，市、区人民政府将加强相关财政资金的统筹利用，鼓励设立城市更新基金，发行地方政府债券、企业债券等方式筹集改造资金，为项目提供资金保障；其次，政府通过行政事业性收费减免和税收优惠政策，减轻纳入城市更新计划项目的运营负担。如相关纳税人可以享受相应的税收优惠政策；政府鼓励金融机构开展多样化的金融产品和服务创新，以满足项目的融资需求；积极探索利用住房公积金来支持城市更新项目等。① 此做法能够为项目提供额外的资金来源，进一步促进项目推进和实施。

2022年北京市城市更新政策中还涉及其他补贴安排。例如，加强金融财税创新，激活多方力量，包括在财税政策方面的创新举措，以吸引更多的资金和资源投入城市更新领域。此外，海淀区财政局也积极推动中关村科学城城市更新与发展基金的设立，旨在为该区域城市更新项目提供专项资金支持，进一步促进区域创新发展。

3.市场环境分指数分析

市场环境分指数由市场活跃度、市场潜力度、市场风险度3个二级指标构成，用以反映北京城市更新投资环境的市场特点和情况。

基准年2021年市场环境分指数得分为30.51分，2022年得分为32.92分（见图4）。可以看出，2022年市场活跃度与潜力度都有所上升，但同时要注意到市场风险也在一定程度上有所增加。

在市场活跃度方面，北京市在全国投资活跃度排名较为稳定。相较

---

① 北京市人民政府：《北京市城市更新条例》，北京市人民政府网站，2022年12月6日，https://www.beijing.gov.cn/zhengce/zhengcefagui/202212/t20221206_2871600.html。

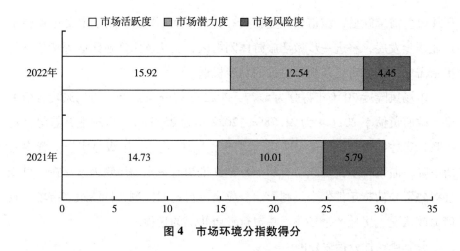

图 4　市场环境分指数得分

2021 年，非国有经济在全社会固定资产总投资增速呈下降趋势，土地出让复合增长率大幅上升。据中指研究院统计，2022 年土地出让宗数达 100 宗，建设用地面积为 487.92 万平方米，土地出让金达 1776 亿元。① 根据《2022 北京城市更新白皮书》，全市建成区内需更新的建筑存量约为 2.45 亿平方米。此外，中国建设银行作为北京城市更新联盟首届轮值主席单位，承诺将为北京城市更新和租赁住房建设提供不低于 1 万亿元的融资支持。中国建设银行作为信誉良好的金融机构，其融资支持将吸引更多的投资者和开发商参与北京市的城市更新市场，进一步活跃市场交易，推动城市更新的全面发展。2022 年北京涌现更多城市更新项目，不仅刺激了建筑和房地产行业的发展，也为投资者提供了更多的选择和机会，促进了投资者的参与和市场交易的增加，为北京市的城市更新投资环境带来了更多的活力。

市场潜力度呈现增长趋势。1990~2000 年北京市全社会房屋竣工面积占比为 13.12%，市场存量较大，意味着更多的更新改造需求。居民人均消费支出是评估市场潜力的重要指标之一。2022 年北京市居民人均消费支出同比下降 2.2 个百分点，但其中人均居住支出同比增长 1.9 个百分点，反映出

---

① 数据来源：中指研究院。

居住改善需求旺盛，城市住区更新具有较大潜力。① 随着北京市文化和旅游产业逐步发展，将进一步激活旅游休闲街区、文化创意产业园区等特色空间更新需求，为城市更新提供更好的发展机遇。

市场风险度 2021 年得分为 5.77，2022 年得分为 4.45，市场风险有所上升。政府负债率 2021 年为 21.78%，2022 年为 25.39%，呈现上升趋势，对财政稳定性和资金支持能力产生一定的压力。② 此外，甲级写字楼空置率有所下降，而银行不良贷款率有所上升，这说明有一定的风险因素存在，可能会对融资和信贷条件带来不利影响。应当进行定期监测，持续跟踪市场、政府财政状况、房地产市场及反映银行健康状况的指标。

4. 基础条件分指数分析

基础条件分指数由经济发展条件、社会人口条件、科技创新条件、资源环境条件、基础设施条件 5 个二级指标构成，用以反映北京城市更新在基础条件方面的建设发展情况。

从一级指标来看，2022 年基础条件分指数为 28.81，相较 2021 年得分 31.72 有所下降（见图 5）。对二级指标进行具体分析，除科技创新条件与资源环境条件外，其余指标得分均有所下降。

经济发展条件方面，2022 年受相关因素影响，经济发展面临一定的下行压力。尤其是以服务型以及消费型为主的经济。旅游活动的减少和封控措施导致游客数量大幅减少，餐饮业也受到了营业时间限制和人员流动减少的影响。商场、百货公司和零售店的关闭或减少营业时间，对零售业造成了较大影响。北京市第三产业保持了较为稳定的增长态势，现代服务业持续发展并成为推动经济增长的重要引擎。信息技术、金融和科技服务等现代服务业的快速发展为北京经济增长提供了重要动力，也为科技创新、数字经济和知

---

① 北京市人民政府：《2022 年北京市居民人均消费支出同比下降 2.2%》，北京市人民政府网站，2023 年 1 月 19 日，https://www.beijing.gov.cn/gongkai/shuju/sjjd/202301/t20230119_2905641.html。

② 北京市人民政府：《关于北京市 2022 年预算执行情况和 2023 年预算的报告》，北京市人民政府网站，2023 年 1 月 15 日，https://www.beijing.gov.cn/zhengce/zhengcefagui/202302/t20230223_2923025.html。

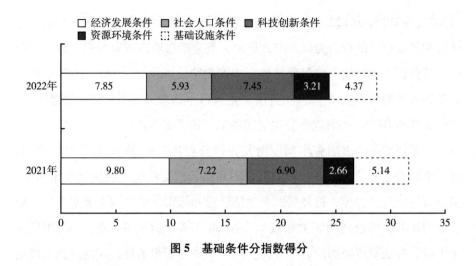

图5 基础条件分指数得分

识经济的发展奠定了基础。

在社会人口条件方面，2022 年得分 5.93，较 2021 年得分数 7.22 相比有所下降。产生此变化的主要原因在于北京市减量发展政策的持续推进。根据《北京城市总体规划（2016 年—2035 年）》，在人口规模方面，通过疏解非首都功能，实现人口与功能、产业的合理流动，控制城六区人口规模，同时受老龄化和少子化的双重挑战，北京市 15~59 岁年龄段人口较 2021 年占比下降 1.08 个百分点。另一个原因体现在北京 2022 年国内外游客数量较 2021 年大幅减少，2022 年全年北京市接待旅游总人数 1.8 亿人次，比上年下降 28.5%。[①]

科技创新条件方面得到改善，得分数从 2021 年的 6.90 增长至 7.45。北京具备丰富的高等教育资源，多元化的创新资源，产学研结合的合作机制，资金支持和政策扶持，创新创业氛围以及先进的科研设施和技术平台，都为科技创新提供了良好的条件和环境。2021 年每万人普通高校毕业生数值为

---

① 北京市人民政府：《北京市 2022 年国民经济和社会发展统计公报》，北京市人民政府网站，2023 年 3 月 21 日，https：//www. beijing. gov. cn/zhengce/zhengcefagui/202303/t20230321_2941262. html。

114.71，2022 年为 122.69，数值进一步增长，[①] 为科技创新带来了新的人才资源和创新创业的推动力量。与此同时，北京积极响应国家号召，致力于推动科技创新，并加快了国际科技创新中心的建设步伐。"三城一区"集中了全市约六成的研发人员和研发费用，企业数量占全市的 31.8%，贡献了全市约 1/3 的 GDP，为研发办公型空间需求提供了基本盘。

资源环境条件方面有小幅度增长，得分数从 2.66 增长至 3.21。当前，北京市政府采取了多项措施，加强管理和监管、推动技术创新和政策引导，实现可持续发展目标，提高居民的生活质量和城市的可持续发展水平。一般工业固体废物综合利用率大幅提高，由 58.77% 上升至 83.55%，利用信息化手段，实现对废弃物的数字管理，进一步降低资源消耗，实现绿色发展的目标。空气质量方面，实施了一系列的大气污染治理行动计划，包括限制工业和交通排放、减少燃煤污染、推广清洁能源、提高车辆排放标准等。减少大气污染物的排放，提高空气质量。全年空气质量优良率近八成。其中一级优天数 138 天，较 2021 年增加 24 天。在 2021 年首次达标的基础上，2022 年北京市 $PM_{2.5}$ 年均浓度再创新低，为 30 微克/米^3，连续两年达到国家二级标准；可吸入颗粒物、二氧化氮和二氧化硫年均浓度分别为 54 微克/米^3、23 微克/米^3 和 3 微克/米^3，多年稳定达到国家二级标准，总体保持下降趋势，城市人居环境品质得到不断提升。

基础设施条件 2021 年得分 5.14，2022 年得分 4.37，基础设施条件发展保持相对平稳。交通网络进一步完善，并继续扩大城市地铁网络，建设新的地铁线路和车站。地铁 16 号线南段开通运营，昌平线南延一期正在加快进行开通前准备工作，苹果园综合交通枢纽基本建成，提高了公共交通的便捷性和覆盖范围。此外，加强道路建设和改造，基本建成通久路二期，启动实施运河东大街东延、大羊坊路、金盏国际合作服务区及第四使馆区配套道路

---

① 北京市人民政府：《北京市 2022 年国民经济和社会发展统计公报》，北京市人民政府网站，2023 年 3 月 21 日，https://www.beijing.gov.cn/zhengce/zhengcefagui/202303/t20230321_2941262.html。

等，打通城市脉络，优化城市路网结构。同时，加大城市绿化和生态修复工作的力度。新一轮百万亩造林绿化行动顺利收官，各区也正在不断进行公园绿地建设，采取湿地保护等措施，增加城市的绿色空间和生态功能，改善城市的生态环境。①

综上，北京城市更新工作虽然改善向好，但也面临一系列挑战。

政府管理层面，北京市政府在城市更新领域采取了一系列措施，但相较上海、深圳等城市，在主管机构赋能赋权建设、创新型、激励性政策制定以及城乡社区城市更新政府预算支出等方面还存在一定差距，需要进一步予以加强，以提升城市更新实施推动能力。

市场环境层面，北京市的城市更新市场表现得比较活跃，但仍然存在一些风险因素需要警惕。尽管市场活跃度和潜力度上升，市场风险度在2022年有所增加。政府负债率与银行不良贷款率的上升可能会对市场产生不利影响，需要继续定期监测市场和政府行动，以确保投资者能够更好地应对市场风险并作出明智的投资决策。

基础条件层面，需注意老龄化及劳动力供需不平衡等问题影响下的人口调控力度，需进一步优化社会保障体系结构，积极应对劳动力需求挑战。尽管具备有利于创新的条件，但需要更多配套政策支持，以激发更多的创新活力，确保科技创新对经济发展产生实际推动作用。尽管废物综合利用率提高，空气质量明显改善，仍需警惕未来大气污染控制方面的挑战，采取措施确保空气质量持续提升。此外，要继续推动技术创新，加强废弃物管理，以实现更加绿色和可持续的城市发展。城市交通和绿色基础设施持续改善，然而在更新项目推进中可能会遇到施工进度和资金投入等困难，需要提前加以防范安排。

---

① 北京市人民政府：《盘点 2022 看懂北京基础设施建设年度成绩单》，北京市人民政府网站，2023 年 1 月 13 日，https：//www.beijing.gov.cn/ywdt/zwzt/2023bjlh/jc2022/202301/t20230113_2898754.html。

三 北京城市更新投资环境优化建议

北京的城市更新是千年古都的城市更新，是落实新时代首都城市战略定位的城市更新，是减量背景下的城市更新，是满足人民群众对美好生活需要的城市更新。① 在落实城市总体规划、强化首都功能、补齐功能短板的背景下，北京的城市更新限制要素多，实施诉求大，腾挪空间小，面临诸多挑战。结合前文分析发现的部分短板，对北京的城市更新投资环境优化提出以下政策建议。

（一）政策环境优化建议

一是完善法律法规和优化政策环境，通过对相关法规政策的实施效果进行动态评估和及时修订，确保城市更新的顺利进行，保障城市的可持续发展，帮助其更好地适应城市发展的变化和需求，确保城市更新工作顺利推进。

二是简化审批程序：政府应进一步优化城市更新项目的审批程序，减少繁文缛节，提高办事效率。建立统一的审批机构，简化审批流程，减少重复性审核，加快项目的推进速度。

三是逐步加强政府与企业、社会等多方的有效协作：政府作为引导者，能够提供规划、监管和公共资源；私人部门能够提供资金、技术和市场经验；而社区居民则能够提供项目的实际需求，增强了城市更新项目的可操作性和社会适应性。

（二）市场环境优化建议

一是进一步优化市场化机制：政府应推动城市更新项目的市场化运作，引入竞争机制和市场竞争，提高项目的效益和质量。鼓励多元化的投资主体

---

① 北京市人民政府：《北京市城市更新专项规划（北京市"十四五"时期城市更新规划）》，北京市人民政府网站，2022 年 5 月 18 日，https：//www.beijing.gov.cn/zhengce/zhengcefagui/202205/t20220518_2715630.html。

参与城市更新，包括国有企业、民营企业、外资企业等，提高项目的投资效率和市场竞争力。

二是进一步提高信息透明度：政府应建立公开、透明的信息发布机制，及时公布城市更新项目的信息、政策和进展情况。为投资者和开发商提供公正、准确的市场信息，增加市场透明度，提高投资者的信心和积极参与的决心。

三是进一步鼓励模式创新和科技应用：政府应鼓励城市更新项目与创新科技相结合，推动智能化和可持续发展。引入新兴技术和新材料，提高项目的效能和环境友好性，促进城市更新的创新发展。

四是进一步加强各方参与：建立运营前置的有效机制，鼓励社会各界、公众以及专业机构参与城市更新项目的全过程。可以设立独立的评估机构，对项目进行评估和监督，确保项目的质量和合规性。

（三）基础环境优化建议

一是进一步优化交通基础设施：以新基建为契机，发展融合基础设施，深度应用互联网、大数据、人工智能等技术，支撑传统基础设施转型升级。推动交通信息基础设施建设，加大对地铁、轻轨和快速公交系统的投资，增加线路覆盖范围和密度，提高交通运输能力，减少交通拥堵问题。

二是进一步优化城市公共服务设施：在城市更新过程中，应注重改善城市的公共服务设施。建议增加公园、绿地和休闲设施的建设，提供更多的公共空间和绿色环境，提升居民的生活质量。同时，可以加强社区设施的建设，提供更好的医疗、教育和文化等公共服务，满足居民多样化的需求。

三是进一步加强智慧城市治理系统建设：依托新基建的技术支持，利用大数据平台，在北京城市更新中引入智慧城市治理系统，整合各种信息和数据资源，实现城市基础设施的智能化管理。通过智能化的监测和调度，能够更好地解决交通流量、能源利用、环境保护等问题，提高城市的整体运行效率和可持续发展水平。通过应用智能传感器和大数据分析技术，实时监测空气质量、水质、噪声等环境指标，及时预警和处理环境问题。提高环境质量和生态保护水平。依托城市更新，进一步加强老旧小区的智慧社区建设。

参考文献

韩金红、潘莹：《"一带一路"沿线城市投资环境评价》，《统计与决策》2018年第20期，第122~125页。

李辉山、司尚怡、白莲：《基于ANP和FCE的老旧小区改造综合效益评价》，《工程管理学报》2021年第3期，第76~81页。

刘海飞、许金涛：《基于改进主成分的省域投资环境竞争力评价指标体系研究》，《经济问题》2017年第3期，第12~18页。

彭向刚、马冉：《政务营商环境优化及其评价指标体系构建》，《学术研究》2018年第11期，第55~61页。

万婷：《基于因子分析法的城市房地产投资环境评价》，《统计与决策》2016年第3期，第66~68页。

王昊、张书齐、吴思彤、房瑾瑜、王伟、戴俊骋：《中国城市更新投资环境指数模型构建与实证研究》，《城市发展研究》2023年第3期，第122~129页。

Guo P, Li Q, Guo H, et al., "Quantifying the Core Driving Force for the Sustainable Redevelopment of Industrial Heritage: Implications for Urban Renewal," *Environmental Science and Pollution Research* 28 (35) (2021): 48097-48111.

Manupati V K, Ramkumar M, Samanta D, "A Multi-criteria Decision Making Approach for the Urban Renewal in Southern India," *Sustainable Cities and Society* 42 (2018): 471-481.

Vanags J, Butane I, "Major Aspects of Development of Sustainable Investment Environment in Real Estate Industry," *Procedia Engineering* 57 (2013): 1223-1229.

Zhao X, Qiu Y, Zhang X, "Sustainable Local Foreign Direct Investment Performance in China: Based on the Imbalance of Coastal Regional Economy," *Journal of Coastal Research* 94 (SI) (2019): 859-862.

B.12
北京设立城市更新引导基金研究

赖行健　游鸿　冯巍*

摘　要： 吸引社会资本参与是城市更新行动可持续推进的重要支撑。北京市"十四五"时期城市更新行动资金筹集需求量大，政府出资能力有限，传统债务型融资难以满足城市更新投融资的全链条需求，有必要通过政府出资构建城市更新引导基金，用权益融资的方式创新融资工具，发挥示范引领作用，加快形成项目收益机制，缓解政府财政压力。本报告从城市更新引导基金的"融、投、管、退"四个环节入手，结合北京城市更新的特征，深入分析设立城市更新引导基金资金的协同性和可及性、促进"真股权融资"、平衡基金政策性和商业性、健全基金投后管理和退出机制4个重要议题。从城市更新引导基金的定位、创新性、项目筛选和储备，以及基金结构等方面提出针对性建议。

关键词： 城市更新　政府引导基金　权益融资　投资管理　退出机制

一　北京设立城市更新引导基金的必要性分析

（一）城市更新行动融资需求大，资本金融资重要性日益彰显

1.北京"十四五"时期城市更新资金需求量巨大，政府主导模式难以为继

北京市"十四五"时期城市更新面临的矛盾之一是整体资金需求量大

---

* 赖行健，国家发改委城市和小城镇改革发展中心城市投融资研究室副主任，助理研究员，主要研究方向为城市更新、城市存量资产盘活、房地产等领域的投融资机制和相关政策研究；游鸿，北京市城市规划设计研究院高级工程师，主任工程师，主要研究方向为住房发展规划、城市更新、公共财政与资产管理等；冯巍，高和资本投资管理部执行董事，主要研究方向为城市更新、不良资产盘活、保租房、资产证券化。

与政府出资能力有限之间的矛盾。据笔者参考北京市城市更新行动计划相关任务量，[①] 结合典型更新项目投资额度进行的初步测算，"十四五"时期城市更新整体资金需求在 1 万亿元以上。其中，平房区 10000 户申请式退租和6000 户修缮需要投入约 340 亿元，城镇老旧小区改造需投入约 1800 亿元，危旧楼房改建和简易楼腾退改造需投入约 330 亿元，棚户区改造需投入约5000 亿元，老旧楼宇和传统商圈改造需通过市场化手段融资约 1000 亿元，老旧厂房和低效产业园区改造市场化融资需求约 1000 亿元。然而，近年来受新冠疫情等多重因素影响，全市财政收入在近几年出现较大波动，在2020 年下降后 2021 年反弹回升，但 2022 年整体收支形势仍然维持"紧平衡"态势。单纯依靠政府投入、由政府主导大包大揽式的城市更新难以为继。通过政府出资构建引导性的城市更新基金，从而撬动社会资本参与、缓解政府出资压力、引导城市更新务实有序发展，成为北京市推进可持续城市更新的题中应有之义。

2. 资本金融资是关键，社会资本参与亟须引导

从城市更新项目的资金属性角度划分，其资金来源可分为权益型和债权型资金。前者指的是股权类资金，享受项目投资收益、承担投资风险；后者指的是依靠主体自身信用或资产抵押从外部机构取得的信贷类"借款"，包括各类债券和贷款等。当前，债权型融资仍然是我国城镇化主要的融资方式。然而，城市更新类项目存在项目周期长、运营等收益浮动大、抵押物非标准化等特点，与现有债权类融资的要求兼容性不高。为应对大量城市更新项目实施，满足项目资本金筹集，需要创新丰富权益类融资方式，并积极引导保险等长周期股权类资金入市参与城市更新建设。目前，有项目投研和操盘能力，愿意与项目实施主体同股同权、共担风险的投资机构数量较少。[②]

① 中共北京市委办公厅、北京市人民政府办公厅：《北京市城市更新行动计划（2021—2025年）》，中国政府网，2021 年 8 月 31 日，https：//www.gov.cn/xinwen/2021-09/01/content_5634665.htm？eqid=b944dfea000072b30000000464560d3c。

② 梁颖、江曼、刘楚等：《资金平衡导向下北京老旧小区改造的问题与策略研究——以劲松北社区改造为例》，《上海城市规划》2022 年第 2 期，第 86~92 页。

同时，部分金融机构和社会资本对参与城市更新有兴趣，却对项目情况"看不清、弄不明"，参与能力和程度有限，亟须有判断力、权威性、专业性的机构的引导和组织。

（二）城市更新引导基金能够发挥多重积极作用

1. 北京特殊的城市更新发展模式需要相契合的配套投资机制

当前，全国多个城市成立了市级城市更新引导基金，其中上海、天津的更新引导基金以市场化形式为主，上海基金针对中心城区旧改，类型较单一，侧重以拆建为主的房地产开发融资；① 天津基金则更偏向以项目优先开发权和工程建设权吸引房地产开发和工程建设企业投资。② 从更新引导基金操作模式与更新项目的关系来看，其他地区城市更新引导基金的投向主要是旧城拆迁、土地收储、增量开发等，与北京城市更新减量发展、存量空间提质增效的底层逻辑不同。其他地区的城市更新资金来源主要依托的是地方政府或属地大型国企的主体信用，引领示范效应不强，无法真正减轻财政压力，对北京的参考借鉴意义不大。

在特殊的减量发展模式背景下，北京的城市更新方式不同于一般地区，获利难度也更大，照搬套用其他基金模式或会造成"水土不服"。北京应围绕总规实施，从战略层面着手设计符合北京城市减量发展特色的城市更新引导基金，并通过基金吸引金融机构积极参与北京市城市更新项目，引导市场进行价值投资，打通资本金融资渠道，为国家在"真"股权城镇化引导基金领域作出示范引领。

2. 通过引领示范培育城市更新投资市场环境，撬动社会资本参与

目前城市更新产业尚处于"起步爬坡期"，行业模式和市场环境还需要

---

① 上海市国资委：《百亿上海城市更新引导基金正式启航　助力上海可持续更新和发展》，上海市人民政府网站，2022 年 2 月 21 日，https://www.shanghai.gov.cn/nw31406/20220221/87039311481048f8beea9790ddb8c69c.html。

② 平安天津：《天津城投发起 600 亿天津城市更新基金　高质量发展再迈坚实步伐》，澎湃新闻，2021 年 8 月 6 日，https://www.thepaper.cn/newsDetail_forward_13918262。

大量的正向引导，各类社会资本和金融机构对项目的理解还需进一步构建培育。北京城市更新引导基金可以有效发挥基金的"指示器"和"风向标"的引领示范作用，有效向各类金融机构和社会资本传导北京市城市更新的工作导向和具体要求，向全社会明晰优质城市更新项目的筛选标准，为社会资本提供引导借鉴，打消金融机构和其他各类社会资本的投资顾虑，引导其参与城市更新投资，通过吸引社会资本参与打通项目资金渠道，为城市更新发展注入"新血液"，起到放大作用。

同时，基金作为行业平台，可充分对接城市更新联盟企业，发挥基金平台"聚合器"和"过滤器"的作用，支持工程经验和能力强、开发统筹能力强和运营经验丰富的各类"有能力的社会资本"和"有前景的项目"，进一步优化培育城市更新投资市场环境。

3. 反向约束项目形成收益机制，形成有效投融资闭环

基金作为市场化投资组织方式的一种，需要获得合理的投资回报，不能长期亏本运行。因此北京市城市更新引导基金需要明确区别于政府的财政补助，强调被投项目的营利性和经济性。这就需要项目按照市场化原则进行投资和运营，倒逼每个被投项目具备市场化的收益机制，打破其他城市更新基金由政府买单，或者是通过拆建房地产开发政府付费模式，实现"真股权"有效投融资闭环。

同时，作为北京市的政府引导基金，在确保项目盈利外还需要兼顾项目的社会价值。因此基金还需要对项目有正外部性约束，打破过往已有城市更新引导基金政府意志过重的问题，在尊重市场在价值发现和资源配置的决定性作用的基础上，引导资金更多流向潜在社会效益强的领域，实现基金参与主体和项目受众群体"双赢"。

4. 缓解政府财政压力，拓宽资金来源渠道

北京城市更新强调小规模、渐进式、可持续的更新，[①] 并不以新增可售

---

① 北京市人民政府：《北京市人民政府关于实施城市更新行动的指导意见》（京政发〔2021〕10号），北京市人民政府网站，2021年6月10日，https://www.beijing.gov.cn/zhengce/zfwj/zfwj2016/szfwj/202106/t20210610_2410640.html。

规模作为主要财务平衡手段。因此，更需要在减量发展大背景下，通过激发市场活力和减轻财政压力，解决全市城市更新资金的来源问题。面对城市更新千亿级的用资需求，以政府财政补贴或政府专项债为主的传统模式资金筹集模式，在当前财政紧缩大环境下，具有潜在的不可持续性。为切实破解这一难题，应设立真正具备"股权投资"属性特征、旨在引导资金流向的城市更新引导基金，并通过基金引导社会资本参与来逐步替代现有的政府补贴模式，缓解财政承压运行矛盾，提高财政体制支持公共服务的可持续性，并逐步实现从"保姆型"全能政府到有为政府的转变。

5. 筹建城市更新引导基金符合政策支持方向

设立城市更新引导基金，拓展城市更新融资渠道，创新金融支持工具，符合国家对房地产新发展模式和城市更新政策的引导方向。国家层面，2016年2月《国务院关于深入推进新型城镇化建设的若干意见》（国发〔2016〕8号）提出："鼓励地方利用财政资金和社会资金设立城镇化发展基金，鼓励地方整合政府投资平台设立城镇化投资平台。支持城市政府推行基础设施和租赁房资产证券化，提高城市基础设施项目直接融资比重。"城市更新引导基金作为一种创新模式，成为政府和企业在城市更新中解决资金短缺的有效措施。2021年公募 REITs 开始发行，为盘活存量不动产、引导社会资金投资优质物业指明了方向，也预示着城市更新投资退出渠道的打开。虽然在国家层面没有颁布专门针对城市更新的金融政策，但2023年2月，中国证券投资基金业协会（以下简称"中基协"）正式发布的《不动产私募投资基金试点备案指引（试行）》实质上为金融支持城市更新投资打开一扇大门，使原来大量社会资金投资城市更新的政策模糊地带变得更清晰合规。

北京市层面，北京市在城市更新领域的资金支持政策力度也很大。2021年发布《北京市城市更新行动计划（2021—2025年）》，明确了北京城市更新的目标和方向，明确指出充分激发市场活力，多种方式引入社会资本。[①]

---

① 中共北京市委办公厅、北京市人民政府办公厅：《北京市城市更新行动计划（2021—2025年）》，中国政府网，2021年8月31日，https://www.gov.cn/xinwen/2021-09/01/content_5634665.htm？eqid=b944dfea000072b30000000464560d3c。

2023 年 3 月 1 日北京市以立法的方式开始施行《北京市城市更新条例》，规定政府可以对涉及公共利益的城市更新项目予以资金支持，引导社会资本参与；鼓励通过依法设立城市更新基金，发行地方政府债券和企业债券等方式，筹集改造资金。[①]

二 北京设立城市更新引导基金面临的重要议题分析

北京市设立城市更新引导基金，要实现创新性和代表性，并与北京市"减量发展"等特有发展模式结合，就离不开在基金的资金来源、投资决策、公开性、透明度等方面下足功夫。

（一）要与北京市城市更新特征需求充分结合

北京市城市更新建立在不同于其他城市的"减量发展"的要求基础上，故更需要针对性地匹配项目的实施模式和其对应的投融资机制。其他城市可以通过增加容积率等增量手段去反哺更新的改造成本，但是北京的城市更新不能套用其他城市通过"做大盘子"来填补支出的模式，而是需要通过运营、资产增值等长周期、非增量售卖的盈利机制，去实现项目的全周期可持续发展。

同时，北京市的城市更新离不开大量的、在不同国有机构手里的闲置低效的国有资产和"央产"。如何有效发挥北京市城市更新引导基金的示范牵引作用，通过"嫁衣做媒"等方式将闲置国有资产与"更懂运营"的社会资本开展合作更新，打破国企民企合作的"隐性壁垒"，实现从"资源"到"资产"的价值跨越，亦是北京市城市更新引导基金结合北京实际情况需要破解的问题。

此外，城市更新是一件新事物，尚需要政策的迭代匹配与支持。以土地

---

① 北京市人民代表大会常务委员会：《北京市城市更新条例》（北京市人民代表大会常务委员会公告〔十五届〕第 88 号），北京市人民政府网，2022 年 12 月 6 日，https://www. beijing. gov. cn/zhengce/gfxwj/202212/t20221206_ 2871600. html。

剩余年限为例，城市更新存量项目的土地剩余使用年限过短，未来土地使用权能否续期、如何续期尚不明确，一直是市场关注的一个焦点。作为北京市的政策性基金，如何扮演好政策与市场结合的角色，能将市场需求充分有效地向政府与相关委办局反映，并给予政府专业建议，亦是其需要扮演好的一个角色。

最后，街道等基层干部对城市更新的情况、要求、手续和边界都尚不清晰，很多基层干部在面对城市更新项目时"摸着石头过河"的情况普遍，尚需要对基层干部和对非城市发展部门进行城市更新领域的培训和科普。作为北京市城市更新的权威投资机构，北京市城市更新引导基金如何在投资融资、项目收益模式、资金平衡等方面，担当起一个"公正的第三方"，为上述具体操办项目的政府主体提供咨询和支持，也是其需要承担的任务之一。

（二）要充分关注资金的协同性和可及性

目前其他地区城市更新引导基金所面临的关键问题之一是各类多元的资金拼凑至一起所导致的协调难、配置难、调度难。现有其他地区的城市更新引导基金，存在单只基金里面包含金融机构、施工企业、运营企业、城投平台等各类投资主体，其诉求各不相同，有的想要固定稳定的收益，有的想要施工和项目业务，导致基金的投资决策难以统一协调，基金在实际运营中难以运作。同时，我国一级股权投资市场正处于下行期，金融机构等机构投资人的风险厌恶偏好正逐步上升。北京市筹建城市更新引导基金时，应尤其关注资金以及资金背后的各类诉求，以及资本的可及性和诉求的协同性。

（三）要着重基金的股权性而非"明股实债"属性

当前，政府引导基金的一大误区，即认为引导基金应该是债性的，应该有充足的担保、回购等风控机制来保障基金的本金安全。诚然，投资的安全性是重要的，但目前我国大部分政府引导基金过度设计了风险控制机制，导致这类基金实质上"明股实债"。当引导基金没有真正为其投资决策负责时，其他金融机构也很难"感同身受"，也难以实现对金融机构引导的这一关键目的。事实上，城市更新引导基金应当是股权性的，通过"真股权"投资"躬身入局"，才能充分体现引导基金投资决策的真实性，只有"身先士卒"才能有效激发其他投资人的积极性。因此，如何在当前体制下构建"真股权"投资的城市更新引导基金亦是一个关键问题。

（四）要有效界定基金决策的政策性、社会性与商业性边界

我国其他城市现有政府出资的城市更新引导基金，尚存在政府政策意志、项目商业价值和社会价值未能有效平衡的情况。地方政府没有将城市更新引导基金清晰定位为引领一个城市未来发展的风向标和催化剂，而是将城市更新引导基金当作政府新的"融资工具"，使得基金运行主要受政府意志驱动，非市场化诉求和手段与市场行为夹杂其中。[①] 这导致两大问题：一是基金的运行脱离了引导项目合理发展和资金有效投资的基本初衷，变成了政府的"二钱袋子"。二是项目的筛选缺乏商业性和社会性。有的地方以"片区开发"之名，行圈地开发之实，违背市场需求建设超量商品住宅和经营性物业，去化困难进而累积金融风险。有的地方为了"政绩"去投资商业性、经济性弱的项目，导致基金折本不赚钱。北京市作为首都，在做城市更新引导基金时应具有示范意义和标杆性。因此，北京的城市更新引导基金应当破除传统路径中的积弊，清晰充分发挥引导项目发展、引导资金投资的积极意义。

（五）要充分意识到基金公开性和透明度对于对外引导的重要性

城市更新引导基金的公开性和透明度既是其作为公共资源的配置主体所应该具备的社会责任，更是其对外传导投资价值取向、引导项目充分对接首都发展战略方向要求的关键所在。北京市城市更新引导基金应该在信息有效

---

① 陈少强、郭骊、郑紫卉：《政府引导基金演变的逻辑》，《中央财经大学学报》2017年第2期，第3~13页。

披露的原则下，清晰、定期、公开地对外发布被投项目，以及项目投出的背后逻辑，特别说明相关被投项目在项目定位、更新效益和商业模式上，如何符合北京市城市更新的引导要求。通过对这些情况的公布和宣传，起到"最佳实践范例"作用，传播北京市城市更新的价值取向，引导更大范围内更新实施主体的方向定位与路径选择，引导各金融机构在城市更新领域的投资方向。因此在未来的城市更新引导基金设立当中，合法依规、有机有效、清晰透明的信息披露和宣传应该是着重考虑的一环。

（六）要注重前置基金的投后管理和退出机制

政府引导基金"重投资、轻管理"是一个普遍现象，投后管理和项目退出往往是政府引导基金的"弱项"——对于项目，投资完了就觉得是"结束了"。[①] 没有对项目后续的有效监督管理，也缺少对项目的持续赋能，这导致投资端与投后管理割裂，基金"扶上马、送一程"的重要价值没有有效体现，基金只使了"半程力"。同时，部分政府引导基金缺少对退出机制的有效设计，退出机制所依据的项目收益测算不合理，回收机制不清晰或不具备实质的退出可行性。因此北京城市更新引导基金应当充分关注投后管理和投后运作机制，不仅应当练好投后评估跟踪、定期考核、报表查验等基金投后管理的"基本功"，同时还需要做到扶持项目、支持发展的引导功能，对项目进行资金、资源、资本的有效导入，并在合理的退出机制设计下实现有效退出。

三　北京筹建城市更新引导基金的对策建议

（一）北京城市更新引导基金角色与功能

整体来看，北京城市更新引导基金至少应该扮演好"风向标""传声

---

① 郑星梅、潘峰华、张旭晨：《区域发展视角下的政府引导基金研究进展及展望》，《地理科学进展》2023 年第 7 期，第 1394~1405 页。

器""培训师"这三个关键角色。

一是需要成为北京市城市更新投融资的"风向标"。在项目端通过基金投资引导实施主体设计构建符合北京发展方向、符合市场经济、符合社会需要的项目。在资金端，通过对优质项目的投资和与金融机构的沟通进行引导互动，帮助金融机构辨别优质项目，优化金融机构参与方式，支持金融机构参与优质项目。

二是要做好北京市城市更新的"传声器"，起到承上启下的作用。对北京市政府及其各委办局，北京市城市更新引导基金应是与市场、企业和金融机构走得更近的那一环。因此，北京市城市更新引导基金就更应该承担起反映情况问题的职能，及时吸收汇总实施方和投资方的意见，发挥智囊作用，为优化城市更新各项政策积极建言献策。

三是北京城市更新引导基金要做好"培训师"工作，为企业和基层工作人员提供投融资政策、行情、模式等领域的相关经验和咨询建议。应该发挥基金在城市更新投融资领域的专业性优势，帮助参与城市更新项目的各主体，围绕投融资领域答疑解难，并定期或不定期开展公开培训工作，帮助推广城市更新先进理念和经验做法。

（二）北京城市更新基金的投资思路与方向

筹建北京城市更新引导基金，不用改变既有财政资金支持路径和相关项目已经成熟的融资模式。城市更新引导基金的建立应在既有财政支持、市场融资等成熟的融资模式的基础上，更强调基金"引导"功能，优先投资对完善城市功能具有战略意义、对推动北京城市更新发展具有示范意义、在模式业态等领域具有创新性以及符合城市未来发展方向的项目。在投资过程中遵循以产业为主，居住为辅；以项目为主，企业为辅；社会效益明显，商业模式清晰的投资策略。

一是以投资统筹存量资源配置，优化功能布局，实现片区可持续发展的开发项目，并策略性考虑以单点项目为先导带动片区更新。二是以推动老旧厂房、低效产业园区、老旧低效楼宇、传统商业设施等存量空间资源提质增效的产业类更新为主，辅以提升老旧平房院落、危旧楼房、老旧小区等房屋居住品质的居住类更新。三是以投资更新实体项目为主，同时辅以城市更新行业领域内有创新运营能力、符合城市运营未来发展需要的上下游产业。

（三）北京城市更新引导基金的创新特征

要做到与北京市城市更新发展特色特征契合，与北京市"减量发展"模式契合，北京市城市更新引导基金就更需要突破现有政府类基金"畏手畏脚"、不敢承担投资风险责任、引导效果差、不赚钱的通病，与其他城市的现有做法有所不同、有所创新。

一是北京市城市更新引导基金要"小而精"。鉴于目前金融机构对城市更新产业认知度低、施工类企业非投资诉求多的实际情况，不建议基金在本级层面对外募集放大。基金可以是"小而精"的，仅由政府出资设立，避免投资人诉求夹杂所导致的决策难、实施难和运作偏离初衷的情况。基金的放大撬动机制，主要通过基金的投资决策对其他金融机构的正向引导，通过外部引导实现放大。

二是要"真股权"，避免回到"明股实债"的旧模式。基金想要引导和调动金融机构和社会资本有效参与，就不能在各种"明股实债"机制的保护下"隔岸观火"，而是需要真正"躬身入局"，因为项目优秀而去投资，并真正承担投资的相应风险和收益。这就需要有专业的、复合背景的基金投资管理团队，既懂基金的商业运作，能有效清晰分析项目市场价值，同时又懂城市更新和城镇化产业，能选择符合城市发展机理的、社会性强的项目。

三是秉持第三方角色身份公开透明。基金要有外部影响力和引导性就不能是个不透明的"黑匣子"。因此，北京市城市更新引导基金要有合理的对外公开和宣贯机制，能清晰地说明项目的投资逻辑，并以"公正的第三方"角色召集金融机构并加以宣贯。

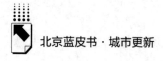

（四）基金的项目筛选原则与项目储备机制

坚持"资金跟着项目走"的投资逻辑，先研究项目，再讨论投资。结合城市更新论坛的项目推介机制，按照《北京市城市更新条例》相关要求，基于各区城市更新计划和项目储备库，优选建立基金项目库，实现投资标的"清单制"。一方面，加强基金参与各区项目前期筹划的准备工作，发挥基金的项目研究孵化功能。结合市、区城市更新项目生成、审核与储备入库工作，在前期就充分做好项目在投融资方面的可行性研究，策划先行，帮助区县和各实施主体在初期对接运营、投资主体，共同细化项目方案的业态引入、投资测算、规划设计等内容。同时，在项目储备阶段，帮助各区及实施主体将具有公益性的项目与盈利项目分组打包，实现项目资产包资金平衡。另一方面，应完善自下而上、市场化的更新项目生成机制，建立开放的项目入库渠道，公开项目信息，鼓励社会主体积极自主申报被投项目。

（五）培育城市更新平台公司为"操盘手"

城市更新基金可联合平台公司作为城市更新引导基金进行投资活动的重要载体和可靠的"操盘手"。鼓励针对城市更新重点领域与地区培育成立城市更新平台公司，搭建"区域+领域"相结合的市场化平台运作体系，实现城市更新的类型与区域间的统筹实施。在平台公司的组建上，既要关注市场主体的规模与财务状况，又要考虑资源统筹、市场运作、项目运营等业务能力。应通过城市更新基金联合综合实力强的市属国企搭建市级城市更新统筹实施平台，区属国企针对地区特点成立平台公司推动地区更新实施，强化国企资产管理运营能力；同时引导国企结合主责主业成立相应领域的平台公司，推进城市更新引导和国企自身转型发展深度融合。鼓励国有企业与民营企业合作，结合主业提供设计、施工、家装、招商、运营、保修等一系列服务。

（六）设立北京城市更新引导基金的"募投管退"建议

结合北京城市更新投融资现实需要，以"小而精、真股权、公正透明"

的理念设立北京城市更新引导基金，把握投前、投中和投后的全生命周期中的各个关键环节（见图1），具体建议如下。

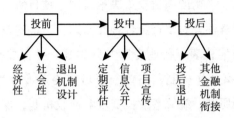

图1　城市更新引导基金的全生命周期

1.资金募集：市级财政为主，区级财政为辅的"小而精"基金规模

一是按照"小而精"的理念以北京市级财政作为单一出资人，或辅以区级财政，首期出资金额10亿元。按照单一项目占股10%，资本金与贷款比例2∶8的投资比例计算，10亿元出资额就可支持撬动项目规模500亿元，完全可以"四两拨千斤"的方式，精准支撑起一定规模数量的项目（见图2）。

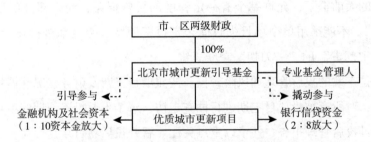

图2　北京市城市更新引导基金组织架构

二是对保险、不动产私募股权投资基金、AMC、信托等有股权投资能力的金融机构要设立强沟通机制，能定期与上述机构沟通交流北京市优质的城市更新项目，帮助金融机构摸清项目情况，共同参与优质项目投资。

2.投资机制：厘清投资方向，优选投资标的，明确收益逻辑和责任分工

北京市城市更新引导基金在投资决策上要秉持"公正的第三方"原则，

充分研判项目的社会性，严格审核项目的商业合理性，严控没有经济可行性、需要政府倒贴投入的项目。

一是要有多元、平衡的项目投资决策机制。项目研判要满足社会事业公益性、项目盈利经济性、财政资金合理性原则。基金的投委会建议由专业的基金管理团队、政府代表、行业专家共同组建，并需要充分讨论，平票同权；探索政府+专家合作机制，整体上以城市更新专业性判断与投资合理性、可行性为判断原则，统筹考虑投资收益回收机制；探索引入市场化专业的基金管理机构参与管理基金。

二是要以合理的方式公开拟投项目清单。应每季度定期将拟投被投项目及投资原因整理后予以公开宣贯，帮助金融机构了解北京市城市更新发展导向和项目情况，以便引导金融机构以市场化方式参与跟投。

3. 投后管理：风控机制完善，全周期监管评估

一是建立基于"真股权"的基金运营评价机制。对基金运营的评价要基于"真股权"投资逻辑，基于引导基金旨在探索城市更新新业态新模式并存在一定投资不确定性的现实，在基金的投资决策符合投资逻辑和社会经济目的的大前提下，允许基金有一定程度的投资损益，允许部分项目"投资失败"。不能采用单个项目失败就否定投资团队、否定基金操作合理性、进一步"问责"的"一刀切"单线思维。

二是有效的投后管理和风险管控。按照项目经营及财务状况开展投后风险管控，对所有被投项目定期进行抽查走访，对于不及投资预期的项目，每季度出具投后管理报告，并予以重点关注。召开投后项目复盘会议，汇报并讨论项目出现的风险及解决方案，总结经验与教训。

三是做好投资项目宣传。应当透明公开投资项目新进展和新经验，发挥城市更新引导基金引导作用，提升外部影响力。通过基金项目投资报告等定期展示方式和投资案例总结、经验总结、投资理念展示等不定期展示方式，充分展示北京市城市更新发展理念和优质项目筛选投资理念，积极吸引社会资本参与项目跟投。帮助被投项目对接政府、产业和金融资源，帮助争取产业政策，实现对被投企业"扶上马、送一程"。

4. 项目退出：投资周期与项目周期匹配，明确退出路径

一是把项目的退出方式和时间节点作为投资立项的"一票否决"问题加以厘清理顺。在项目的决策阶段应清晰明确项目的退出时机（一般为项目进入运营期稳定后一段时间）、退出资金来源（通过项目的盈利收益、一级市场并购、二级资本市场 REITs 等）和操作机制（一次性还是每年逐步等）。项目退出机制不清晰、不靠谱，项目就不能"过投委会"。

二是退出机制和模式需要真实可行。项目退出所涉及的现金流测算、收益测算和资本市场的认可程度应该真实可行，杜绝为了项目"过会"而虚增项目收益、"包装项目"的情况。这种操作只会影响基金宝贵的公信力，得不偿失。

三是要有符合市场的风控保障机制。应当通过协议明确在项目发展不及预期、项目因实施主体主观原因出现问题等特殊和复杂情况下的退出机制。上述机制需要符合"真股权"投资的相关规定要求和市场行规，在规避投资风险的同时，不能越俎代庖变成"明股实债"。

B.13
基于大数据的首都功能核心区
街区保护更新模式研究

王　淼*

摘　要：　大数据是支撑城市更新工作科学开展的重要基础资料，在提升政府城市治理能力中具有重要作用。课题基于城市空间大数据视角，定义了街区保护更新对象的内涵与定义，分析了首都功能核心区街区保护更新对象的现状，探索提出了基于大数据的城市更新前期策划、信息统筹、资源和需求协同、事后监测评估等应用模式，并从系统平台建设、评价指标体系、历史文化传承、以人为本、老旧小区改造和多元共建共享等方面提出推动街区保护更新建议。

关键词：　街区保护更新　大数据　城市更新模式

城市更新是城市高质量发展的必然要求。首都功能核心区地位特殊，在时空基底及其动态数据、土地和房屋权属、人地房空间匹配关系等情况复杂，受时间、空间、资源限制大，迫切需要一种媒介来支撑街区保护更新，提高城市重点空间利用效率和利用水平。空间大数据作为政府提升治理能力的一种有效资源，具有可视性、可量化、可分析、可模拟、可重复等特点，能够做到社会治理和公共服务供给的精准化、高效化。相对于传统城市数据，新的空间感知及多源城市数据在时空维度、即时性、多样性、颗粒度等

---

*　王淼，北京市测绘设计研究院首都功能核心区部主任工程师，正高级工程师，注册测绘师，北京建筑大学硕士研究生指导教师，主要研究方向为城市空间数据获取、分析及创新应用服务。

方面都具有不可比拟的优势，为城市设计与更新方法的创新带来契机。在这样的背景下，研究基于空间大数据支撑首都功能核心区街区保护更新的模式具有现实意义。

一 首都功能核心区街区保护更新现状分析

（一）研究区域分析

首都功能核心区面积 92.5 平方公里，现有 181.5 万常住人口、[①] 25 万栋建筑、1119 条胡同、10005 棵古树、2 万多座院落，包括 2 个区、32 个街道、183 个街区、400 多个社区、大约 3600 个地块、4.2 万宗各类权属的土地，[②] 土地权属和房屋权属问题复杂，历史遗留问题较多；首都功能核心区的人、地、房之间的复杂匹配关系比较普遍；首都功能核心区有中央、北京市、区、街道、社区 5 级行政管理机构，还有大量的央企、国企、社会团体和事业单位；在古都保护、非首都功能疏解、城市基础设施修补完善等方面，更加受时间、空间、资源的限制；在功能疏解与品质提升、城市保护与设施改造、城市发展与历史文化保护等方面需要不断协调。

（二）更新对象

2021 年 5 月发布的《北京市人民政府关于实施城市更新行动的指导意见》明确提出了老旧小区改造、危旧楼房改建、老旧厂房改造、老旧楼宇更新、首都功能核心区平房更新等六大更新内容和方向。

2023 年 3 月 1 日起正式施行的《北京市城市更新条例》规定，对北京建成区内城市空间形态和城市功能的持续完善和优化调整，具体包括：（1）以保障老旧平房院落、危旧楼房、老旧小区等房屋安全，提升居住品质为主的

---

① 引用自北京市第七次全国人口普查主要数据成果。
② 引用自《首都功能核心区控制性详细规划（街区层面）（2018—2035 年）》。

居住类城市更新；（2）以推动老旧厂房、低效产业园区、老旧低效楼宇、传统商业设施等存量空间资源提质增效为主的产业类城市更新；（3）以更新改造老旧市政基础设施、公共服务设施、公共安全设施，保障安全、补足短板为主的设施类城市更新；（4）以提升绿色空间、滨水空间、慢行系统等环境品质为主的公共空间类城市更新；（5）以统筹存量资源配置、优化功能布局，实现片区可持续发展的区域综合性城市更新；（6）市人民政府确定的其他城市更新活动。

本课题聚焦居住类城市更新和产业类城市更新，重点对老旧平房院落、危旧楼房、老旧小区、老旧厂房、公共服务设施等5类更新对象进行研究和分析。

老旧平房院落是指2000年以前建成且主要由平房组成的院落。

危旧楼房一般指建筑年代久远、房屋结构陈旧、存在安全隐患的楼房。北京市经房屋管理部门认定，将两类建筑纳入改建范围，即建筑结构差、年久失修、基础设施损坏缺失、存在重大安全隐患，以不成套公有住房为主的简易住宅楼，和经房屋安全专业检测单位鉴定没有加固价值或加固方式严重影响居住安全及生活品质的危旧楼房。

老旧小区是指2000年以前建成且仍在使用、建设标准低、使用功能不全、配套设施不全、年久失修、存在安全隐患、缺乏物业服务、不能满足人们正常或更高生活需求的小区。

老旧厂房一般是指建造于2000年以前的老旧工业厂房、仓储用房及相关工业设施。北京市在不断推动中心城区范围内老旧厂房的更新改造，鼓励产权单位利用老旧厂房来发展现代产业，补充公共服务设施。

公共服务设施主要包含教育、医疗卫生、文化体育、商业服务、金融邮电、市政公用、行政管理和其他八类设施。

（三）更新潜力评估指标体系

城市更新潜力的影响因素比较多，本报告按照全面分析与主导因子相结合、变异性、可比性、相对独立性的有关原则，面向空间大数据，构建了自然因素、土地资源、人口因素、空间设施和社会经济 5 个准则层、21 个次准则层、37 个指标的街区保护更新潜力评估指标体系（见表 1）。

表 1 更新潜力评估指标体系

准则层	次准则层	指标层	算法层	指标说明
自然因素	地形地貌	高程	高程带	遥感影像
		坡度	坡度带	遥感影像
	水体观测	水质分析	聚类算法	高光谱影像＋定点监测
	植被观测	绿化率	归一化植被指数 NDVI	高分影像
土地资源	用地分布聚集度	住宅分布聚集度	空间叠置+聚类	手机信令、房屋普查
		产业分布聚集度	空间叠置+聚类	手机信令+经济普查
		商业分布聚集度	空间叠置+聚类	手机信令+经济普查
	土地调查	用地类型	人工+影像分割	高分影像
		用地面积	人工+影像分割	高分影像
	宗地景观格局	斑块破碎度	空间分析	
		平均斑块面积	空间分析	
		宗地形状指数	空间分析	
	建筑开发强度	建筑密度	统计分析	房屋普查
		容积率	统计分析	房屋普查
	建筑物情况	建筑物结构	统计分析	房屋普查
	产权明晰度	宗地产权类型	统计分析	用地调查、房屋普查
人口因素	人口总量	人口总量	统计分析	手机信令+格网调查、房屋普查
		人口密度	统计分析	手机信令+格网调查、房屋普查
		人均用地面积	统计分析	手机信令＋用地现状调查
	结构特征	年龄、收入层次，受教育程度	聚类+语义分析	App 流量监测+社保登记
	分布区域	居住位置，时空动态	密度分析+聚类	手机信令
	出行规律	出行特征描述	特征匹配聚类，OD 分析	手机信令、公交卡+交通调查
	职住关系	居住-岗位联系	路径分析	手机信令+社保、工会等级

续表

准则层	次准则层	指标层	算法层	指标说明
空间设施	交通条件	道路通达性	空间统计分析	道路普查、居住小区
		轨道交通覆盖度	连通性分析	覆盖度
		路网密度	空间统计分析	
		交通设施便捷度	空间叠置+聚类	
	区域公建配套	教育设施完备度	空间叠置+聚类	POI+房屋普查
		医疗设施完备度	空间叠置+聚类	POI+房屋普查
		文体设施完备度	空间叠置+聚类	POI+文化设施普查
		公园广场完备度	空间叠置+聚类	高分影像、手机信令
		生活服务设施完备度	空间叠置+聚类	POI、问卷调查
	地下空间	管廊、管线监测	流式数据挖掘	物联网（IOT）+管网竣工测量
社会经济	社会能耗	水、电、燃气	流式数据挖掘	物联网（IOT）+经济普查
	行业运行	行业、街区活力	深度学习+空间分析	视频数据、街景图片+经济普查
	经济指标	GDP、PMI、CPI	统计分析	统计公报
	社会保障	保障房用地预警	流量数据挖掘	物联网（IOT）+保障房登记

在进行城市更新潜力研究时，根据指标因子的特点，一般综合利用 TOPSIS 模型方法进行评价分析，依次开展数据标准化、指标权重确定、理想解和负理想解确定、距离计算、更新改造潜力评估，确定城市更新和改造的潜力。

（四）街区保护更新现状分析

课题结合城市重点更新对象和更新潜力评估指标体系，重点开展居住和工作人口、老旧平房院落、危旧楼房、老旧小区、老旧厂房、公共服务设施等更新潜力评估指标分析。

1. 居住和工作人口

根据运营商手机信令数据①中的月粒度稳定用户。按照模型计算得到首都功能核心区 32 个街道尺度下 6 个不同口径的服务用户数据（见表 2）。

表 2 不同口径的服务用户数据

单位：万个

区域	白天服务用户	白天工作用户	白天过路用户	夜晚服务用户	夜晚居住用户	夜晚过路用户
东城区	224.87	87.78	149.10	165.43	79.68	59.97
西城区	277.47	124.00	136.13	214.78	113.91	55.10
首都功能核心区	502.34	211.78	285.23	380.21	193.59	115.07

2. 老旧平房院落②

核心区内平房涉及用地 6.67 平方公里，平房共约 11 万栋，建筑规模约 300 万平方米。其中非成套房屋数量占比 90% 以上。

3. 危旧楼房③

核心区共有 1980 年以前竣工的二层危旧楼房和简易楼约 3370 栋，建筑规模约 463 万平方米。

按照年份来划分，1950 年以前建成的危旧楼房和简易楼数量为 1570 栋，约占 47%；1970~1979 年间建成的建筑规模约 194 万平方米，建筑规模约为 57 万平方米，占总量的 42%。

4. 老旧小区④

核心区共有 2000 年以前竣工的老旧小区楼房建筑数量 3200 余栋，建筑规模 1300 多万平方米。2022 年，北京市住房和城乡建设委员会共计公布三批老旧小区改造名单，其中，东城区和西城区分别有 76 个小区和 48 个小区纳入综

---

① 引用自移动、联通和电信三大运营商 2019 年 7 月和 8 月全口径数据。
② 引用自移动、联通和电信三大运营商 2019 年 7 月和 8 月全口径数据。
③ 引用自 2022 年北京市地理国情监测数据和核心区房屋普查数据叠加融合后的分析结果。
④ 引用 2022 年北京市住房和城乡建设委员会官网公布数据。

合整治名单，分别占北京市改造小区总数的12.67%和8.00%，分别有200栋、89栋建筑纳入综合整治名单，分别占北京市改造小区总数的6.11%和2.72%。

5. 老旧厂房①

核心区共有2000年以前老旧厂房0.56万平方米。

6. 公共服务设施②

以月坛街道为例，重点调查分析菜市场、商业服务、医疗、养老等基础公共服务设施的现状，旨在提升首都功能核心区居民生活水平。

- 菜市场/蔬菜零售：大型百货超市内蔬菜售卖3960平方米、蔬菜零售店1975平方米。

- 商业配套设施：早餐店、便利店、美容美发店、洗染店、家政公司、药店、代收代缴点、维修点，共计711个，建筑规模10.7万平方米。

- 医疗机构：卫生服务站15家、卫生服务中心1家，大型医院9家，门诊7家。

- 养老机构：5个在运营，还有3个在建。

- 停车位：现有停车位11451个，按每户1∶1.1的标准计算，需求停车位51119个，停车位满足度22.4%。

- 充电桩：现有55个充电桩，分布于31个居住小区内，覆盖率仅为23.3%。

- 公共绿地：面积0.26平方公里，绿地率为15.9%；其中有60个居住小区内部没有公共绿地，占比达45%。

- 运动场地：89.5%的小区没有广场等室外活动场地，只有28.6%的居住区内部配备了健身器材。

二 街区保护更新模式研究

课题基于时空大数据在街区保护更新工作中的支撑作用，结合大数据在

---

① 引用自2022年北京市地理国情监测数据和核心区房屋普查数据叠加融合后的分析结果。
② 引用自北京市测绘设计研究院2020年实地调研数据。

更新项目信息统筹、协同联动和策划研究等方面的应用需求，提出大数据在城市更新前期策划、信息统筹、资源和需求协同、事后监测评估等应用场景的推广、数据建设和信息共享等更新模式。

（一）更新项目前期策划分析

以平房区申请式退租工作为例，在自愿退租的政策背景下，腾退资源具有极大的不确定性，常规方式实现项目运营平衡的难度较高。在大数据的支持下，事先梳理不同平房区内直管公房的分布情况和人均使用面积等情况，从而评估预期的腾退资源规模、利用条件和经营价值，就能够提前策划经营产品，制定资金平衡方案。根据社会资本实现资金平衡的难易程度、回报周期等情况，因地制宜地制定财政资金补贴政策或选择适宜类型的实施主体。

（二）更新对象信息统筹

时空大数据支撑更新对象信息统筹，从服务规划决策、更新对象规划研究角度，全方位系统呈现不同更新对象的数量、规模、布局、年代、权属等重要信息。在规划方案、更新政策的研究中，时空大数据能有效支撑分区、分类的策略设计，提前预判相关方案、政策涉及的规模、成本和成效，并有针对性地施加限制条件，为宏观决策提供有效支撑。

比如在老旧小区的更新工作中，大数据可以通过梳理不同产别、不同年代的老旧小区对象，整理出相应的建筑规模、居住人口等信息，在更新政策的研究中，就能够根据财政的可负担成本或实施目标，有针对性地制定资金补助政策和计划安排。

（三）更新资源和需求协同联动

时空大数据通过识别和归类汇总不同类型的更新对象、公共设施、公共空间，能够挖潜、整理不同地区的更新机遇空间和更新需求，有助于实现更新项目之间的统筹联动，建立资源与需求的匹配关系，促进更新项目的互利共赢。

（四）项目更新前的舆情分析、更新后的定期监测评估

以规划编制成果作为区域发展的指引蓝本，通过实施评估，探索建立"监测-体检-预警-更新"的评估分析体系，运用时空大数据及时收集反映规划实施情况，可全面考量规划实施的结果和过程，有效检测、监督既定规划的实施过程和实施效果，并在此基础上进行相关信息的反馈。在区域发展过程中，及时发现、识别和预警问题，从而对规划的内容和政策设计及规划运作制度的架构提出修正、调整的建议，使动态监测发挥作用。

（五）城市保护更新中的安全保障

鉴于智慧城市中大数据安全事件发生概率偏大、影响深远且动态演化的特点，有必要在城市保护更新过程中加强大数据安全形势研判、评估并建立数据安全应急响应机制。加强城市保护更新运行中大数据收集、分析、建模过程中的安全评估能最大限度地预判、预防和减少数据安全事件的发生。实践中，可以根据不同领域及安全标准对大数据安全等级进行划分和评估。

三　街区保护更新对策与建议

核心区城市更新目标是改善不良的旧城环境，疏散旧城过于拥挤的居住人口，保护和恢复旧城区的历史文化特征，保持和增强城市社会文化品质，增加绿地和公共开放空间，美化旧城环境，新建各种社会文化服务设施，提高城市环境品质，建立现代化城市基础设施，构筑良好城市形象，改善城市投资环境。同时，城市更新工作是一项长期、艰巨、复杂的系统工程，北京城市更新具有更综合、更严格、更高标准的特点。科学利用空间大数据这个媒介来支撑街区保护更新，提高空间利用效率与利用水平，推进首都功能核心区政务优化布局和精细化管理具有现实意义。

（一）建立城市更新时空大数据库和信息平台，推动城市高质量发展

借助时空大数据信息平台，建立不同社区的信息交换数据库，收集居民的更新意愿，分析更新的必要性，对符合更新条件且与区域内更新工作不冲突的社区启动更新申请程序。这将成为城市更新数据库，更好地协调更新计划，并提高工作的科学性。对于计划启动更新的单位，可以通过微信、微博和在线社区等互联网平台收集和更新居民的实名意愿，以提高工作效率，减少入户调查工作量。通过参与式的规划方法，加强更新工作的人文关怀和实施，实现"更接地气的更新机制"。

在项目推进过程中，建立一个涵盖基础地理信息数据、城市更新业务数据、统计表数据、效益评价数据、运维管理数据的空间可视化数据库，更形象、直观和全面地让图说话、以库管理、用数决策，支撑空间分析、管理和动态维护更新。

（二）建立城市更新评价体系，坚持全过程动态评估监督

城市更新涉及空间结构和功能完善、生态修复、文化保护和传承、新型城市基础设施建设以及城市治理等多个方面，需要加强城市更新评价研究并逐步完善评价制度建设，有效利用时空大数据对于信息的收集、存储和可视化表达等特点，建立包含经济、社会、环境、生活、交通和居住等多维度、多层次的城市更新评价指标体系，综合考量城市更新后长久的经济、社会及文化等诸多因素发展的可持续性。

建立街区保护更新的全生命周期评价和管理体系，建设面向大数据的全过程评价系统平台，利用空间大数据获取效率高、客观准确、公开透明等特点，实现现状评价、更新方案评价、更新后评价全过程动态评估监督，降低城市更新改造的盲目性，有效促进城市更新向规范化、系统化和可持续方向发展。

（三）城市更新要加强历史文化保护与传承，守住城市的根与魂

北京是中国的首都，是第一批历史文化名城，是世界上拥有最多世

界文化遗产的城市之一，对我国历史文化的传承具有不可替代的作用。文物、历史建筑、传统胡同、四合院和历史遗迹作为重要的文化载体，在资源高效利用和城市统筹更新过程中应该受到重视和保护，需要有效运用空间大数据来增强城市更新过程中的历史文化保护与传承，守住城市的根与魂。

一是可借助大数据技术将文化遗产进行数字化管理，包括文物的三维数字化重建、遗址的空间位置记录等，不仅可以减少对实物的侵害，还可以为后续的研究和保护工作提供全面准确的数据支持。二是利用大数据技术对各类重要的文化载体进行深入挖掘和分析，更好地理解其背后的历史、文化和价值，为文化遗产保护提供科学依据，制定出更加合理有效的保护策略。三是利用大数据技术将文化遗产以多种方式进行传播和展示，让人们在家中通过虚拟现实、互联网、智能终端等多种方式亲临现场，深入了解文化遗产的魅力，吸引更多人的关注和参与。

（四）城市更新要坚持以人为本，打造活力空间

城市更新的空间形态和社会形态紧密关联。城市更新工作的全过程最大限度体现人民群众意愿、最大限度激发市场活力。要利用好大数据这种新的媒介和手段，不仅要摸清城市更新的空间形态，还要大数据分析、舆情分析、信息化调研分析等多种手段收集、分析公众信息、习惯和需求，建立健全城市更新公众参与机制和沟通渠道，通过无障碍沟通方式，依法保障公众在城市更新活动中的知情权、参与权、表达权和监督权，充分尊重民意，以人为本，打造活力空间。

（五）科学开展老旧小区改造更新，提高城市空间利用水平

对老旧小区功能的改造是老旧小区改造升级的重点内容。基于大数据和深度学习的智能产品、算法，设计数字化改造方案，协调各物联系统无缝连接智能协作，推动垃圾分类、消防安全、适老助老等设备和系统的建设，同时覆盖高空抛物监测等安全管理领域，守护居民幸福生活。例如针对老旧小

区的老年人做饭难的问题，可通过地理信息、手机信令、电子问卷调查、航空遥感等大数据收集老旧小区的小区现状、居住人口数量、年龄结构、生活习惯等，针对性地开展"老年餐桌"的选址和建设，为老年人生活提供便利。

（六）优化城市更新模式，完善多元共建共享新格局

首都功能核心区的街区保护更新由效益导向转变为价值导向，需要通过大数据、互联网、通信技术等数字化智慧化新技术和新方法的应用，优化措施更新模式，完善"政府-市场-权利主体-公众"多元共建共享新格局。一是利用大数据等信息化技术，提升居住安全、出行便捷、信息通畅、绿色环保等城市基础设施更新效率；二是通过数据等信息化手段，建设政府引导、市场参与、居民互动的多元主体协调机制，探索更加有效的城市更新可持续模式，追求经济、社会、人文、环境等多维度目标的统一，使城市更新更加透明、民主、公平、可持续。

参考文献

边兰春、石炀：《社会——空间视角下北京历史街区整体保护思考》，《上海城市规划》2017年第6期，第1~7页。

龚鸽：《基于老龄化背景下杭州居住性历史街区保护更新研究》，硕士学位论文，浙江大学，2010。

韩会然、杨成凤、宋金平：《北京市土地利用变化特征及驱动机制》，《经济地理》2015年第35（5）期，第148~154页。

宿勇军、李艳：《新型城市更新基础数据调查及应用》，《城市勘测》2021年第3期，第14~17+22页。

田雪娟：《旧城历史街区更新中的社会空间结构变迁》，硕士学位论文，南京大学，2017。

王凯：《基于老年人行为模式的养老社区景观设计研究》，硕士学位论文，东南大学，2018。

王一统：《北京历史街区人居环境整治中社区参与影响因素研究》，硕士学位论文，

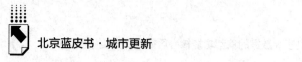
北京建筑大学，2017。

吴良镛：《从"有机更新"走向新的"有机秩序"——北京旧城居住区整治途径（二）》，《建筑学报》1991 年第 2 期，第 7~13 页。

杨俊宴、史宜：《基于"微社区"的历史文化街区保护模式研究——从社会空间的视角》，《建筑学报》2015 年第 2 期，第 119~124 页。

詹方歌、卢志坤：《城市更新的北京路径》，《中国经营报》2021 年 7 月 5 日，第 B13 版。

B.14
北京市城市更新多元共治研究

赵　昭*

摘　要：　多元共治逐渐成为城市更新中的重要讨论议题。城市更新由于涉及的主体多且诉求差异大，容易形成不同的利益冲突，应在更新实践中加强对多主体诉求的回应，建立制度渠道促进主体达成共识。本报告首先从北京城市更新多元共治的实践基础与特点入手，结合实际案例分析共治经验：北京已初步建立多元共治的政策框架与实施机制，同时民企、国企分别发挥着市场化配置与兜底保障的作用，社会组织也在相应领域提供专业服务。其次，分析北京城市更新多元共治面临的挑战与不足，即市场化程度有待提高、产权主体参与方式有待优化、利益协调机制有待建立、基层治理精细化水平有待提升。最后，对提升城市更新共治水平在进一步健全顶层制度设计、分类完善协商机制、探索社会化与市场化的运营管理模式与优化工作流程指南等畅通社会资本参与路径等方面提出政策与实施建议，促进城市更新工作与社会治理的融合。

关键词：　城市更新　多元共治　社会化管理　基层治理　社会资本

城市更新是提升基层社会治理，实现共建共治共享的重要途径。更新项目涉及的政府、市场和社会等主体往往具有差异化利益诉求，在以人为核心的新型城镇化背景下，城市更新更应当承担公共决策与社会治理的功能，将多主体参与更新转化为有效协商的过程。相较其他城市，北京由于特殊的城

---

* 赵昭，北京市城市规划设计研究院工程师，主要研究方向为城市更新、社会治理、低效用地再开发等。

市定位和减量双控的发展要求，城市更新的对象更多样、主体关系更复杂，虽然当前已经形成一定实践经验，但典型经验的可复制性、推广性仍有不足，在更新共治方面面临政策体系和激励手段不完善、缺少协调机制等挑战，市民真正自发的参与还没有普遍展开，多元共治的新渠道与形式还需研究，通过分析当前各不同主体参与更新治理的相关经验与问题，有助于提出针对性建议，改善公众参与的效果、保障项目推进实施。

一 北京市城市更新多元共治实践

一般来说，城市更新项目的参与主体至少包含管理主体、实施主体、产权主体三方面。由于城市更新不同于新建，其间虽会出现产权置换、产权重整或买断等情况，但不会彻底改变原有产权关系，原产权主体必然是城市更新的权益方之一，其诉求将直接影响项目成效。因此成功实施更新项目，至少需要管理主体、实施主体和产权主体三者的紧密配合，形成紧密协同的关系，缺一不可。

（一）多元共治政策框架初步建立

（1）顶层设计文件提出多元参与要求

北京市已出台的《北京市城市更新条例》（以下简称《条例》）、《北京市人民政府关于实施城市更新行动的指导意见》、《北京市城市更新行动计划（2021—2025 年）》等顶层设计文件中，都提出了城市更新多元参与，共治共享，加强公众参与，建立多元平等协商共治机制，探索将城市更新纳入基层治理的有效方式等工作原则，为城市更新工作的开展提出了应重视社会参与的要求。同时，《条例》还进一步明确了街乡、居（村）委会可以通过社区议事厅等形式推进多元共治，为基层政府就城市更新开展居民议事协调工作提供了法律依据。

（2）老旧小区综合整治出台工作手册指导参与

在居住类更新方面，北京市初步探索了居民参与的政策指导，以老旧小区综合整治为主，危旧楼房和简易楼改造涉及相关情况的也可参照执行。例如《北京市老旧小区综合整治工作手册》中对于建立长效管理机制提出组建小区自治组织等要求，同时明确了街道在前期获取居民诉求、编制方案征集居民意见、实施时组建议事平台、实施后组织业主验收等各环节的工作职责。《关于进一步做好老旧小区综合整治项目中楼内上下水管线改造工作的通知》等文件则针对更具体的整治内容提出相应要求，如搭建协商议事平台、告知改造具体信息、开展上门开展沟通工作等任务。

同时，对责任规划师协助参与更新提出要求。《关于责任规划师参与老旧小区综合整治工作的意见》《责任规划师参与老旧小区综合整治前期研究工作手册》等文件，明确了责任规划师应实时掌握属地老旧小区综合整治项目的规划设计情况，负责提供项目规划咨询服务、协助开展公众参与等的工作内容。

（二）属地政府引导公众协商共治

（1）街道乡镇探索推动公众参与与业主自治

在推动多渠道的公众参与方面，首都功能核心区平房院落保护性修缮、恢复性修建项目是北京特色的更新类型，街道承担着摸底调研、发挥联动优势、搭建沟通平台等方面的重要作用。例如大栅栏观音寺片区申请式退租项目，腾退量大、产权关系复杂、现状居住条件差，通过建设共生院、提升业态、补足公共资源等方式整体改善片区现状。腾退时街道按照片区、胡同共设立了30个接待小组，以入户宣讲、现场接待居民、接听热线咨询电话等多种方式高效动员居民开展退租工作，[①] 通过政策宣传、讲解引导推动群众工作，化解矛盾，保障退租工作顺利开展。

在推动业主自治共治方面，对于传统商圈等涉及范围大、产权主体多的更新项目中，街道可以通过搭建沟通平台发挥协同统筹作用，将分散主体纳

---

① 秦红岭：《公众如何有效参与城市更新？这份调研报告里有答案》，《建筑杂志社》，2022 年 5 月 26 日，https://mp.weixin.qq.com/s/tbAKXcdXJZkSV3uGLsdnuQ。

入统一组织实施体系，实现片区一体化更新。例如在丽都地区更新过程中，将台乡政府主动承担大量的沟通协商工作，建立了"1+6"党政群企街区营造的"丽都模式"。一是成立"丽都商圈综合党委"作为组织保障框架，抽出处级和科级干部组建的丽都商圈管理办公室，并综合协调社区和各部门力量，建立网格化管理机制。二是将党建工作、片区更新、区域治理、企业发展有机融合，组织区域内商户建立丽都自治公约、商圈企业家理事会等共商共治模式。

（2）区级政府统筹带动滨水空间区域更新

滨水空间作为线性空间，可以通过串联沿线多类型项目带动周边区域整体更新，区级政府通过协调相关部门、给予政策支持等方式，可以有效发挥统筹作用，既可以提升公共空间治理水平，又能最大化滨水空间更新的外部效益。例如亮马河滨水空间更新，区政府将沿岸的18家经营主体、政府部门、入驻品牌企业、社会组织等主体纳入统一协商平台，形成"以企业联盟为主导，政府为支持，各职能部门和属地搭建商业提升机制、给予政策支持，各街道实施监督管理"的共治模式。亮马河联盟由沿岸各经营主体、入驻商户等共同成立，并由一家运营公司作为主导企业承担联络工作，联盟内部实行轮值制度。通过对原有河道的水环境治理、滨水公共空间品质提升，激活亮马河国际风情水岸商业氛围，实现以河道治理的财政投资带动周边商户共同发展。

（三）民营企业发挥市场化作用

（1）专业企业探索老旧小区改造的"微利可持续"模式

由政府重点支持的老旧小区基础类改造项目，① 并不能解决大量老旧小

---

① 根据《关于全面推进城镇老旧小区改造工作的指导意见》（国办发〔2020〕23 号），城镇老旧小区改造内容可分为基础类、完善类、提升类 3 类。基础类为满足居民安全需要和基本生活需求的内容，主要是市政配套基础设施改造提升以及小区内建筑物屋面、外墙、楼梯等公共部位维修；完善类为满足居民生活便利需要和改善型生活需求的内容，主要是环境及配套设施改造建设、小区内建筑节能改造、有条件的楼栋加装电梯等；提升类为丰富社区服务供给、提升居民生活品质、立足小区及周边实际条件积极推进的内容。按照"保基本"的原则，政府重点支持基础类改造内容。

区面临的公共设施老化、社区配套服务落后等问题，① 需要转变老旧小区传统治理方式，与物业服务企业合作，运用市场化方式吸引专业机构参与更新与物业管理，形成社区长效治理模式。例如朝阳区劲松北社区引入民营企业愿景集团形成了"劲松模式"，是北京首个引入社会力量参与的老旧小区更新项目，愿景参与了改造的设计、规划、施工到后期的物业管理，探索出了"微利可持续"运营模式。在改造中，基础类项目由街道申请财政资金进行改造，提升类项目由愿景自有资金投入改造，街道通过与愿景签订战略合作协议，推动物业服务实现长期良性循环：② 一是街道设置为期 3 年的物业扶持期，通过政府购买服务的方式"扶一把"；二是居民对物业服务"先尝后买"，逐步培养居民的付费意识；三是企业提供增值服务，针对小区人口特点，延伸出"物业+养老"的模式，愿景拥有对社区 1600 平方米闲置低效空间的 20 年经营权，通过对这部分空间的改造提升，引入居民所需的便民服务业态，产生的经营租金收入成为利益增长点。

（2）不动产私募基金在楼宇更新中发挥市场资源配置作用

在北京的更新实践中，楼宇更新项目是各类民营企业参与的重要更新类型，不同领域的企业在选址、融资、策划、实施等全流程环节都可以扮演相应的更新角色。区别于传统地产企业参与更新，不动产私募基金作为平台，使资源配置作用更加高效，既可以推动国企、地产方、原运营方等多方合作，形成一致利益诉求，打破原企业利益边界，共同推动项目发展；还可以发挥专业资产管理企业的优势，通过提高运营质量，提高租金，减少运营支出等途径提高资产价值。例如传统商场星街坊更新中，高和资本作为基金管理人于 2015 年进行收购改造，负责投资项目的筛选、立项、调查及投后管理、基金退出等工作，将低效商场更新为金融科技类商办混合楼宇。基金以较短周期完成投资、改造、运营、退出流程，项目投资回报率预计可达到 25%。

---

① 《劲松模式："五方联动"改造老旧社区》，《中国物业管理》2022 年第 7 期，第 34~36 页。
② 截至 2023 年底，经营所产生的租金收入占集团投资回报的 46%，物业费占 26%，停车费占 19%，其他款项占 9%。资料来源：张艺：《社会资本进场，老旧小区改造的北京劲松样本》，中青在线，http://news.cyol.com/app/2020-12/13/content_ 18883988. htm。

（四）国企发挥保障兜底平台作用

（1）市级国企协助建立老旧小区长效治理机制

居住类更新存在盈利空间少、居民协调过程复杂等特点，由于追求项目收益回报，民营企业参与积极性一般，基础保障型的工作需要国有平台兜底保障，目前北京已经形成国有企业积极承担社会责任的相关经验。例如市级国企首开集团作为在京非经资产接收管理平台，管理着包括商品房、经适房及市属国企剥离出来的非经营性物业、中央国家机关职工住宅等各类物业逾1亿平方米的物业。同时还将老旧小区改造与物业精细化管理紧密结合，结合更新改造建立小区长效物业管理制度，改造中将物业服务前置，遵循"一区一议""一楼一策""一院一景"原则，将"硬设施"与"软服务"结合，从单一的物质环境修补，转变为以综合改造、精细化治理与服务提升为重点的有机更新，并在改造后建立长效治理机制。

（2）区级平台公司在低效园区更新中发挥专业作用

产业园区更新项目中，国有企业作为平台公司可以承担政府任务，发挥专业功能，通过回购盘活低效闲置工业用地等方式，解决当前产权主体更新意愿和能力不足的问题，实现提质增效，起到政府和市场间的桥梁作用。例如亦庄城市更新公司是经开区的区级平台公司，主要发挥前期研究、土地回购以及产业空间运营管理的重要作用。一是针对主体更新意愿不积极的低效工业用地，经管委会批准，平台公司可按照合理价格对土地及地上物进行回购并盘活利用。二是得益于平台公司的特殊定位，可以提前开展产业分析和空间再利用研究，收回土地后快速完成空间改造和再开发建设，承接高精尖产业项目落地。

（五）社会组织提供专业服务

北京也逐渐出现了一些基金会、社会服务机构等社会组织参与更新的实践，形成了共创经验。对于社区小微空间更新，公益基金通过提供启动资金，可以发挥撬动属地政府、居民、技术团队积极参与更新的重要作用。例如中社社区培育基金联合朝阳规自分局等单位发起的"朝阳区小微空间再生计划"，聚焦"家门口"的空间，公开征集面向责任规划师和街乡、社区征集居民身边的小微公共空间问题和改造需求，由基金予以资助实施。① 经过提案、评审、调研、公众投票、专家评比等环节，共5个小微空间改造项目获得公益基金的10万元启动资金支持，并通过多元主体协商共建，补齐实施经费，实现落地改造。②

同时，一些专业企业也在探索通过成立非营利组织的方式，开展城市更新与社区治理的研究与实践。例如北京社区研究中心由北京城市象限科技有限公司发起（以下简称"象限"），是专业进行社区空间更新、文化培育等研究的民办非企业单位。借助象限在数据技术与人本研究方面的优势，利用研究提升社区社会化更新效能，指导完善社区公众参与路径，创新形成双井街道城市治理实验室的更新治理模式，双井街道还入选联合国人居署国际可持续发展试点社区。③

二 北京市城市更新多元共治存在的挑战

（一）市场化程度有待提高

目前北京的城市更新仍以政府推动为主导，参与的市场主体均较为单一，主要集中在少量大中型地产企业或是区域平台公司等，更加灵活、规模较小的专业经营单位的参与有限。以2023年北京市拟实施的更新项目为例

① 冯斐菲：《微空间·向阳而生——公益基金与责任规划师制度撬动多元参与的城市更新实践》，中国城市规划学会，https：//www.163.com/dy/article/FQEV0E8105346KFL.html。
② 《"微空间·向阳而生"朝阳区小微公共空间再生计划》，北京市城市规划设计研究院，https：//www.bjghy.com.cn/cont/30/35/399。
③ 北京社区研究中心是由北京城市象限科技有限公司发起，正式成立于2019年9月，主要业务包括社会治理、社区综合服务设计、微更新等。其中，双井街道项目于2019年7月16日成功入选联合国人居署国际可持续发展试点社区，成为中国被纳入国际可持续试点的第一个社区级试点，资料来源：http：//www.urbanxyz.com/bcrc.html。

（截至 1 月不完全统计），居住类项目以政府主导①为主（71%），市场主体中仅有国企参与；产业类项目市场化程度较高，社会投资的比重达到 89%，且有较多民企参与；公共空间与设施类项目共 25 项，仅有 3 个项目涉及民企参与，主要集中在停车设施；区域类项目的参与主体更加多元，但目前也主要以财政资金投入为主，以街道、区政府相关部门（如区水务局等）、国企担任实施主体为主，民企参与数量较少。

市场化程度有限的主要原因有以下方面。一是由于更新项目实施的沟通成本较大，民企等中小企业往往不具备与产权主体平等沟通的能力，同时长周期也会增加资金成本，中小企业承担能力有限。二是更新政策初步建立，市场对于政策的稳定性与实操性还停留在观望阶段，也在一定程度上影响着参与动力。三是由于已出台政策面向社会宣传还不充分，不少民企、外资企业对政策适用条件及申请路径"看不清"，还处于"被动观望""不敢进"的状态。

（二）产权主体参与方式有待优化

尽管当前北京已经在城市更新顶层设计文件中对公众参与作出原则性规定，但对主体参与的直接指导有限，实践中仍缺乏具体政策细则来明确"公众何时参与、由什么部门组织、在什么环节参与"的具体路径。目前的参与方式以较为被动的"被告知、被咨询"等为主，不同主体间缺乏互动，在达成共识方面的成效有限、参与效果不佳，还可能引发投诉等负面影响。对于居住类项目，产权主体以居民为主，目前的信息公开机制还有待完善，居民参与仍然主要依靠制作宣传展板、现场张贴公告等形式，缺少信息化、数字化的公开方式，信息公开及政策宣传效能有待提升。对于产业类项目，

---

① 根据对北京市 2023 年拟实施项目的实施主体性质与资金来源进行分析得出，相关资料来自相关工作及调研整理。其中，实施主体方面，市场主导指实施主体由企业担任，分为国有企业与民营企业两类；政府主导指实施主体以基层政府及区级政府部门担任，包括街道和区级部门，以及国企民企联合或街道与区级部门联合的形式。资金来源方面，财政资金指项目使用直投、补贴等财政资金；社会投资指企业自筹或有企业进行投资等来源；也有部分项目资金来源包括财政资金与社会投资。

一是存在散售楼宇业主缺少制度化的意见沟通渠道，导致产权归集过程过长甚至项目"流产"；二是较多工业园区建设时间早于上位规划编制，更新时往往面临用地与建筑现状与规划不符无法办理实施相关手续的问题，产权主体缺少与部门沟通协调机制。对于传统商圈、街道风貌整理等公共空间或设施的更新提升项目则在一定程度上忽视了对周边居民的宣传动员，例如缺乏有效的信息公布和公众意愿反馈渠道。

（三）利益协调机制有待建立

城市更新本身是一个既有利益关系调整的过程，但当前对存量资产的利益协调机制还不完善，难以调动产权主体的更新动力。一是更新项目的资金筹措难以做到"谁受益，谁出钱"，居民的出资付费意识尚未建立。例如老旧小区改造中还存在一定比例的居民希望享受价值提升、品质改善的利益，却不愿意履行出资配合责任，仍抱有政府负担全部成本的想法，小区改造后仍存在物业费用缴纳不足的问题。二是北京存在一定规模的央产、军产老旧小区，"三供一业"被剥离移交后，出现产权和物业管理权分离，在实际的改造工作中存在出资责任边界不清、实施主体不明、协调难度较大等问题。三是存在低效工业用地缺乏效益评估与有效退出机制的问题。在城市快速建设阶段，大量企业通过无偿或较低成本获得工业用地使用权，由于产业周期迭代快，目前很多用地利用效率低，但若更新则面临补缴土地价款等成本，同时企业往往对土地估值预期高，这导致政府难以收储或回购土地，大量低效工业用地难以启动更新。

（四）基层治理精细化水平有待提升

在北京城市更新工作中，街道办事处往往直接扮演着项目中各方利益协调、引导提出更新诉求的重要角色，其执行能力和调动资源能力将直接影响城市更新工作开展情况。《条例》依托物业管理制度对方案的表决、协商以及争议处置进行了相应的原则规定，对街道、社区提出工作要求，但当前街道、社区涉及规划建设方面的基层治理工作并不成熟，实践中难以起到组织协调作用。主要原因分为两方面，一是街道、社区往往人员数量有限，且在矛盾协调、规划设计等方面的专业知识较为缺乏，推动各方合作缺少政策工具指导操作路径，也为实际工作开展带来难度，一线工作人员仅依靠劝说等方式缓解矛盾，效率以及工作效果较为有限。二是当前社区街道引入社会组织等专业机构参与社会治理的意识还不充分，导致社会化管理应用不足，引入社会组织提供有偿专业化服务还存在一定障碍等问题。上海更注重转变政府职能，鼓励将适宜的社区事务和公共服务项目通过政府购买服务等方式交由社会组织承担。同时，北京基层政府的政府购买服务目录在社区治理等方面的三级与四级服务目录的细化程度不足，与社区更新相关的项目集中在环境美化、设施维护与街巷物业管理等方面，对于社区治理，缺少矛盾化解、意见征集等与更新项目环节有直接关系的目录类别。①

三　提升城市更新共治水平的对策思路

（一）健全顶层制度设计，提升治理能力

完善基层治理制度建设，提高基层治理综合效能，有助于促进多元主体参与更新活动。一是提升基层治理能力，更新工作尤其是老旧小区改造等居住类项目生成、工程实施与物业管理工作有较多交叉，应结合更新项目实施，推进完善社区物业管理服务的长效机制，也借助物业管理制度，推动更新项目的实施。加强以居委会、业委会为核心的基本治理单元等制度建设，完善项目产生、居民协商、意见反馈等"治理+更新"的运行机制流程，明确操作流程与工作手册指导街道、社区、居委会等开展工作，提升治理水平

---

① 参考上海《关于印发〈洋泾街道政府购买服务实施目录〉的通知》（浦洋办〔2021〕23号），设置"社会治理服务"的二级目录，"人民建议征集服务、信访矛盾化解服务"等四级目录。同时，根据《关于印发〈关于推进长宁区社会组织参与社区治理的实施意见〉的通知》（长民规〔2021〕1号），上海注重转变政府职能，优化社区治理方式，将适宜由社会组织提供和社会组织具有专业优势的社区事务和公共服务，通过政府购买服务等方式交由社会组织承担，政府发挥好统筹、协调、指导和监督等作用。

与具体工作中的组织协调能力。二是将规划空间单元与基层社会治理单元相衔接，将更新方案编制作为基层综合治理的重要平台，梳理各类主体的资源与诉求，保障基层民主实现。例如上海参与式规划制度在社区更新中起到重要指导作用，以"规划"为切口，将更新改造规划与基层党组织、居（村）委会的管理范围相结合，通过《落实"人民城市"理念加强参与式社区规划的指导意见》《上海市参与式社区规划》等文件明确参与式规划的主体和角色定位，强调多方协同、民主协商、资源整合，共同推进社区环境改善，形成自上而下与自下而上相结合的社区规划和项目管理机制，将规划和实施方案编制作为社区主体协商讨论、凝聚共识、亲身实践的闭环治理过程。三是充分发动人大代表、政协委员等社会力量，发挥其监督、调解作用。

（二）分类施策，逐步完善有效协商机制

多元共治的核心是有效的协商机制的建立，应根据居住、产业、区域等更新项目特点，提供多层次、特色化的共治平台。一是居住类更新项目，建立居民区治理架构与议事协商标准化体系，以发挥社区党组为领导核心作用，居委会为主导，居民为主体，由业委会、物业公司、驻区单位、群众团体、社会组织、群众活动团队等共同参与，实现社区民主议事，形成以社区协调会、社区决策听证会、居民议事会、社区四方会议等形式组织开展议事协调工作机制。（1）市区通过形成社区工作法案例汇编，为居委会提供治理指南，组织居民商定城市更新项目议题，形成社区的"一特征三清单"（即居民区的"画像"特征，需求或问题清单、资源清单和服务清单）。①（2）鼓励各区根据辖区特征，形成议事协商标准流程，为更新项目的生成

---

① 借鉴上海杨浦区"三微治理"经验，在居民区党组织领导下，以居民自治方式利用社区资源，推动社区楼栋微整治、空间微改造、景观微更新。建立"1＋12＋X"的"微治理"实施体系，出台《"三微治理"工作导则》《"三微治理"社区工作法案例汇编》等文件为居委会提供"微治理"指南；12个街道动员居委会组织居民开展微治理，有治理意愿的居委会，商定X项治理议题，发动居民集体行动，指导居民区形成自身特有的"一特征三清单"（即居民区的"画像"特征、需求或问题清单、资源清单和服务清单）。

实施及后续管理提供基础,如在确定更新项目方面,明确社区以自下而上的方式评估居民更新意向需求、提出更新议题,并明确项目的主要负责人;通过规范性文件明确如何主动发现协商意向,如何确定协商参与者等基层治理中的难点问题。① (3) 在项目实施过程中,注重线上与线下相结合的方式,例如线上议事协商依托,以及"安居北京"公众号、北京业主决策平台等,实现数字赋能基层社区治理。② 二是商办楼宇更新应提升精细化管理能力,通过楼委会、理事会等形式动态跟踪管理楼宇业主的日常需求与变动情况,发挥行业自治作用,利用商会、协会等协调动员区域内商户参与更新,为散售楼宇业主提供主动发声与参与机会。通过楼宇商户理事会的形式,联合改造涉及的业主、政府部门等合作,综合考虑各业主诉求、公共利益及商业利益,对于楼宇红线内的共有空间进行改造。③ 三是区域更新应充分发挥党建联合体的平台功能,形成社会治理共同体,引导驻区单位、商户业主参与更新,实现跨街区、跨社区的共治共建。四是在涉及公众利益的公共空间、区域更新等项目中,应进一步扩大公众的参与渠道,通过新媒体信息公开、沙龙、展览,以及"生活季""快闪""城市探访"等活动④广泛吸引各界关注,通过发放问卷调研公众需求,为社会公众提供相应了解、参与、发声的机会。

---

① 北京西城区基层民主协商标准化体系,是全国首个基层民主协商标准化试点体系,其包括协商程序、协商事项等在内的19项基层民主协商标准,标准覆盖了全区263个社区,分为胡同(楼院)、网格(小区)、社区、街道四个层级,主要解决老旧小区综合治理、居民楼加装电梯等问题。同时,还制定了统一规范的《基层民主协商意向申请表》《协商议事会通知模板》《社区议事厅使用登记表》《基层民主协商会议记录模板》等文件。

② 借鉴北京西城区做法,区线上平台依托"西城家园"以及社区的微信群、QQ群等。

③ 借鉴上海陆家嘴金融城更新,成立金融城理事会,得以联合改造涉及的业主、市政部门、地区管理机构通力合作,对于公共垃圾房的选址,通过多次协调会议,发挥理事会协商机制,综合考虑各业主诉求、公共利益及商业利益,听取专家意见进行选址,给最终临近垃圾房的楼宇规划更多的绿化面积作为补偿,改造计划和设计方案已获得各业主一致认可。

④ 借鉴上海愚园路更新经验,CREATER创邑作为城市更新运营商为愚园路街区更新探索了一系列活动。如"愚园路走起"探索工具包让现场500余位参与者即时组队,通过走街探索打开人们不曾见过的愚园路,打破思维惯性及现有边界,深度感受街区的温度与生命力。激活人们关于城市未来的想象,鼓励多元角色共创、共益、共建美好生活。愚园路快闪"故事商店"活动收集在地生活者的故事组成街区延续脉络。在短短两月的时间里,留下的2000多则故事被整理成册,汇成"愚园路101则故事"。

（三）探索社会化管理、市场化运营的新模式

探索社会化管理，以政府购买服务的形式，有效发挥社会组织功能，形成多类型社会组织体系，协同社区各类主体和力量，分担基层政府群众工作压力。一是鼓励社会组织参与城市更新活动、培育社区更新相关领域的社会组织。借鉴上海《关于推进北京社会组织参与社区治理的指导意见》中赋能社会组织相关经验，应加强社区社会组织联合会、社区基金会、社会组织服务中心等社会组织建设，支持其参与社区更新等重点领域工作，让深耕社区服务的社会组织逐步成为基层社会治理创新的有力支撑，鼓励其在社区更新中发挥专业作用、促进资源链接。二是鼓励街道、社区引入城市更新运营商、社会工作企业等专业化运营机构。随着更新与社区营造工作的逐步开展，市场中逐渐出现了"小而精"的专业社区治理运营企业，对更新活动形成专项支持，通过"术业有专攻"的市场化手段，高效协助基层单位依托社区治理赋能城市更新活动。三是加强对相关社会工作的经费与政策支持，鼓励借助责任规划师等专业技术团队力量开展更新工作，通过定向的技术支持补充街道工作力量，塑造长效精细的基层治理模式。借鉴上海"三师联创"机制经验，探索具有北京特色的城市更新的责任规划师、建筑师和估价师等多学科技术支持体系，[1] 通过多专业技术团队集成创新，实现资源、资信、资产、资金贯通，实现城市更新项目的资金成本平衡、区域发展平衡、近远衔接平衡，带动区域的品质提升与价值彰显。[2]

---

[1] 上海正在积极探索具有上海特色的规划资源创新模式，选取 10 个重点更新单元试点责任规划师、责任建筑师、责任评估师"三师联创"机制，发挥责任规划师对于城市更新谋划、协调、统筹的重要作用，发挥责任建筑师对于强化设计赋能、破解技术瓶颈、优化审批流程中的主导作用，发挥责任评估师在城市更新"强资信、明期权、可持续"模式中的支撑作用，实现城市更新的整体性谋划、专业性策划、合理性评估、陪伴式服务。资料来源：匿名：《"三师联创"试点城市更新》，上海市人民政府新闻办公室，https：//www.shio.gov.cn/TrueCMS/shxwbgs/ywts/content/e38e6c27-9db5-4ae0-bab7-ee0f86df399a.html。

[2] 郑钧天：《上海：选取 10 个重点单元创新"城市更新"模式》，新华网，http：//www.china.com.cn/txt/2023-08/30/content_ 109758675.shtml。

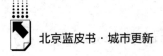

（四）优化政策供给，畅通社会资本参与渠道

进一步通过政策供给提升各类企业的参与意愿。一是提高各类政策适配性，针对市场主体参与城市更新中比较普遍的土地价值评估、资金共担机制等方面的问题，出台相关政策的实施细则，对于"一事一议"等成功实践经验进行总结固化，转化为试点政策，在现有政策框架基础上不断填补空白、修订完善。二是加强对已出台政策的宣传讲解，通过指南、图解等形式向社会公示，提供公开政策咨询渠道。同时加强对各部门政策的集成整合，对一线指导项目办理的区级部门加强培训，推进政策落地生效。三是重视民间投资发展，营造公平市场竞争环境，持续推动放宽市场准入，积极支持民间资本参与城市更新等领域建设。激发企业参与更新的内生动力，鼓励企业结合自身发展策略，培育拓展完善长效治理机制、物业运营、业态运营策划等专业市场领域。

B.15

北京市疏解整治腾退空间资源研究*

朱兴龙　刘闻博　车胤莹**

摘　要： 2017年以来，北京市连续开展两轮"疏解整治促提升"专项行动，通过疏解整治，实现了空间腾退，为北京市推进产业"腾笼换鸟"、修补城市功能、加强生态环境建设提供了大量可利用空间。本报告利用北京市"疏整促"综合调度平台数据和遥感影像监测数据，从来源及规模、空间分布特点、规划用途、土地利用现状等方面对北京市"疏整促"专项行动产生的腾退空间资源进行归类分析，并就推动北京市腾退空间资源有效利用提出完善腾退空间资源利用的区域统筹机制、加强规划指引、建立统筹疏解和更新的增减挂钩机制等对策建议。

关键词： 疏解整治促提升　腾退空间资源　遥感影像

北京市"疏解整治促提升"专项行动立足城市发展诉求，贯彻落实习近平总书记视察北京重要讲话精神和对北京工作重要指示要求，既是推进京津冀协同发展国家战略实施，落实新版北京城市总体规划、推动首都高质量发展的全面实践，又是综合了行动计划、任务清单、试点示范等特点的城市更新实践。2017年以来，北京市连续开展了两轮"疏解整治促提升"专项行动，针对北京功能疏解、违法建设综合整治、存量空间增效提质等提出行动

---

* 本报告是北京市"疏解整治促提升"专项行动工作办公室研究项目"北京市疏解整治腾退空间资源归类分析报告"的成果之一。

** 朱兴龙，北京市"疏解整治促提升"专项行动工作办公室综合处副处长；刘闻博，北京市"疏解整治促提升"专项行动工作办公室综合处干部；车胤莹，北京市"疏解整治促提升"专项行动工作办公室综合处干部。

计划与工作指导，全面部署了疏解、整治、提升的十大行动，旨在通过疏解整治的减法，实现"腾笼换鸟"、功能提升的加法，实现资源更优配置。本报告将对北京市"疏解整治促提升"专项行动产生的腾退空间资源进行系统梳理，从腾退空间资源来源及规模、空间分布特点、腾退土地资源的规划用途和土地利用现状等方面进行归类分析，同时探讨有效利用这些腾退空间资源的对策建议。

一 疏解整治腾退空间资源现状

（一）来源及规模

北京市"疏整促"专项行动产生的腾退空间资源，可以分为腾退土地和腾退建筑两大类，腾退建筑又可以分为地上建筑和地下空间两大类。根据《北京市关于组织开展"疏解整治促提升"专项行动（2017—2020年）的实施意见》《北京市人民政府关于印发〈关于"十四五"时期深化推进"疏解整治促提升"专项行动的实施意见〉的通知》，通过对北京市2017~2022年的腾退空间资源台账①归类分析，违法建设治理、区域性市场、物流中心疏解、地下空间清理等4个专项行动是产生腾退空间资源的主要来源。其中，违法建设治理、区域性市场（拆除）可以产生腾退土地资源；区域性市场（关停、清退）和物流中心疏解可以产生地上建筑资源；地下空间清理可以产生地下空间资源（见表1）。

表1 疏解整治腾退空间资源来源及规模

单位：万平方米

专项类型	腾退土地资源	腾退地上建筑	腾退地下空间	合计
拆除违法建设	31273.54	—	—	31273.54
区域性市场（拆除）	66.18	—	—	66.18

---

① 报告数据来源于"疏整促"综合调度平台，平台导出矢量数据与实际情况存在误差，如平台导出区域性市场和物流中心疏解共625个，实际已完成640个。为方便梳理，本报告以平台导出矢量数据为准。

专项类型	腾退土地资源	腾退地上建筑	腾退地下空间	合计
区域性市场(关停、清退)	—	451.78	—	451.78
物流中心关停	—	299.75	—	299.75
地下空间清理	—	—	410.47	410.47
合　计	31339.72	751.53	410.47	32501.72

　　"疏整促"综合调度平台显示，疏解整治腾退空间资源，点位数量约有29.3万个，面积约3.25亿平方米，主要以腾退土地资源为主，面积约3.13亿平方米，占比达96.4%。北京市"疏整促"专项行动坚持把治理违法建设作为落实北京城市总体规划、实现减量发展的重要抓手，通过治理违法建设产生的腾退土地资源3.127亿平方米，占比96.22%，以零散小面积空间为主，约有25.4万个点位面积在1000平方米以内，占违法建设治理点位总数的88.11%，其中面积在100平方米以内的点位达六成。疏解区域专业市场（拆除、关停、清退）产生的腾退空间资源共517.96万平方米，占比1.59%，单个点位腾退空间面积较大，1000平方米以上的点位达87.41%。疏解物流中心产生的腾退空间资源299.75万平方米，占比0.9%，单个点位面积主要在1000平方米以上。地下空间清理产生的腾退空间资源410.47万平方米，占比1.26%。

（二）空间分布特点

　　全市腾退空间资源点位总体呈小集中大分散的特点，主要分布在首都功能核心区、[①] 城市功能拓展区、[②] 城市发展新区、[③] 生态涵养区[④]的中心区域及周边。大部分区域的腾退空间资源分布呈现不同特点（见表2）。

---

① 东城区、西城区。
② 朝阳区、海淀区、丰台区、石景山区。
③ 房山区、通州区、顺义区、昌平区、大兴区和亦庄开发区。
④ 门头沟区、怀柔区、平谷区、密云区、延庆区，及房山区和昌平区的山区。

表2 大部分腾退空间资源区域分布情况

单位：万平方米

区域类型	腾退土地	腾退地上建筑	腾退地下空间	腾退空间总量
首都功能核心区	86.15	20.76	48.34	155.25
城市功能拓展区	6897.84	304.83	348.98	7551.65
城市发展新区	20775.21	374.31	13.17	21162.69
生态涵养区	3573.40	50.67	0	3624.07
合　计	31332.60	750.57	410.49	32493.66

首都功能核心区的零星腾退空间较多。首都功能核心区的腾退空间资源共155.25万平方米，其中，腾退土地资源86.15万平方米，点位30005个，平均单个点位面积28.71平方米，区域内腾退空间资源分布呈点位多、面积小，零星图斑较多的特点。

腾退建筑资源主要集中在城市功能拓展区。全市共有腾退建筑资源1161万平方米，56.3%集中在城市功能拓展区，约654万平方米。其中，全市85.02%的地下空间腾退资源分布在城市功能拓展区，面积348.98万平方米，点位3536个，平均单个点位面积986.93平方米。地上建筑腾退资源数量占比最多，点位237个，占全市腾退资源点位数量的47.78%，面积304.83万平方米，平均单个点位面积1.29万平方米。

城市发展新区腾退空间资源的单体面积最大。城市发展新区的腾退土地资源面积约20775.21万平方米，点位约14.2万个，分别占全市腾退土地资源的66.3%、49.3%，平均单个点位面积约1460平方米，圈层内大面积腾退土地空间占比较大。地上建筑腾退资源面积374.31万平方米，占全市的49.87%，点位167个，平均单个点位面积2.24万平方米。

生态涵养区的腾退空间资源呈散点开花特点。腾退土地资源面积约3573.40万平方米，点位约7.6万个，在区域内分布散乱。腾退建筑资源较少，没有地下空间腾退资源。

二 腾退土地资源规划用途和遥感影像监测现状

疏解整治腾退空间资源以腾退土地资源为主，腾退土地资源中违法建设治理产生的腾退空间占比96%以上，因此我们主要分析由违法建设治理产生的腾退土地资源。由于违法建设治理专项2017年不具备矢量数据，我们对2018~2022年（10月前）的矢量数据进行了分析，结合遥感技术，梳理腾退土地资源的规划用途情况和遥感影像监测现状。

（一）腾退土地资源的规划用途情况

依据《北京市区级国土空间规划分区用途管制规则（试行）》，分区规划按照国土空间全域覆盖、不重叠、不交叉的原则，划定城镇建设用地、村庄建设用地、战略留白用地、有条件建设区、对外交通及设施用地、特殊及其他建设用地、水域保护区、永久基本农田保护区、林草保护区、生态混合区、自然保留地共11类一级区级国土空间规划分区，据此对腾退土地资源的规划用途情况进行梳理（见表3）。

表3 全市腾退土地资源规划用途情况

单位：万平方米

规划用途	面积	规划用途	面积
城镇建设用地	5571.99	特殊及其他建设用地	97.74
村庄建设用地	701.72	永久基本农田保护区	2487.98
对外交通及设施用地	751.23	有条件建设区	645.79
林草保护区	2142.42	战略留白用地	509.63
生态混合区	8452.14	自然保留地	13.67
水域保护区	501.01	总　计	21875.32

在北京市 2018~2022 年违法建设治理产生的腾退土地资源范围内，具有规划用途性质的地块①有 21875.32 万平方米，主要规划用途为生态混合区和城镇建设用地。其中，生态混合区 8452.14 万平方米，占比 38.64%；城镇建设用地 5571.99 万平方米，占比 25.47%。

北京市各圈层区域的规划用途情况：核心区内规划用途仅涉及城镇建设用地 59.08 万平方米；城市功能拓展区中，朝阳区的规划用途 50%以上为生态混合区，石景山、丰台、海淀等 3 个区的规划用途主要为城镇建设用地，占比分别为 68.89%、47.54%、44.10%；城市发展新区中，30%以上的规划用途为生态混合区，其中通州区的生态混合区达 55.11%，房山、顺义、昌平、大兴 4 个区的城镇建设用地占比超过 20%；生态涵养区的规划用途主要以生态混合区、林草保护区为主。

（二）腾退土地资源的遥感影像监测现状

结合遥感影像技术，② 按照《全国遥感监测土地利用/覆盖分类体系》，③分析腾退土地资源的利用现状。

根据遥感影像监测数据，腾退土地资源（共计 21884.98 万平方米）④ 的土地利用现状主要以林地、草地等生态用地和城镇建设用地为主（见表 4）。其中，林地面积 7390.33 万平方米，占比 33.77%；草地面积 5213.35 万平方米，占比 23.82%；建设用地占地面积 4589.47 万平方米，占比 20.97%。可利用地、耕地、水域和湿地占比均在 15%以下。各区遥感影像监测数据显示：核心区土地利用现状主要为建设用地；城市功能拓展区、城市发展新区和生态涵养区以林地、草地、城镇建设用地为主；城市发展新区拥有全市最多的可利用地和耕地。

---

① 数据来源：2018~2022 年（10 月前）违法建设治理专项矢量数据叠加分区规划数据，分区规划数据由市规划和自然资源委员会提供。

② 2018~2022 年（10 月前）违法建设治理专项矢量数据叠加 2022 年底的遥感影像监测数据生成现状数据，叠加生成的现状数据存在一定误差，仅供参考。

③ 按照《全国遥感监测土地利用/覆盖分类体系》，地类共有耕地、林地、草地、水域和湿地、建设用地、可利用地 6 类。

④ 数据范围：2018~2022 年（10 月前）违法建设治理专项矢量数据。

表4　腾退土地资源土地利用现状情况

单位：万平方米

区域类型	草地	耕地	建设用地	林地	水域和湿地	可利用地	总计
首都功能核心区	2.34	0	45.31	9.74	0.08	1.61	59.08
城市功能拓展区	871.69	196.22	1142.21	1156.05	28.99	506.17	3901.33
城市发展新区	3620.44	1585.87	2660.46	5603.38	32.70	1745.23	15248.08
生态涵养区	718.88	309.94	741.49	621.16	12.42	272.60	2676.49
总　计	5213.35	2092.03	4589.47	7390.33	74.19	2525.61	21884.98

　　基于遥感影像监测数据，叠加分区规划，对现状为可利用地的腾退土地资源进一步分析，探索资源的利用方向。在可利用地中，分区规划为林草保护区、生态混合区的，共计1192.29万平方米，占比47.2%，可支撑绿化工程的实施；分区规划为城镇建设用地、村庄建设用地、对外交通及设施用地类的，共计876.53万平方米，占比34.7%，可支撑未来项目工程落地；分区规划为战略留白用地的，共计48.6万平方米，为城市建设发展留出弹性空间。

　　综上分析，一是2018年以来，拆除违法建设产生的具有规划用途性质的地块约有2.2亿平方米，为北京的减量发展提供了有力支撑。二是疏解整治腾退土地资源主要规划用途为生态混合区和城镇建设用地，遥感影像监测数据显示，土地利用现状以生态用地和城镇建设用地为主，基本符合规划用途。三是可利用地部分的分区规划主要为建设用地和生态用地，为后续补齐城市发展建设短板和生态环境建设提供了大量可利用空间，为未来腾退空间资源的高效利用打下了坚实基础。

三　有效利用疏解整治腾退空间面临的挑战

　　通过梳理分析疏解整治腾退空间的基本情况和遥感影像监测数据，从腾退空间资源本身现状特点出发，有效利用疏解整治腾退空间资源面临以下挑战。

　　一是在全市范围内整体统筹利用腾退空间存在困难。疏解整治腾退空间资源点位地块较多，在全市范围内散点开花，碎片化严重，零散空间较多。同时，各区域腾退空间呈现不同特点，区域功能定位不同，高效利用腾退空间资源需要具体问题具体分析。因此，建立全市整体统筹利用腾退空间资源的机制存在较大困难。

二是腾退空间资源利用与各项既有重点工作息息相关。腾退空间资源的利用既要严格落实规划刚性要求，又要对规划落地提供有益补充；既要以区域功能优化为导向，又要从实际情况出发补城市短板；既要实现减量发展，又要突出高质量发展的要求。将腾退空间资源的高效利用与各项既有重点工作统筹衔接，切实增强群众的获得感，是当前面临的重要挑战。

四 有效利用疏解整治腾退空间的建议

北京市"疏解整治促提升"专项行动开展七年来，随着专项行动的持续深入开展，在减量发展与城市功能优化方面取得了一定成效，通过疏解整治，实现空间腾退，为全市推进产业"腾笼换鸟"、修补城市功能、加强生态环境建设提供了大量可利用空间，已累计产生腾退空间资源约3.3亿平方米。针对有效利用腾退空间资源提出以下建议。

（一）完善腾退空间资源利用的区域统筹机制

疏解整治腾退空间资源作为推进城市更新的蓄水池，总体规模巨大，在空间分布上具有小集中大分散、碎片化严重的特点，违法建设治理、专业市场和物流中心疏解产生的土地、建筑等多种类型的腾退空间在各圈层区域内集中连片分布。因此，想要充分利用"疏整促"专项行动的腾退空间资源，建议加强区域统筹，突出分区施策。各区要明晰底账，摸清存量腾退空间资源，统筹用好各类型空间，做好空间上的条块搭配，同时从区域角度整体研判腾退空间利用用途，以实际需求为导向，整合利用各类腾退空间资源，推进区域综合性城市更新。《北京市城市更新条例》提出，可将多个城市更新项目划定为一个城市更新实施单元，确定实施单元统筹主体，负责统一区域更新意愿、整合市场资源、推动项目统筹整合、推进更新项目实施。因此，各区域可搭建城市更新综合平台，将腾退空间供给与产业项目、留白增绿等建设空间需求衔接，统筹存量空间资源，整体谋划实施，促进建立区域综合更新的新模式。

（二）加强疏解整治腾退空间利用的规划指引

"疏整促"专项行动是落实城市总体规划各项部署的重要抓手，腾退空间利用与推进城市总体规划指导下的分区规划、控制性详细规划等关系密切，有效利用腾退空间需严格落实规划的刚性要求，与城市规划体系相互结合，对城市更新的功能进行指引。从区域情况看，应结合规划要求、区域功能定位和发展实际，明确评估各区域的腾退空间利用方向，充分合理利用腾退空间资源。以城市发展新区为例，作为疏解非首都功能的承接地，空间资源的有效利用对于承接中心城区产业有重要的支撑作用，可利用区域内腾退空间资源的单体面积最大、腾退建筑资源较多的特点，发展建设相关产业园区和配套服务设施，提高平原新城的综合承载能力。

（三）建立统筹疏解和更新的增减挂钩机制

以核心区为例，核心区的疏解腾退有力促进了"双控四降"，① 目前核心区现状建筑规模1.28亿平方米，按照规划要求，到2035年减量至1.1亿平方米，需减量1800万平方米。但目前空间资源投放对于核心区的建设发展仍具有重要作用，尤其是对于保障中央政务功能、保障民生改善、促进符合核心区功能定位的产业发展具有重要支撑作用。核心区控制性详细规划明确要加强更新改造项目规划管控，建立建筑规模增减挂钩机制。因此，建议在总体减量的前提下，部分减量规模统筹盘活用于城市更新，建立统筹疏解和更新的增减挂钩机制，运用好核心区宝贵的规划建筑规模资源，统筹用于实施各类更新改造，推进城市更新可持续实施。

---

① 《首都功能核心区控制性详细规划（街区层面）（2018—2035年）》提到，疏解非首都功能，让核心区"静下来"，要实施"双控四降"。"双控"指控制人口规模、控制建筑规模；"四降"指切实把人口密度、建筑密度、商业密度、旅游密度降下来。

案 例 篇

B.16

新首钢更新改造案例研究

荀 怡*

摘 要： 首钢搬迁曹妃甸以来，经过多年的持续规划建设，新首钢地区已经形成独具特色的工业遗产保护利用实践经验，成为全国城区老工业区调整改造的示范。本报告以新首钢园区北园的更新改造为重点，系统梳理了新首钢更新改造的主要背景和历程，分析了新首钢更新改造中的主要做法和经验，如充分发挥政企合作力量、创新体制机制激活市场要素、推动工业遗存保护与利用等，为同类型老工业区更新改造提供参考与借鉴。

关键词： 新首钢 老工业区 更新改造

城市老工业区改造是国家城市更新的重要内容。首钢老工业区位于长安街西延长线上，是大规模、成片区工业遗址改造利用的标杆项目。通过多年

---

* 荀怡，北京市经济社会发展研究院区域发展研究所副所长，高级经济师、副研究员，主要研究方向为区域发展与政策、人口研究等。

的探索与发展，新首钢地区以打造"新时代首都城市复兴新地标"为目标，运用城市织补理念，推动生态、文化、产业、活力的全面复兴，成为全国城区老工业区调整改造的示范，创新形成城市老工业区更新改造的"首钢模式"，即通过高位协调推动政府和市场共同参与的多元合作模式，坚持保护和利用、当下和长远相结合的可持续发展模式。国际奥委会主席巴赫先生称赞首钢园区"是一个惊艳世人的城市规划和更新的范例"。深入总结分析这一模式的主要做法和经验，对于相似地区深入推进老工业区更新改造具有借鉴意义。

一 新首钢更新改造的基本情况

（一）新首钢更新改造的主要背景

首钢始建于 1919 年，至今已有百年历史，是我国最早的近代钢铁企业之一，是中国工业发展史和中国冶铁史的重要代表者。1978 年，首钢是国内八大重点钢铁企业之一，管理 40 个厂，职工 7.1 万人。1994 年，首钢钢产量达到 824 万吨，位列全国第一，实现利润占北京规上工业企业的 54%，实现利税占北京规上工业企业的 28%，[①] 在职职工 26.2 万人。[②]

21 世纪初，我国出现了钢铁产能增长过快的现象，钢铁价格下跌导致企业利润大幅下降，钢铁行业低附加值部分多、高附加值依赖进口的结构性问题逐渐凸显出来，通过创新技术优化行业结构成为钢铁行业改造升级的一个发展方向。与此同时，北京资源环境压力日益增大，尤其是水资源超载和空气污染问题，已经影响到城市可持续发展，城市产业发展重点开始逐渐转向绿色、科技、服务等产业。在此背景下，高耗水、高耗能、高污染的首钢发展面临重大挑战，首钢走上搬迁和改造升级的道路。

---

① 王文婧：《改革大潮中的首钢深度》，https：//www.sohu.com/a/272302763_ 754864。

② 《九年妥善安置富余职工十一万》，https：//news.sina.com.cn/c/2003－09－23/2016806224s.shtml。

2003 年 8 月，首钢第一次提出在曹妃甸建设大型钢铁基地。2005 年 2 月 18 日，国家发展和改革委批复同意首钢减产、搬迁、结构调整和环境治理方案，炼铁厂 5 号高炉于 6 月 30 日上午 8 时正式熄火，首钢北京地区涉钢系统压产、搬迁的正式启动，标志着首钢将正式迁至新家曹妃甸。2010 年，首钢主厂区全面停产，新首钢地区进入全面更新改造阶段，北区建设首先开始。

（二）新首钢更新改造的主要历程

全面停产后，面对土地资源利用、环境污染治理、工业遗存保护、员工就业安置、转型发展动力等问题，新首钢地区开始探索老工业区转型发展的路径。以重点事件为标志，新首钢的更新改造历程可以划分为三个主要阶段。

1. 统筹规划、政策推动，首钢老工业区改造的启动阶段（2010~2015年）

围绕首钢老工业区全面转型发展的任务，北京市强化政府引导，统筹规划，由市领导牵头搭建政府、企业共同参与的"首钢规划设计与实施管理协作平台"，邀请城市规划领域领军人才组建高标准设计团队，以保护工业遗产、完善城市功能、统筹区域发展为重心，对新首钢地区总体发展战略、空间用地、建筑风格、环境保护、基础设施等方面都进行了系统、详细规划。同时，强化政策推动，在北京市"十二五"规划纲要中首次提出建立新首钢高端产业综合服务区，并将其定位为四个功能新区之一，配套出台了一系列文件，从供地、审批和资金筹措等方面破解了新首钢更新改造难题，为新首钢地区更新改造工程的落实打下坚实的基础。

2. 冬奥赋能、率先引领，首钢老工业区改造的施工阶段（2016~2017年）

2016 年，北京 2022 年冬奥组委正式入驻首钢园北区，为新首钢发展注入了奥运元素，加快推动了城市更新步伐，随即，冬奥滑雪大跳台、国家冬训中心等项目落户首钢园北区，首钢园北区成为新首钢地区先期启动区域。2017 年首钢园北区控制性详细规划正式批复，标志着首钢老工业区转型发展进入更新改造的施工阶段。借助冬奥会筹备建设契机，以批复的北区详细规划为统领，首钢园三高炉、中央绿轴、脱硫车间、二型材改造等项目的规划设计和建设工作逐步展开，配套的市政、交通和环境治理项目陆续启动。值得关注的是，优秀的规划使得新首钢在改造初期就自带"光环"，首钢园北区控制性详细规划成功入选英国皇家规划学会"2017 国际卓越规划奖"，获得国际绿色建筑大会"2017 年绿色建筑先锋大奖"、住建部"2017 年中国人居环境奖"、"2017 年度全国优秀城乡规划设计奖（城市规划）一等奖"、"2018 国际城市与区域规划奖"。结合规划落实实践，又获得"2019年环保建筑大奖研究及规划类别优异奖"，"一张蓝图"整体谋划首钢老工业区转型模式，推动新首钢逐步建设成为老工业区全面复兴和城市更新发展的国际典范。事实上第一轮行动计划的一个重要内容就是高标准建设冬奥会场馆及配套设施，其中很多重点项目的确定都在这个阶段。

3. 靶向定位，活动助力，首钢老工业区改造的复"新"阶段（2018年至今）

2018 年，时任北京市委书记蔡奇同志在新首钢地区规划建设情况进行调研时，首次提出要将新首钢地区打造为新时代首都城市复兴的新地标，高位统筹新首钢地区发展定位，使得新首钢地区发展有了新标靶，标志着新首钢建设进入了复"新"阶段。市级层面连续出台两个"行动计划"，① 接续推进，将新首钢地区更新改造任务落到实处，目前新首钢北区主体功能区建设基本完成。同时，以紧抓筹办 2022 年北京冬奥会冬残奥会重大机遇，推动中国科幻大会、中国（北京）国际服务贸易交易会、电竞创新发展大会等重大活动落地新首钢，提升区域影响力，以活动带动产业发展、引领消费、提升活力，不断促进新首钢地区发展升级，为区域转型发展注入新动能。2022 年冬奥会成功举办后，用好冬奥遗产，推动新首钢产业高质量发展成为现阶段新首钢发展的重要内容。

---

① 分别为《加快新首钢高端产业综合服务区发展建设打造新时代首都城市复兴新地标行动计划（2019—2021 年）》和《深入打造新时代首都城市复兴新地标 加快推动京西地区转型发展行动计划（2022—2025 年）》。

二　新首钢更新改造的主要做法及成效

（一）主要做法

新首钢地区在更新改造中充分发挥了政府、企业的力量，并通过体制机制创新，激活了土地、资金等要素，在实现工业遗存有效保护的前提下，以资源的活化利用为重点，推动了新首钢地区城市活力的不断提升。

1. 政府发挥牵头与核心作用，多方参与共同推进

围绕首钢老工业区全面转型发展的任务，形成市级统筹领导，区企合作推进，各部门联动支持的协同治理体系。一是成立了由市领导牵头，24个市级部门、3区（石景山、门头沟、丰台区）及首钢集团共同组成的建设领导小组，随着工作推进，领导小组成员单位逐步增至32家。二是高标准制定规划，组建了由徐匡迪、吴良镛、程泰宁等多位专家院士领衔，国内外高水平设计研究团队共同参与的规划团队，围绕深化空间框架、促进生态发展、塑造风貌特色、提升智慧水平、加强基础设施精细化和人本化、加强地上地下空间一体化利用等，完成了战略研究、控规，以及绿色生态、城市设计导则、建筑风貌、地下空间、市政、交通等数十项专项规划和研究成果，奠定了新首钢地区更新改造的基础。三是市区两级政府和首钢集团协同配合，不断完善新首钢及其周边的市政基础设施配套，包括打造"五横五纵"的区域主干路网，[①] 推动教育、医疗等公共服务的全面覆盖，有效提升了新首钢北区产业和人口承载能力。四是充分激发企业活力，由首钢集团负责实施园区产业招商和运营服务，鼓励多元市场主体参与推进首钢老工业区土地开发再利用。

2. 明晰园区产业发展定位，活动引领项目落地

新首钢地区在更新改造和推动转型发展之初，就提出要重点聚焦"体

---

① "五横五纵"："五横"是指阜石路、石龙路、长安街西延、锅炉厂南路、莲石东路；"五纵"是指六环路、北辛安路、古城大街、体育场西街、五环路。

育+""科技+"，初步明确了冰雪、潮流、互联网3.0、电竞、科幻、人工智能、航空航天等产业方向与布局，培育数字智能、科技服务等新兴产业和工业旅游等业态，严格企业准入门槛，有效保障了入园企业的质量和水平。一是在冬奥项目的引领下，发展"体育+"产业，新首钢北区相继与腾讯演播厅、冬奥云转播中心、当红齐天幻真乐园、全民畅读艺术书店、亚太文融、"墨甲"音乐机器人、泰山体育、美团无人超市等10余个新项目完成签约。2017年，国家体育总局支持新首钢地区建设国家体育产业示范区。二是依托中国科幻大会主会场优势发展"科技+"产业，积极打造"三中心、一平台"（科幻国际交流中心、科幻技术赋能中心、科幻消费体验中心、科幻公共服务平台），推动建设科幻产业集聚区。依托电子竞技产业品牌中心建设和国际电竞创新发展大会承办，在1号高炉打造全球首家大型VR"幻真乐园"，培育炫酷的沉浸式剧场、VR电竞、智能体育等新消费、新业态，探索VR线下娱乐新模式，为产业优化升级注入新鲜动力。

3. 兼顾文物保护与利用，市场机制挖掘文化价值

从规划到项目落地，新首钢地区的更新改造始终将工业遗产保护与利用放在突出位置，并借助新首钢地区独特的工业文化，发展文创产业，挖掘文化价值。一是遵循"创新、修补、活力、生态"规划理念，徐匡迪、吴良镛等院士对首钢园区的改造提出了"保留工业素颜值、织补提升棕颜值、生态建设绿颜值"的创新理念以及"织补城市""海绵城市"等美好设想。二是融入"织补"、生态等理念，最大限度地循环利用首钢老工业区保存的建筑材料和建筑物，如首钢3号高炉仅用两年时间完成30余万平方米除锈和2000余吨构件更换，成为展示高炉炼铁工艺流程的工业博物馆，集企业新品发布、大型展览展示交流于一体的国内外新品首发平台。三是注重拓展绿色空间，推进生态修复，能源消费达到100%清洁化，新建建筑达到绿色建筑的标准，还规划建设了永定河生态带、工业景观休闲带，打造北京冬季奥林匹克公园、北京市首条全封闭马拉松路线以及新建改造绿地公园等。四是积极引入市场机制，挖掘工业文化内涵，打造首钢特色文创，比如积极引入香格里拉等市场化企业和机构，推动西十冬奥广场等项目改造，建设首钢

工业博物馆、发展新首钢地区工业旅游。冬奥会期间，还将冬奥文化融入首钢的工业文化中，利用废旧工业场地建设冬奥项目训练基地、打造"工业+体育"的主题景观、开展冰雪产业论坛等交流，从而形成工业与体育结合的品牌和 IP。

4. 创新土地、资金等要素投入机制，提升改造效率

为了深入推进新首钢地区更新改造和转型发展，国家和市区两级政府积极发挥政策引领作用，陆续出台了多项支持性政策，不仅将首钢纳入全国老工业基地调整改造规划，还从重点产业的培育到老旧厂房改造利用、用地、人才、金融等方面给予了大力支持，简化、压缩、创新工程建设项目和老旧建筑改造项目的审批手续、时间和模式，保障了冬奥会的成功举办，推动了京西地区产业转型的有序推进。尤其是 2014 年出台的《关于推进首钢老工业区改造调整和建设发展的意见》，创新性提出采取土地协议出让等灵活供地方式，对土地收益资金实行专项返还政策，对新首钢地区盘活土地资源、保障市政基础设施等开发建设起到了重要的推动作用。建立首钢基金，通过数字化、投融资方式和金融产品改革，在一定程度上缓解了中小企业"融资难""融资贵"困境，为市场提供多样化的服务，丰富了金融产品的类型，推动园区产业的数字化转型和园区金融的创新发展。

（二）主要成效

通过创造性地采取整体有机更新的方式，新首钢北区聚焦生态、文化、产业、活力复兴，植入奥运体育元素和文化创意功能，最大限度地推进老工业用地盘活和工业遗存保护利用，推动新型城市空间构建，初步形成了具有鲜明工业特色的城市发展机理，老工业区改造的基础条件已经具备，为推动区域转型发展奠定了良好的基础。

1. 园区面貌美化提升

通过改造利用老旧城区和工业建筑以及建设基础设施，新首钢北区使现有的存量空间资源实现效率最大化，从多个角度拓展了园区发展空间，提升了园区承载能力。在更新改造过程中，新首钢运用拓展绿色空间、使用清洁

能源和绿色建筑、改造污染厂等方式修复城市环境，将原有的、保存良好的工业建筑和设施重新改造利用，改善了园区的生态环境，修复了山体水系，争取恢复原有的绿水青山，建设"生态园区"，有效改善了园区面貌。站在新首钢大桥向北望去，滑雪大跳台、炼钢高炉和现代化办公区相得益彰，群明湖、秀池、石景山山水相间分布，一座融合时尚、科技、首钢情怀的新地标竖立在眼前。

2. 工业遗存循环利用

深入挖掘首钢老工业区的历史、艺术、文化资源，通过建设工业博物馆、开展科普展览、发展工业旅游等方式，将工业遗存保护与利用结合起来，挖掘工业文化价值。利用架空工业管廊及通廊系统改造形成空中步道，构建"地下-地面-空中"三级立体慢行系统，展现工业遗存景观价值。培育文化创意产业，发展新兴特色服务业，增强了工业遗存利用的经济价值。值得一提的是，2022年北京冬奥会的成功举办为首钢加快了工业遗存循环使用的速度，使园区的存量空间发挥作用，首钢滑雪大跳台已经成为北京冬奥会标志性景观地点和休闲健身活动场地。利用好冬奥IP，将融入首钢特色的冬奥商业打造成首钢名片，提升新首钢地区的美誉度。

3. 产业发展初具成效

以科技创新为核心，走创新驱动发展道路，培育和壮大特色产业体系，实现产业在科技、文化、经济、金融等领域的创新和转型升级。截至2023年6月底，[①] 新首钢园共有在园企业270家左右，注册资本约400亿元，其中科技类企业占比70%以上，专精特新和国家高新企业20余家；在园企业人数近4000人，重点产业类企业研发费用支出合计约3.9亿元，研发人员占比67%，拥有专利授权195项，其中发明专利33项。中国科幻大会等重大活动以及中国科幻研究中心、腾讯体育、红盾大数据、全民畅读、百盛中国等110余家实体落户新首钢北区，"墨甲"音乐机器人互动体验等14家全国品牌首店完成签约。

---

① 数据参考《2022首钢园产业发展报告》。

4. 园区活力不断增强

以冬奥会、科幻大会、服贸会等重大活动为依托，高端标志性要素不断聚集，新首钢地区已经开始从"工业锈带"向"生活秀带"加速蝶变。循环利用老厂区并转变其功能，形成了集餐饮、酒店、零售、展览、体验等多元于一体的特色消费生态。据统计，自 2020 年 5 月北区向社会开放以来，累计入园客流量达 1100 万人次。[①] 其中，2023 年"五一"假期，新首钢北区累计入园人数达 12.2 万人，同比增长 40%；累计消费额达 1697 万元，同比增长约 8.9 倍。[②] 冬奥会后，新首钢园区率先向公众开放了滑雪大跳台，吸引了一系列科技文化体育活动，仅 2023 年上半年就举办各类展览活动 168 场，[③] 区域热度和活力都在不断提升。

三 新首钢更新改造经验总结和发展建议

（一）值得借鉴的经验

新首钢地区的更新改造，在创新体制机制方面为同类老工业区的更新改造探索出了一些经验，主要归纳为四点。

1. 高位协调、统筹规划

从市级层面高位统筹新首钢地区的更新改造，以优秀的规划为蓝图，建立多部门协调推进机制，是新首钢地区城市更新顺利推进的重要保障。一是通过协调各方力量对区域进行科学研究，高标准制定规划，将规划作为园区更新改造的重要依据，接续推进各项更新改造任务，实现"一张蓝图绘到底"。二是充分发挥政府统筹资源的主体作用，增强了新首钢地区基础设

---

① 首钢建投：《央视〈新闻联播〉：首钢园已经成为集文化、体育、科创为一体的新地标》，首钢园微信公众号，2023 年 8 月 2 日。

② 《消费增长 8.9 倍，游客 12 万+！这个"五一"首钢园真是太美太火了!》，https://baijiahao.baidu.com/s? id=1764876931160493471&wfr=spider&for=pc。

③ 首钢建投：《央视〈新闻联播〉：首钢园已经成为集文化、体育、科创为一体的新地标》，首钢园微信公众号，2023 年 8 月 2 日。

施、公共服务供给能力。三是以新首钢地区为试点，创新关键要素流动机制，推动形成政府与企业共同推动城市更新的有利局面。

2. 共同参与、同步建设

在强化政府统筹的同时，新首钢地区的更新改造注重发挥企业力量，形成了政府强保障、企业增效率的开发模式。一是明确首钢集团作为一级开发单位，负责整个新首钢地区内各项更新改造任务的具体实施。二是通过创新土地再利用和投融资机制、建立市场化招商队伍等方式，积极引入多元市场主体共同参与新首钢地区的更新改造，在首钢园区内形成了多元素融合的产业类型，尤其是在园区产业发展方面，政府吸引社会资本共同出资成立产业投资基金——首钢基金，推动新首钢地区更新改造软、硬件的同步建设。

3. 保护利用、高度统一

工业遗存保护与利用相统一，既是老工业区更新改造的重要原则，也是主要目的之一。新首钢地区更新改造中着力推动生态、文化、活力复兴，一是在规划之初就注重园区内工业遗存保护与利用的高度统一，"织补"、绿色等理念融入各类项目，最大限度地循环利用老工业区保存的建筑材料和建筑物，也尽量避免污染环境。二是深度挖掘首钢工业遗存的文化内涵，以博物馆、工业展览馆、文创产品等多种形式增强区域活力，提升文化内涵，尤其是注重冬奥文化与工业文化相结合，提升美名度和知名度。

4. 关注长远、宁缺毋滥

新首钢地区的更新改造不仅仅是园区面貌的焕然一新，还立足长远，注重发挥服贸会、科幻大会、冬奥会等重大活动的带动作用，顺应数字化和科技潮流，积极培育壮大新兴产业，强化入园企业准入门槛，严把准入关，为区域未来持续健康发展、实现产业提质升级预留空间。

（二）进一步发展的建议

尽管新首钢地区的更新改造取得了一定的成绩，但总的来看，仍然处于产业转型发展的初期，需要依托现有的资源禀赋和发展优势，不断探索、久久为功，为产业复兴赋能增值，持续推动新首钢地区转型升级。

一是利用后发优势，积极建设绿色数字园区。紧跟5G、物联网等新兴科技发展走势，与科幻、VR、新媒体等典型企业合作，推动新首钢地区实现全域的数字化、智能化，打造具有深度学习能力、全球领先的数字园区。规划建设新首钢地区综合智能化信息服务平台，实现城市基础设施建设数据、地质数据、地理信息系统数据、规划数据等的有效融合。利用科技创新催生出更多新业态、新场景。

二是打造优质高效服务环境，吸引优秀企业和项目落户。搭建园区公共服务平台，围绕人才、资本、信息、技术等要素为企业提供全方位的产业服务。提供园区内一站式政务服务，为园区企业登记注册、税务办理、社保经办等提供便捷服务。加快推进园区产业发展必需的便利店、商业网点的优化布局，满足园区办公人员日常需求。打造国际人才社区，对区域引进的经认定的境外科技类高层次人才给予财政补贴，优先建设新首钢国际人才核心区，构建适合国际人才工作生活的类海外环境，提升园区国际化水平。积极吸引中关村核心区溢出资源，支持有发展潜力的创新型机构、企业落户新首钢地区。加快金安桥区域建设和1号高炉改造，培育区域品牌企业和精品项目。规划建设一批国家重点实验室、工程研究中心、工程实验室，促进科幻、动漫等新兴产业集聚发展。

三是继续深入挖掘老工业区的价值发展文化创意产业，激发消费新活力。借鉴国内外老旧厂房改造的成功案例，按照该保则保、以保定用、以用促保的原则，做好书店、体育、健身、文化休闲等业态布局，通过功能性流转、创意化改造，有效盘活老旧厂房资源，拓展新型城市文化空间。以工业文化、冬奥文化为先导，加快园区时尚消费新业态导入与培育，以消费激发活力。以博物馆、档案馆等形式发挥项目的科普功能，打造一系列主题产品等，通过"工业遗产的叙事"向游客全面展示工业文化。

四是进一步增强交通便捷性，提升园区配套服务水平。利用园区铁路、管廊等遗存，完善铁轨、绿道、空中步道等舒适宜人的慢行交通衔接，在园区内设置内部公共交通工具，加快形成高密度、通达性强、方便快捷的立体化园区交通体系。加快园区内物联网、互联网等信息基础设施建设，推动前沿领先的智慧园区建设。推动公交道路在新首钢园北区周边增设站点，研究开设与金安桥地铁站的接驳交通，增加园区与外部交通联系的通达性。

参考文献

IUD中国政务舆情监测中心：《3年780亿：北京破题首钢老工业区改造》，《领导决策信息》2014年第41期，第18~19页。

刘嘉娜、李南：《工业建筑遗产改造项目公共功能解析及启示——以德国鲁尔区为例》，《产业创新研究》2022年第14期，第43~46页。

任丽梅、李韶辉：《首钢园区变奏曲——国家发展改革委推动首钢园区转型升级服务冬奥纪实》，《中国发展改革报》2022年4月8日，第2版。

石景山区西部建设办：《石景山区"十四五"时期新首钢高端产业综合服务区转型发展规划》，2021-07-02，http：//www.bjsjs.gov.cn/gongkai/zwgkpd/zdly_ 1960/ghjh_ 1962/202107/t20210702_ 40794.shtml。

首钢建投：《央视〈新闻联播〉：首钢园已经成为集文化、体育、科创为一体的新地标》，首钢园微信公众号，2023年8月2日。

王文婧：《改革大潮中的首钢深度》，https：//www.sohu.com/a/272302763_ 754864。

王晓侠：《石景山区助力新首钢地区复兴的途径研究》，《中国工程咨询》2019年第3期，第65~69页。

B.17
京西八大厂更新改造案例研究

张红彩 *

摘　要： 以首钢为代表的京西八大厂在北京市老旧厂房更新改造中占有重要地位，其转型升级发展对北京市乃至全国老旧厂房更新改造都具有十分重要的意义。本报告通过案例研究，总结了京西八大厂更新改造的进展情况，剖析了存在的难点问题，并针对性地提出了下一步更新改造的对策建议。

关键词： 京西八大厂　城市更新　更新改造

京西八大厂指首钢集团有限公司（首钢）、石景山发电总厂（京能热电）、燕山水泥厂、北京锅炉厂（巴威-北锅）、北京北重汽轮电机有限责任公司（北重厂）、北京首钢二通建设投资有限公司（二通厂）、北京首钢特殊钢有限公司（首特钢）、北京西山机械厂等八家企业。其中，二通厂改造为定向安置房，燕山水泥厂已于2010年由北京金隅集团开发建设保障性住房，两厂不纳入本次研究范围。此外，石景山区另有北京金隅加气混凝土有限公司（金隅混凝土）和大唐国际发电股份有限公司北京高井热电厂（大唐电厂）待更新改造，本报告将其纳入研究范围，调整后共八个厂区，在本报告中统称京西八大厂。京西八大厂具有特殊历史地位和现实重要作用，是北京市老旧厂房更新改造的集中承载区，其转型升级对建设京西转型示范区和助力首都新发展具有重大意义。

---

* 张红彩，北京北咨城市规划设计研究院有限公司，正高级经济师，注册城市规划师，主要研究方向为产业经济、城市更新、区域发展规划。

一 京西八大厂历史地位和现实发展作用的再认识

（一）京西八大厂是北京市工业文明的"金名片"

京西八大厂是首都现代工业的发祥地，承载着近现代北京工业发展和城市文明的历史记忆，见证了首都从工业城市向首都新发展的历史转变。其中，百年首钢是中国近现代工业发展的摇篮之一，首特钢是中国重点特殊钢生产企业之一，京能热电被誉为首都的"动力之乡"，北重厂（北重西厂、

图1 京西八大厂布局

说明：本报告所指的京西八大厂，包括首钢、巴威-北锅、北重厂、首特钢、北京西山机械厂、金隅混凝土、京能热电和大唐电厂共八个厂区。

北重东厂）是华北地区乃至全国最重要的电力装备制造企业，巴威-北锅曾是全国锅炉行业和电机行业的龙头企业，大唐电厂新厂区的蒸汽-燃气联合循环机组发电，是目前国内环保设备种类最齐全、环保技术最先进、同类指标最优的绿色环保型电厂，京西八大厂对石景山区以及北京市的经济社会发展作出了历史性贡献。

（二）京西八大厂是北京市存量更新的"主阵地"

京西八大厂建筑面积共 843 万平方米，占地面积 1084 公顷，是北京市老旧厂房占地面积（3227 公顷）的 33.6%、城六区老旧厂房占地面积（1943 公顷）的 55.8%。[①] 可见，京西八大厂转型升级不仅是石景山区城市更新和产业转型发展战略的核心承载区，很大程度上决定着石景山区未来城市发展，也是全市老旧厂房更新改造的主阵地，成为减量形势下实现高质量发展的关键区域，对全市乃至全国的老旧厂房转型升级都具有十分重大的意义。

（三）京西八大厂转型升级经验在全国具有示范意义

一是牢牢把握首都城市战略定位，实施整体性保护开发和有机更新。京西八大厂在更新改造中坚持整体性保护开发和工业文化保护利用的主基调，坚决避免大拆大建，推行以"保"定"建"，创新保护利用方式，跳出"土地收储、分割出让"模式，创造性采取整体性有机更新方式，推动产业结构调整和城市功能精细再造。

二是根据八大厂实际情况和区域发展需求，分类推进更新改造。把首钢作为八大厂更新改造的龙头和核心，率先探索更新改造新模式新路径，示范带动八大厂和京西地区转型升级，目前首钢北区建成面积达 58 万平方米，在更新改造过程中形成了具有全国示范意义的"首钢模式"。在首特钢等厂区通过点状突破，实现以点带面促升级，目前首特钢已完成首特钢科技中

---

① 根据市文促中心调查数据，截至 2019 年 9 月，北京市各区共梳理出老旧厂房资源 774 处，总占地面积约 3227 万平方米；其中，城六区老旧厂房 248 处，面积约 1943 万平方米。http：//www.beijing.gov.cn/ywdt/gzdt/201912/t20191223_1828184.html。

心、中国光大银行金融科技中心等重大项目建设，北重东厂一期工程纳入"北京市利用老旧厂房拓展文化空间"试点。大唐电厂和京能热电则规划为战略留白用地，蓄势未来发展。金隅混凝土也纳入街区控规，规划建设安置房。西山机械厂纳入街区控规，未来将探索军地合作发展模式。

三是灵活采取多种实施方式，鼓励各类主体参与更新改造。坚持统筹发挥政府部门、厂区与市场主体多方力量，对项目采取自主转型、合作开发、招商引资等模式，鼓励多元市场主体参与，实现互利共赢。如在首钢北区实施产业定向合作开发方式，东南区则针对商业、住宅等项目采取土地收储、上市交易方式。

四是推出创新性政策措施，有效缓解更新改造和转型升级难题。例如，在巴威-北锅更新改造中，区企强化合作，通过巴威-北锅与北重西厂联合实施更新改造的方式，平衡了开发成本，实现了区企共赢。又如，在推进首钢更新改造中，按照"原汤化原食"思路创新土地收益专项利用政策，建立股权投资基金和首钢基金，支持发行企业债券，缓解厂区更新改造资金压力；探索规划指标区域统筹弹性实施机制，在落实规划指标的同时，完善了厂区配套功能；优化工业遗存改造审批流程，形成了"企业作承诺、政府强监管、失信有惩戒"的审批流程，为全国老工业区更新改造探索可复制、可推广的经验。

二 京西八大厂转型升级五大难点问题亟待破解

（一）首要根本问题：产业用地指标增加难

在减量背景下，京西八大厂规划产业用地指标较现状大幅缩减，未来产业承载空间相对有限。例如，巴威-北锅的拟由区政府统筹用地和基础教育、城市道路、公园绿地等公共性质用地已占厂区用地面积的62%；金隅混凝土初步明确建设安置房；大唐电厂和京能热电规划为战略留白用地。同时，传统工业厂房建筑形态内部空间高大，开展加层改造仍存在一定约束，且缺少建筑规模指标的支撑。

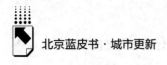

（二）关键核心问题：改造资金平衡难

京西八大厂多为划拨用地，按新的规划批准文件办理用地手续需补缴较大规模的土地出让金，开发压力大。同时，京西八大厂建筑年代较为久远，更新改造实施成本大幅高于新建成本。据了解，首钢园区更新改造项目成本是新建成本的 2~5 倍。另外，后续单一的经营模式也影响了资金回笼。从调研了解看，更新改造形成可经营资产后多用于出租，运营收益低、资金回收期长。

（三）现实迫切问题：更新改造利用难

传统工业厂房多为单体单层、大跨度、高大空间的建筑形态，例如首特钢冷轧厂房最高 47 米，巴威-北锅保留厂房高 18 米，北重东厂内八成以上的厂房高度在 10 米以上，与高精尖产业和现代服务业的空间需求不适配。同时，更新改造是基于存量建筑的再利用，按照现有规范和技术标准进行审批，建筑间距、消防布局等难以满足规划要求，审批手续涉及部门更多、流程更长，办理难度相对更大。

（四）长远发展问题：产业资源引进难

京西八大厂在转型升级方面缺乏明确的产业定位和发展方向，各厂区"一对一"自行招商，产业同质性强，关联性小，缺乏统筹。厂区与中关村石景山园区在产业资源导入、错位互补发展尚未实现协同，产业统筹机制和联动发展效应尚未形成，区域产业生态还需进一步完善。同时，老旧厂房存在的更新改造成本高、证件办理不齐全等问题，加大了优质企业的引进难度，已落地有实力的头部企业偏少，高精尖产业项目不多，尚未形成具有核心竞争优势的产业集聚区。

（五）体制机制问题：融入区域发展难

当前各厂区仍由企业自主管理，城市管理体系尚未有效覆盖园区，亟待由"厂区""园区"向"社区""街区"转变，由单一主体管理向区企协同治理转变，交通、安全、市政等专业管理职责边界需进一步厘清。同时，大部分厂区基础设施较薄弱，公共服务设施配套不足，厂区现状设施与街区规划建设标准不一致，影响了厂区与街区融合进度。

三　新时期推动京西八大厂转型升级的总体思路

（一）从"首都新发展格局"中找准转型升级发展定位

坚持把京西八大厂转型升级发展定位融入首都新发展格局中，融入京西地区总体发展布局中。结合首都新发展格局带来的战略机遇，京西八大厂整体发展定位为：新时代承载首都城市更新的创新发展新高地和活力复兴新地标。其中，创新发展新高地主要落实首都新发展格局和"五子联动"中的科技创新、数字经济、"两区"建设的部分功能，围绕技术创新和高端智造培育新业态，实现原重工业区转型升级和换道超车；活力复兴新地标主要落实"以供给侧结构性改革创造新需求"中增加优质服务供给的部分功能。

（二）从带动京西转型示范区整体发展中树立发展目标

按照分步实施、有序推进原则，分阶段提出未来发展目标。近期重点是实现首钢和重点厂区的复兴，中期是实现京西八大厂的整体复兴，远期通过八大厂整体复兴带动石景山区和京西地区实现全面复兴。近期到 2025 年，新首钢地区文化复兴、产业复兴、生态复兴、活力复兴取得重大成果，国际文化、体育交流等功能显著增强，首钢园区总收入力争实现 400 亿元。中远期到 2035 年，新首钢地区建成具有全球示范意义的城市复兴新地标，京西八大厂建成具有全国示范意义的复兴新标杆，通过京西八大厂复兴带动，京西地区全面提升在全市发展格局中的影响力，成为首都功能新载体、产业转型新典范、城市治理新标杆、绿色生态新画卷。

（三）从城市更新和产业转型两大战略中明确发展重点

探索形成老旧厂房改造等城市更新路径，坚持规划引领、有序推进，按规划确定土地用途，统筹存量资源配置，优化功能布局，实现空间品质整体提升、产业经济稳步发展、土地效率显著提升，推动城市的可持续发展。同时，京西八大厂产业转型是更新改造的重中之重。从北京市全市重大产业要素布局看，北部着力打造研发创新带，东部和南部打造创新型产业集群与先进智造产业带，京西八大厂可结合全市创新发展布局，瞄准培育孵化和创新转化环节，搭建重大科技创新成果转化平台，打通北京技术研发供给、转移扩散和商业化的链条，助力形成"北部研发-西部孵化转化-东南部产业化"的创新发展格局。

（四）从协同联动和"一厂一策"中落实转型升级路径

把京西八大厂转型升级作为一个整体进行统筹，突出"一盘棋"的发展思维，注重京西八大厂和京西地区的系统性和整体性，将其纳入京西地区整体发展布局，这将形成带动京西地区整体复兴的新发展极和活力中心。在八大厂协同发展前提下，坚持各厂区差异化、特色化、品质化发展，实施"一厂一策""一厂一方案"策略。其中，推进首钢园区围绕"体育+""科技+"，打造新时代首都城市复兴新地标；推进首特钢厂区形成以金融科技和科技服务为特色的创新活力社区；推进巴威-北锅厂区形成以航天科工资源为依托的特色园区；推进北重东厂以数字科技和智能制造为核心，发展新型产业培育区；推进金隅混凝土加快实施安置房项目，促进区域职住平衡；推进大唐电厂前瞻谋划科技和体育产业、西山机械厂构建"智能制造+军工"产业生态圈。

四 京西八大厂转型升级的创新政策措施建议

（一）创新指标配置利用方式，保障八大厂发展空间

一是加大建筑规模指标支持。支持京西八大厂适当增加建筑规模指标，

结合"可配建不超过地上总建筑规模 15%的配套服务设施"政策，探索在市级层面统筹给予支持。同时，探索"内部加层不计容或少计容"的措施，切实提高土地的集约利用水平。二是加强建筑规模指标统筹。在符合分区规划确定的规模总量、布局结构、管控边界下，加大对京西八大厂及其周边区域建筑规模统筹力度，优化指标配置。探索开展建筑规模指标的市场化转移路径，鼓励企业集团主分厂区、母子公司在全市范围内统筹利用，实现建筑总规模的动态平衡和减量发展。

（二）加大投融资政策支持，鼓励多元合作更新模式

一是争取开展老旧厂房城市更新试点。结合北京城市更新条例，积极争取在京西地区开展老旧厂房城市更新试点，积极争取城市更新基金支持，助推京西八大厂转型升级。二是创新供地方式。支持京西八大厂权属用地按照新规划用途采取协议出让方式供地。探索国有资本参与城市更新路径，推进"金转股"，对京西八大厂在土地变性转型利用时需一次性补缴的土地出让金，作为国有平台公司的股权参与老旧厂房更新改造，降低厂区更新改造投入。三是扩大政策使用范围。将中关村科技园相关政策向京西八大厂覆盖，并适时推动部分厂区纳入中关村科技园区石景山园。借鉴首钢园区经验做法，探索将土地收益返还、市区经济贡献共享机制等推广复制到其他厂区。四是拓展资金来源。鼓励以老旧厂房所有权、租赁权和运营权为标的，以租金及运营收益为基础，通过资产证券化等方式进行融资。

（三）推进审批模式创新，用好用足老旧厂房空间资源

一是优化老旧厂房更新改造审批流程。分类深化老旧厂房更新改造审批内容，进一步细化立项、规划、施工许可、竣工验收、产权办理全周期审批流程，使各部门无缝衔接，提升审批效率。二是完善老旧厂房城市更新审批标准。针对老旧厂房城市更新中建筑密度、建筑退界、结构消防、绿地率、日照间距、停车位等无法达到现行标准和规范的，尊重历史、立足现状，创新审批标准推动改造项目落地。三是创新历史遗留建筑物更新改造审批方

式。梳理现有历史遗留建筑物基础数据，建立老旧厂房再利用台账，确定无证建筑物评定要素，加快证件办理。总结首钢园区工业构筑物审批经验，推广到京西八大厂地区，完善审批流程。

（四）积极引进高端产业资源，大力发展高精尖产业

一是加强统筹协调。科学谋划京西八大厂产业定位和发展方向，促进区企在产业布局、空间载体释放等方面强化统筹，促进产业链互补延伸，协同发展。推动各厂区在厂房空间资源信息发布、政策指南、招商引资等方面，建立健全信息资源共享平台，加强跨厂区资源整合。二是推动发展高端制造业。传承京西八大厂生产制造基因，谋划一批智能制造车间、创新工厂等项目，打造小试、中试基地，提升产业发展能级。三是丰富投资运营方式。探索引入优质企业参与运营管理，提高专业化运营能力和优质资源链接能力。引导厂区通过资产入股、增资扩股、股权基金等方式，参与入驻企业新业态、新技术、新项目培育，拓展增值服务收入渠道。

（五）创新厂区治理模式，稳步推动厂区向街区转变

一是优化治理方式。兼顾管理便捷与历史传统，分类、分步推进厂区治理，当前重点探索将首钢园区、首特钢统一纳入街区管理，其他厂区结合规划建设情况逐步推行园区化管理或设立管理服务点。二是加快配套设施建设。结合街区控规厂区和规划实施方案，完善厂区内部市政路网，拓展优化停车空间，做好设施的移交，推进封闭厂区逐步打开。补齐休闲广场、公园绿地等开放空间短板，强化文体类、文创类、娱乐类、休闲类、购物类等项目配套，合理布局餐饮、零售等商业设施，提升区域发展品质和活力。

参考文献

北京市人民代表大会常务委员会：《北京市城市更新条例》（北京市人民代表大会常

务委员会公告〔十五届〕第 88 号），2022-11-25，https：//www. beijing. gov. cn/zhengce/dfxfg。

北京市规划和自然资源委员会等：《关于开展老旧厂房更新改造工作的意见》（京规自发〔2021〕139 号），2021-04-21，http：//ghzrzyw. beijing. gov. cn/zhengwuxinxi/zcfg。

北京市经济和信息化局：《关于促进北京老旧厂房更新利用的若干措施》（京经信发〔2022〕68 号），2022-08-26，https：//www. beijing. gov. cn/zhengce/zhengcefagui。

B.18
北京市大红门商贸城改造更新案例研究

刘 晨*

摘 要： 大红门商贸城更新项目是北京疏解整治促提升的标志性项目，也是以城市更新带动城南地区产业转型升级的代表性项目。在疏解腾退原有服装批发功能后，项目锚定"文化、科技、国际商务"三大重点产业方向，通过加强统筹战略谋划、优化楼宇空间设计、完善产业服务链条等方式提高项目的产业吸引力和支撑力，并创新性地采取市区政企联动合作、灵活土地供应、严控入驻企业质量等方式促进优质产业资源的集聚，推动实现大红门商贸城向南中轴国际文化科技园加速转型。

关键词： 大红门 城市更新 产业升级

大红门地区曾为北京乃至华北最大服装批发交易中心，在推进新时代首都发展、加快构建北京现代化产业体系的大背景下，以传统服装批发为主业的大红门地区难以满足首都高质量发展提出的新形势、新要求，腾退低效空间亟待改造升级。大红门服装商贸城是大红门地区规模最大、最具代表性的商贸城，其建筑面积超过了相邻几家商贸城的总和，鼎盛时期市场经营商户7000多家，日客流量10万人次，日货物吞吐量千余吨，交易业务量领跑整个大红门地区。因此，大红门商贸城的更新改造将成为破解大红门地区"腾笼换鸟"难题的标志性项目，对于大红门及类似地区借助更新改造契机实现产业升级、激发创新发展活力具有重要示范意义。

---

* 刘晨，北京市经济社会发展研究院城市治理研究所助理研究员，主要研究方向为城市治理、产业政策、文化产业。

一　基本概况

（一）项目背景

大红门商贸城更新项目是落实北京非首都功能疏解、促进城南地区产业转型升级的代表性项目。大红门地区曾为北京乃至华北最大服装批发交易中心，也是北京同类市场中业态最集中、体量最大的服装纺织品集散地。20世纪80年代，来自浙江温州地区从事服装批发的个体工商户自发在此集聚，经过20余年的发展，形成了以大红门地区为中心，集仓储运输、布料辅料批发、服装生产加工、服装内外贸于一体的完整的服装产业链条。1998年，大红门服装商贸城正式开业，4期工程共占地35万平方米，档口多达8000多个，周边集聚了新世纪服装大厦、天雅女装大厦等一众商贸城，共同构成北方最大的服装批发集散地，2014年该地区已有纺织品批发市场39家，商铺超过2.8万家，直接从业人员约8万人，年交易规模约500亿元。

随着大红门地区服装产业中心的发展与扩张，其发展短板也日益显现。一方面，区域产业业态与首都功能定位不相符，产业发展带动能力不强，80%以上商户主营业务为附加值较低的传统服装批发，市场总体批零比例约7：3，产业组织"小、散、低、弱"特点较为突出，属地国有和集体企业均以租赁为主要收入途径，产业发展能力不足，地均税收仅约4.9亿元每平方公里，[①] 较中关村丰台园18.6亿元每平方公里的地均税收水平[②]差距明显，产业发展效率亟待提升。另一方面，区域基础设施、公共服务缺口较大，医疗、教育等资源严重不足，日均2000多吨的货物吞吐量也对街区的交通、消防、治安和管理带来巨大压力。面对当前首都经济社会发展的新形

---

① 赵颖莹：《大红门地区疏解整治促提升的实践与成效》，《北京党史》2019年第2期，第60~62页。

② 根据《北京区域统计年鉴（2022）》有关数据测算得出。

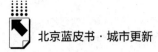

势、新要求，大红门地区传统产业亟待升级，对于地区产业发展的带动作用亟待进一步激发。

（二）项目概况

为推进大红门商贸城更新改造、实现区域产业升级，北京市积极推动大红门商贸城转型升级，打造南中轴国际文化科技园。该项目是北京市"三个一百"重点工程项目，位于北京市丰台区大红门街道，地处南中轴延长线上、南三环至南四环之间，北至丰海南街，东侧紧邻南中轴路，南侧为凉水河。项目占地面积约5.39万平方米，总投资约5.6亿元。项目实施主体为南中轴（北京）国际文化科技发展有限公司，拟以"不突破地上规划建筑面积"为原则对大红门服装商贸城进行装修改造，统筹拆除地上加建面积约为3.57万平方米，确保整体装修改造完成后，保留的地上建筑面积13.57平方米。园区分两期进行更新改造，其中项目一期（西楼）建筑面积约7.4万平方米，二期（东楼、北楼、中楼、南1楼、南2楼）建筑面积约12.1万平方米。

（三）改造历程

1.腾退：疏解传统服装批发业态腾退产业空间

2014年，北京市疏解非首都核心功能工作全面启动。按照北京市委市政府"规划好南中轴地区，疏解非首都功能，立足高精尖定位，研究盘活腾退空间，防止传统业态回潮"的要求，丰台区政府启动大红门地区市场和商户的疏解腾退工作。市委市政府高度重视，时任北京市委书记蔡奇在2020年11月及2021年7月两次调研大红门地区疏解腾退进展并作出重要指示，丰台区委、区政府主要负责同志多次组织现场办公，并组建疏解现场服务小组，通过座谈、会商等多种方式与企业和商户沟通协调，同时丰台区与石家庄、廊坊、高碑店等地积极对接，签订战略合作协议，打通疏解与承接渠道。

在多种措施的推动下，大红门地区的疏解腾退高效有序推进，截至

2015 年，大红门地区已有约 3000 家商户迁出。[①] 2021 年 10 月 31 日，大红门服装商贸城在"疏整促"专项行动的推动下彻底关停，疏解商户 9360余户。[②]

2. 谋划："市属国企+区属国企"联合设计转型方案

2021 年 7 月，时任北京市委书记蔡奇在调研大红门地区时提出，要"充分发挥中关村发展集团作用，引入科技企业总部，打造未来产业科技园"，为大红门地区改造提升奠定总基调、指明总路线。作为大红门地区最具代表性的腾退空间，大红门商贸城的改造提升也正式提上日程。2021 年 7月 31 日，按照北京市委市政府的决策部署，丰台区与中关村发展集团签署合作协议，共同成立南中轴（北京）国际文化科技发展有限公司，盘活存量，做优增量，落实减量，协力打造"南中轴国际文化科技园"，大红门商贸城更新项目正式启动。作为大红门商贸城更新项目实施单位，南中轴（北京）国际文化科技发展有限公司在成立后立刻开展项目方案的谋划设计，2021 年底形成《大红门地区转型升级综合实施方案》（以下简称《实施方案》），大红门商贸城改造思路基本成形。

3. 实施：项目建设与招商运营同步推进

《实施方案》成形后，项目单位与政府部门密切配合，加快推进项目实施落地。2022 年 3 月，《实施方案》通过丰台区政府审议，项目在丰台区成功立项；4 月，项目实施方案获得市政府批复；9 月，大红门商贸城更新改造正式开工建设。为强化产业发展对于城市更新项目建设的带动作用，南中轴国际文化科技园采取"边建设边招商"的策略，项目一期于 2022 年 12月 30 日率先开园，1300 平方米的数智创新中心正式启用；项目二期于 2023年第二季度开工建设，2023 年底基本完工，并于 12 月 28 日实现园区全面开园。

---

① 刘海静：《非首都功能疏解视角下的北京大红门地区服装批发产业转移及回流问题研究》，《北京规划建设》2018 年第 6 期，第 28~33 页。

② 吴晨、佟磊、段昌莉、曾铎：《北京南中轴城市复兴旗舰：首都商务新区大红门服装商贸城更新改造》，《北京规划建设》2022 年第 5 期，第 188~193 页。

二 主要做法

（一）战略谋划：多元协同联动，形成发展合力

一是战略规划叠加产业趋势，精准定位产业方向。考虑到项目定位是城市更新项目能否成功的决定性条件，南中轴国际科技文化园项目采取"产业规划政策+产业升级趋势"的综合性策略，在产业布局方面进行了精心设计。一方面，项目紧密贴合市区两级规划政策，结合《北京城市总体规划（2016年—2035年）》等市级政策规划文件对于全市产业空间布局的战略部署和市领导对大红门地区转型发展的要求，以及《丰台区"十四五"规划》赋予大红门地区建设"中轴文化区"的重要任务，锚定"文化"这一产业着力点；另一方面，项目结合文化产业数字化的时代变革，进一步聚焦最具发展前景的产业竞争细分赛道，研究形成了"文化、科技、国际商务"三大重点产业方向，重点发展元宇宙（新一代互联网技术）、"数字+文化"、国际商务三大产业。这一产业发展思路与项目区位优势、产业发展态势高度契合，为带动南中轴地区转型升级、打造区域产业发展新增长极提供了重要支点。

二是集中连片开发，提升产业发展聚合力。为提升改造效果，更好发挥项目对于片区发展的带动作用，大红门商贸城在改造时将聚焦点由"地块"向"片区"转换，积极融入片区整体发展。南中轴国际文化科技园位于南中轴"礼轴"和"凉水河生态景观带"交汇的重要节点，在外立面设计、空间功能设计等方面与大红门会展中心、博物馆群等重要文化地标遥相呼应，同时引绿借景形成"C形围合"形态，精妙融入整体区域发展格局，"以点带面"撬动大红门地区发展。为提升片区产业发展整体效能，项目还与天雅女装大厦、福海国际大厦等周边楼宇在产业定位等方面协同联动，围绕"科技、文化、商务"产业定位共同打造高端商务空间和体验式城市商业综合体，擦亮片区产业名片，提高产业集聚效应，助力实现区域产业升级

和品质提升。

三是拓展公共空间，提升区域发展效能。为更好融入区域发展，项目建设方案注重体现绿色设计理念和公共服务属性，在不改变规划用地性质、不增加建筑面积的基础上进行提升改造。项目与凉水河生态景观进行一体化设计，致力于打造通透活力、立体丰富的凉水河建筑风格，营造绿色共享生态，并嵌入公共服务功能，为周边居民提供图书馆、健身房、户外广场及充电桩等配套设施，拓展公共空间功能，带动周边区域品质和活力提升。

（二）空间设计：紧扣产业发展，着力优化功能结构

一是紧密贴合产业发展需求，探索空间柔性定制。考虑到园区主导产业——数字文化产业是一项新兴产业，具有业内中小企业、创意类设计类企业众多的特点，项目结合数字文化产业发展特征，对既有空间进行定制化改造，为初创企业、小型企业客群提供灵活办公空间，为多媒体、时装、模型等设计类客群提供独立的小面积工作室，并为各类企业预留定制化改造办公空间，提高办公空间供需匹配度。同时，考虑到创意类产业对于创意分享、交流讨论的需求较高，项目量身设计了"绿色共享交融核"，为高密度交流提供公共空间。项目在标准层中插入中庭设计，不仅解决了空间的采光通风和使用问题，也为企业创造了吸引、相遇、观察和参与的契机，为办公空间提供了活力内核，成为园区激发创造活力的重要元素。

二是优化功能设计，打造良好产业发展生态。南中轴国际文化科技园对区域内的多栋楼宇进行统筹安排，合理布局各类产业空间和功能设施，创新性提出"多首层"的概念，拟将城市交融层与办公科技层"双效叠加"，构建"一环一核两界面多首层"的整体格局，并积极打造人才公寓、下沉商业、配套餐饮等高品质配套功能区，为产业发展提供配套服务保障。此外，针对中心城区居住空间紧张、住房成本较高等问题，项目拟将南侧建筑改造为500套出租型公寓，为办公人群、创新人群、商旅人群提供舒适居住空间，塑造"职住平衡"新样板。

三是促进产城融合，打造产业增长能量极。项目着力提升楼宇与产业发

展、与区域发展的协同度，更好地实现楼宇与城市的"功能织补"。例如，配套商业布局方面，项目规划建设2.5万平方米的高品质商业空间，拟在地上部分建设企业展区、共享报告厅、城市配套商业、景观餐厅等，在下沉广场则主要打造文化展览、食堂、下沉商业、配套餐饮等功能区，在满足办公人群生活性配套服务的同时，引进特色消费品牌，形成网红打卡地，最大限度地发挥商业吸引流量和优质企业的助力作用，提升大红门地区商务服务品质，打造宜居宜业的城市新形态。

（三）运营发展：供需两侧发力，全面提升产业发展能力

一是多措并举拓展招商渠道。除通过市场渠道开展常规招商外，项目联合中国服贸协会、中关村集成电路设计园公司、中关村大数据联盟、中关村海外科技园公司等四家具有很大的资源优势和强大的服务能力的专业团队开展招商运营，与南中轴公司形成资源和优势互补。同时，作为丰台区政府与中关村发展集团联合投资建设的产业项目，南中轴国际科技文化园充分发挥联合开发运营的资源优势，依托二者强大产业资源号召力"引凤来栖"，按照"龙头引领，产业先行"理念吸引优质资源入驻。截至2023年5月底，共引进落地86家高精尖企业，其中包括国家专精特新"小巨人"企业2家、上市公司子公司1家、国高新企业24家，园区产业集群态势初显。

二是搭建多元产业平台提高产业粘性。为更好服务企业发展，进一步提升园区产业能级，项目着力建设智能计算平台、大模型平台和智能制造平台三大平台，为企业提供包括科技创新服务、金融服务、战略咨询服务等在内的一站式服务，打造符合产业特性的个性化、精准化集成服务包，由"瓦片经济"向"服务经济""产业生态经济"转变。针对文化科技产业创新型中小企业众多的特性，项目还充分发挥中关村发展集团在产业孵化运营方面的经验和资源优势，打造"创业苗圃+孵化器+加速器+产业园区"的生态孵化产业链条，形成多层次创新孵化体系，满足不同类型、不同层次创新主体的需要，变低效腾退空间为高能产业成长空间。此外，为更好培育数字文化新业态、新模式，项目依托丰台区产业投资基金，联合中关村发展集团以及

行业领先的投资机构共同设立元宇宙产业基金，为文化科技领域早期创业主体提供"耐心资本"，有力提升了项目在产业培育方面的支撑力。

三　项目亮点

（一）市区政企协同联动，加速腾退空间产业升级

作为大红门地区的标志性更新项目，市级和区级政府部门积极为项目做好全方位服务，有力推动项目建设。项目不仅在前期谋划阶段与政府充分对接沟通，在立项阶段也得到区级政府的大力支持，各部门高效协同、密切配合，项目手续办理审批时限大幅缩短，从立项到开工仅用时6个月。同时，考虑到城市更新项目前期投入大、资金回笼时间长的特点，北京市发改委充分发挥政府资金撬动作用，按照有关政策给予项目固定资产投资补贴，区政府积极联系金融机构，为项目争取专项低息贷款，多措并举减轻项目资金压力，提高社会资本投入积极性。此外，区政府还积极为项目提供"打包式"优惠，将项目纳入"独角兽八条""丰九条""高新八条"等区级优惠政策的覆盖范围内，并在高端人才引进等方面给予支持，提高项目对于优质产业资源的吸引力。可以说，政府全方位的支持是南中轴国际科技文化园项目得以高效改造提升的重要推力。

（二）"等量置换""以租代购"，提高用地灵活性

项目前身大红门服装商贸城以小、散商户为主，功能分散、结构复杂、违章建筑较多，若全部拆除重建，改造成本较高、工期较长，不利于空间的高效转型。为此，项目在政府部门的大力支持下，创新性提出"功能空间等量置换"的做法，即在符合丰台区土地规划的前提下，对项目内部的商务、住宅等功能用地进行等量"平移""整合"，根据产业发展需求和现有楼宇建设条件，进行楼宇功能结构的"重组"，一方面减少了更新改造的工程量，另一方面也实现了空间功能的优化提升。此外，考虑到土地流转手续

较复杂、流程较长、购地成本较高等因素，项目采取"以租代购"的轻资产开发模式，降低现金流压力的同时，也能够减轻土地产权转移带来的潜在交涉风险及合规风险，不失为集体土地建筑、产权复杂建筑等更新项目的一种好的选择。

（三）严控质量、赋能增量，多管齐下塑造产业品牌

为更好凸显园区"文化+科技"的产业定位，项目在招商上严把质量关，对拟入驻企业的资质、产业方向、发展潜力等进行筛选，避免"鱼龙混杂"造成园区产业定位的模糊，更好激发产业的集聚效应。同时，南中轴国际文化科技园还抓住更新契机重塑园区场景，通过打造示范性产业项目、筹办品牌产业活动等方式，进一步擦亮园区产业名片，提高园区在数字文化等主导产业中的影响力。例如，2023年4月，南中轴国际文化科技园成功承办了由中国移动通信联合会元宇宙产业工作委员会、中关村大数据产业联盟元宇宙智库委员会、物链芯工程技术研究院、央链直播联合主办的"战 2023'元宇宙共识圈'合作协定对洽会"，有效提升了园区在元宇宙产业内的知名度和美誉度。

四 下一步发展建议

（一）创新城市更新资产运营模式

城市更新项目普遍面临的一大问题即投资回收问题。如果在改造完成后旋即将资产出售，则难免会走上"瓦片经济"的老路，且由于开发与运营脱节，为了快速收回前期投入成本，开发商会更加倾向于将产业空间快速出售，对于购买主体的产业方向和业态则关心度较低，不利于更新后片区的产业升级。然而，如果按照"资产+服务"的长线运营模式，则可能面对投入资金需要 20 年乃至更久时间才能收回的困局，带来的收益风险较大，社会资本投入积极性不高。以园区未来现金流为担保的公募 REITs 对于产业类城

市项目而言是一种能够在缩短投资回收期的同时保障园区产业发展质量效益的资产运营方式，然而目前 REITs 多以享有所有权的不动产为基础资产，对于南中轴国际文化科技园等不享有土地或建筑的所有权、仅享有开发使用权的轻资产城市更新项目而言，利用 REITs 产品融资仍较为困难。建议未来可以探索以使用权为基础资产的 REITs 产品，创新轻资产城市更新项目的融资运营模式，并进一步提高社会资本参与城市更新项目的积极性。

（二）增强专业化产业服务供给

公共服务平台是产业园区与一般写字楼的本质区别，是园区运营商通过服务获得回报、实现双赢发展的重要载体和实现途径，也是园区降低企业成本、赋能产业发展的重要手段。可以说，优质的专业化服务平台是一个成功的产业园区必不可少的基础设施，专业化服务平台的好坏直接影响着园区产业发展的效能。尽管南中轴国际文化科技园在产业服务方面已开展了诸多探索，在改造更新的同时迅速集结有关资源，初步形成了较为完备的产业服务体系，然而目前提供的产业服务大多为基础性服务，针对数字文化产业、元宇宙、文化贸易等主导产业的精细化、定制化产业服务仍然较弱，缺少公共技术平台、共享数字创作实验室等专业化的产业服务平台，在数字版权保护、知识产权交易等关键环节布局有待加快。下一步，园区应面向数字文化等主导产业的共性需求，积极建设文化产业网上展示与交易平台、专业技术与设备服务平台等公共产业服务平台，以定制化、专业化的服务进一步打通产业增长堵点，深度激发园区产业高质量发展活力。

（三）加快数字化智慧化建设

在当前数字技术赋能产业发展的大背景下，园区的数字化、智慧化已成为今后一个时期产业园区运营的重要趋势和方向。目前，南中轴国际文化科技园的智慧化设施布局相对较弱，未来可考虑借助楼宇更新的契机积极推动园区数字化、智慧化转型，建设"园区大脑"综合管理服务平台，加快现有业务管理系统的整合优化、改造升级，丰富三维可视化、智能分析、模拟推演、预测预警等功能，布局智慧电梯、智慧停车、智慧能耗控制、智慧产业链招商等智慧平台项目，实现对园区运行状态的全面感知、实时监测、全线调度、科学决策，更好服务园区发展。同时，可充分发挥园区在数字场景建设方面的资源优势，联合园区内企业积极建设数字技术加持下的文化产业新场景，打造一批"文化+科技"标杆性场景项目，推动形成数字文化产业发展矩阵。

参考文献

范周、梅松主编《北京市保护利用老旧厂房拓展文创空间案例评析》，知识产权出版社，2018。

纪芬叶：《文化产业高质量发展促进城市更新的价值逻辑和实践路径》，《艺术百家》2023年第3期，第26~32页。

刘炜、郭传民：《基于创新空间生产的城市更新策略：理论、方法与国际经验》，《科技管理研究》2022年第16期，第234~242页。

赵剑波：《构建"科创+制造"双元动力——国际城市经济发展经验对北京的启示》，《经济与管理研究》2022年第4期，第15~25页。

B.19
海淀区学院路街道石油共生大院案例研究：
以空间更新撬动"大院病"的治理

黄江松*

摘　要：　本报告以北京市海淀区学院路街道石油共生大院更新的实践来剖析后大院时代如何治理"大院病"。活力不足与秩序缺失并存是"大院病"的本质，石油共生大院案例提供两点启示。一是公共空间更新能撬动"大院病"的治理。丹麦著名建筑师扬·盖尔强调要善待城市公共空间的生活，公共空间的生活是城市中最有魅力的因素。通过提高公共空间的质量，使得一切空间皆能停留，一切能停留的地方皆能交往，一切交往的地方皆有效益。二是通过构建组织共同体、政策共同体、心理共同体，分别解决公共空间更新谁来干、怎么干的问题。

关键词：　大院病　公共空间　城市更新

一　石油共生大院的前世今生

2020年8月24日，习近平总书记在经济社会领域专家座谈会上的讲话中指出，一个现代化的社会，应该既充满活力又拥有良好秩序，呈现活力和秩序有机统一。计划经济体制下城市基层治理体制实行以单位制为主、街居制（街道办事处和居委会）为辅。而大院是单位制的空间载体。过去的大院，突出特点是职住一体，单位负责建设、管理、运行大院；大院是熟人社

---

* 黄江松，北京市委党校社会学教研部教授，主要研究方向为城市治理、基层治理。

会，邻居即同事，有较强的共同体意识、公共精神。随着我国各项改革的深入推进，单位承担的社会服务职能逐步缩减，有的单位已无力承担社会职能，甚至有的单位已经不存在了，大院建设、管理、运行主体的缺位以及大院固有的封闭加剧了与城市的割裂，导致患上了"大院病"，活力不足与秩序缺失并存。

石油大院就是典型一例。始建于1953年，原为"八大学院"之一"北京石油学院"所在地，简称"石油大院"，是我国石油行业的重要研发聚集地，集教学、科研、办公、居住于一体。占地84公顷，常住人口为1.6万。大院内目前有四家局级单位，即中国石化石油化工科学研究院、中国石油勘探开发研究院、中化化工科技总院、中国石油大学（北京）；有两所学校、一个幼儿园；还有两个社区，即石科院社区和石油大院社区。美国城市社会学家简·雅各布斯提出，大城市的活力由城市的多样性主宰。有活力的社区必须同时具备四个条件，第一，社区的功能是多样的；第二，街道要短，拐弯多；第三，社区的建筑多样；第四，有一定的人口密度。表面看来石油大院符合这四个条件，尤其这里校区、园区、社区、街区在此交织，看似功能多元。雅各布斯对于功能多元进行了深入研究，她认为多种功能之间只有有效地融合，才能激发活力。但是石油大院整体封闭，社区要素进不去，大院资源出不来；内部门禁森严，更有大院套小院的乱象。长此以往，城市生态僵化、缺乏生机。另外，随着大院内四家单位整体或部分迁出，形成了土地使用、建筑空间、人员构成等多层面混合、无序状态。石油大院中部偏西平房区域甚至成了"四不管"地带，什么叫"四不管"，用居民的话讲就是在这里"谁爱干吗就干吗"。居民反映了一个极端的例子，有一年大年三十晚上，这里着火了，都不知道找谁。这里的生活垃圾无人清运；违建挡路，修车、喷漆、小餐饮等业态野蛮生长；没有路灯，夜里一片漆黑；下雨天一片泥泞。环境秩序脏乱，严重影响周边居民生活，信访件和"12345"市民热线诉求接连不断。而且这样的情况持续了长达20年。居民孙先生说，"谁能想象在'宇宙中心'（指学院路街道辖区内的五道口）还能有这样的院子，我们都期望着尽快改善居住环境，把停车、卫生等顽疾解决掉"。

根据学院路街道办事处的城市体检报告，学院路街道 8.49 平方公里的范围内，有 10 所高校、11 个国家级科研院所，像石油大院这样的大院至少有 6 个。学院路街道 55% 的对外道路均有围墙，总长 19 千米，相当于从北五环到南四环的直线距离。习近平总书记在 2015 年 12 月召开的中央城市工作会议上指出，城市不应该是若干封闭"大院"和"围墙"组成的"围城"。要建设活力与秩序统一的社会，破解"大院病"是学院路街道绕不开、躲不过的难题。

2017 年学院路街道在海淀区率先成立党建协调委员会，并在 29 个社区分别成立社区党建协调委员会。委员会走访各个校区、园区，全面梳理大院大所资源清单、需求清单、项目清单，并邀请各单位专家学者成立发展智库，围绕辖区发展建设难点热点集思广益、群策群力。通过调查研究与广泛征集居民意见，将石油大院确定为整治改造的重点项目。2019 年 5 月学院路街道联合四家产权单位——中国石化石油化工科学研究院、中国石油勘探开发研究院、中化化工科技总院、中国石油大学（北京），对大院中部偏西平房区域进行规划建设，启动石油共生大院项目。学院路街道通过地区党建工作协调委员会联系各产权单位党委，召开协调会、座谈会、论证会、推进会，多次与产权单位、商户、居民代表沟通协商，历时两年，经历 13 轮谈判，逐步获取各产权单位的支持，即产权单位各让一步，腾出公共空间，重新优化功能。又经过一年多的改造，2020 年 10 月 1 日，占地 8700 平方米、建筑面积 2222 平方米的石油共生大院投入运行，过去的大杂院焕然一新，新老建筑共生、职工与居民共生、单位与社区共生、多元文化共生，活力与秩序有机统一的石油共生大院横空出世。石油共生大院由街道委托社会组织运营，同时采取"院委会+督导组+顾问团+社会组织+志愿者"五方共管运行模式。

石油共生大院运营以来，秉承生命全周期关爱照顾理念，用切实有效的服务弥补了社区建设短板，提升了群众满意度，获得了社会的广泛关注和高度赞誉。2021 年成功入选北京市最美网红打卡地；被评为"北京市党员教育培训现场教学点""北京市城市更新优秀案例""北京市城市更新最佳实践奖"；也是家庭健康促进行动全国十个试点地区之一、北京市京台基层交流基地、海淀区家庭健康服务中心、海淀区医养结合服务站、海淀区计划生育协会会员之家、海淀区家庭家教家风建设创新实践基地、海淀区新时代文明实践基地等；学习强国、新华网、北京日报、北京卫视、北青网等20多家媒体报道，其中以学院路街道综治中心获得"2017～2022年度平安中国建设先进集体"（由平安中国建设协调小组、人力资源和社会保障部共同颁发）为背景，在央视平台播出的《平安中国2021》之党建引领篇章讲述了石油共生大院案例。

二 主要做法：以"共生式"党建引领大院空间治理

（一）创新党建引领机制，重塑治理主体

面对"后大院"时代出现的管理缺位的难题，学院路街道党工委主动担当作为，重塑大院的治理主体。一是依托区、街道、社区三级党建工作协调委员会高位统筹协调。党建工作协调委员会是以地区党建为统领，每年开会两次，主要协调研究本区域内的大事。海淀区每位区领导联系一个街（镇），任党建工作协调委员会主任，学院路街道党建工作协调委员会主任由海淀区区长担任，区域内大单位的党委书记或副书记任委员，这样在领导层面可以取得共识，在工作推动方面也更加有力。二是依托地区大单位办公室主任联席会推动工作落实。地区大单位办公室主任联席会已成立10多年，由各单位的办公室主任组成，制定了固定章程，每年至少召开两次会议，促进各单位的办公室主任加强联系、沟通交流。

（二）聚焦群众需求，多元参与，谋求发展共识

2019年2月，时任北京市委书记蔡奇在核心区调研时指出，街区更新是老城保护与复兴的关键环节，要把群众利益放在优先位置，探索"共生院"模式。学院路街道结合地区实际，将"共生院"的概念延伸至"共生

大院"，坚持"需求导向、问题导向、群众导向、结果导向"，通过党建工作协调委员会、地区办公室主任联席会等平台，历时一年之久，多次召开协调会、座谈会、论证会、推进会，与产权单位、商户、居民代表沟通协商，集思广益，明确了石油共生大院"六区一站"的功能定位。同时，让各方为了一个共同目标坐到了一起，共商共议，逐步成为"老熟人"，激活了石油大院内部单位与单位之间、职工与居民之间的关系网络，开创了"单一化"治理的新格局。

（三）实施大院"针灸"，深入体检，推动街区更新

聘请专业机构为大院"针灸"，邀请责任规划师、社区营造师、社会组织、媒体、各领域专家、居民等，从基础设施、安全、功能等方面，为大院进行了12次"体检"，为项目设计出谋划策。项目建设秉持充分利用石油大院旧风貌、旧文脉的原则，凸显环境、建筑、室内的石油工业特征，以形成具有群体记忆的独特文化意向。在利用原有建筑更新实现城市肌理的自然生长的同时，注入新功能、新元素，重新整合闲置空间与无序空间，对原有工业、居住空间再定义，实现石油大院与现代审美的生动对话，实现社区与园区、居民与职员、大院与市井文化的和谐共生。

（四）提升空间效能，设立"六区一站"，增强服务品质

对于共生大院干什么，为了解居民所思所想，北京电视台"向前一步"栏目组走进共生大院。节目录制过程中，居民很关心大院的用途，焦虑共生大院是生出"怪胎"还是生出受欢迎的东西、与居民的生活融到一起。学院路街道在开展居民意愿调查基础上，紧紧围绕"七有""五性""三感"要求，依托石油大院老旧平房建筑和院落文化肌理，整合利用低效空间，在石油大院西门平房区域共建公共空间，打造由党建空间、文化空间、亲子空间、健康空间、美食空间、便民空间和街区工作站构成的"六区一站"。

文化空间以石油工业主题中的科技部分为内核，用蓝色象征石油人的冷静和严谨，体现石油工作注重文化钻研的科学求实精神，承载学院路地区政

协委员工作站、和合书院、图书阅览室、和合咖啡、多功能厅、石油展厅、石油文化广场等功能。美食空间以石油工业主题中的坚毅部分为内核，用橙色象征石油人的不屈和乐观，承载邻里厨房、老年餐桌、社区食堂等功能。因为节目录制现场有一位老大爷反映"偌大的石油大院安不下一张老年饭桌"，美食风味餐明档的增设以及室外就餐区的修建增加了大院中的生活气息，便民风味快餐和小吃档口摊位的设立旨在解决居民和职工的多种口味需求就餐问题。便民空间以石油工业主题中的和谐部分为内核，用黄色象征石油人的友善和和睦，承载立体停车场、自行车停放处、便民药食同源蔬果生鲜店及日用百货店、便民洗衣、便民理发、公共卫生间、水房、配电室等功能，以方便邻里为宗旨，和谐共处。亲子空间以石油工业主题中的爱国部分为内核，用绿色象征儿童的成长与未来，着重体现石油人的爱国主义精神，让孩子们感受到这种精神的力量，并能够更好地传承，这里承载母婴保健屋（小儿推拿、女性产康服务、健康测评、健康理疗）、0~3岁托育服务、亲子启蒙、托育乐园、非遗手工坊、亲子课堂、课后托管等功能。健康空间以石油工业主题中的奉献部分为内核，用灰色代表石油人的素朴和平和，体现石油工作中的倾尽一生无私奉献的精神，承载适老化改造样板间、日间照料、文化娱乐、心理慰藉、保健按摩、健身锻炼等功能。党建空间以石油工业中的利他部分为内核，用红色象征石油人党性和热情，体现党领导下的石油人"舍小我，为大家"，全心全意为人民服务的崇高精神，承载学院路地区人大代表工作站、党建活动室、街区工作站、警务工作站等功能。工作站集成设立社区议事厅、警务工作站、心理辅导室、零距离工作室、退役军人服务站、人大代表联络站和政协委员工作站等工作机构和空间，满足基层党建、居民议事、文化生活、安全稳定、便民服务等需求。

（五）创新运营模式，构建治理新生态

节目录制现场居民对共生大院的运营模式极为关注，提出三个问题：共生大院归谁管、共生大院的经营单位如何引入、共生大院是否要为街道创

收？学院路街道在共生大院采取"院委会+督导组+顾问团+社会组织+志愿者"五方共管运营模式，构建"后大院"时代新型治理体系。共生大院院委会主任由大院一位德高望重的专家或老领导担任，成员由学院路街道相关部门负责人、产权单位相关部门负责人、社区居民代表组成；负责协商决策并指导社会组织工作。督导组组长由学院路街道社区建设办公室主任担任，成员由学院路街道相关部门负责人和两个社区居委会负责人组成，对共生大院进行日常的业务指导，定期督查社会组织的工作。共生大院项目顾问团由学院路街道发展智库部分专家组成，专家来自党建、城市规划、社区建设等多个领域，共同为共生大院发展出谋划策。积极动员辖区各单位、企业、社区、党员、群众参与志愿服务，同时对接部分高校及社会组织，向社会招募志愿者，计入学生"志愿活动时长"。

学院路街道采取政府购买服务的方式委托一家社会组织运营共生大院，负责"六区一站"空间的统筹利用，维护共生大院环境秩序。社会组织对引入共生大院的服务机构进行统一管理。为提升共生大院运营质量，采用"政府考核+专业督导+群众满意度评价"的方式对运营方进行考核。院委会每月面向辖区居民、辖区单位职工、志愿者发放《石油共生大院群众满意度调查问卷》。院委会每月根据问卷调查情况、共生大院实际运行情况，对运营方服务质量、商品质量、服务态度等方面进行考核评价，并将考核评价结果反馈给督导组。督导组据此对运营方进行监管、督导，考核不达标的将解除合约。

三　治理成效：打造协同共生的首善空间新样本

（一）大院壁垒得以破除，形成区域发展共同体

通过"四区协同"基层治理机制的应用与创新，打破了街区、园区、校区和社区的行政壁垒，各产权单位形成并签订《石油大院共治共享公约》，逐渐形成一个区域治理共同体。在此空间中互相交换心得意见，街区

精英回归社区、融入社区、贡献社区，实现了大院与街区内各层各界人士的联合共治，最大限度地激发了地区活力。

（二）街区治理日益完备，打造市域治理新平台

街区工作站以平安建设为基础，建立分级响应机制，形成需求信息接收、研判、处置、回访四级闭环。搭建街区运行智能化监测调度综合平台，以养老助老为焦点，建立"24 小时安全预警系统+平台指挥调度+专业队伍精准救助"工作机制。街区工作站覆盖区域"接诉即办"案件下降 40%，学院路地区案件解决率上升 5.08 个百分点，群众满意度上升 5.22 个百分点。

（三）区域空间有机赋能，实现街区空间更新和关系重塑

依据大院特有的院落纹理和石油主题的特征，开发了文化空间等六大空间场景，补全社区治理的功能要素，形成石油共生大院的社区完全服务链。昔日"大杂院"的影像留在了历史的记忆里，如今的学院路"石油共生大院"为居民提供了生活便利和时尚感十足的休闲文化场所。通过单位和居民深度参与，改善了日渐疏离的社区、单位、邻里关系，促进大院由"生人社会"到"熟人社会"的转变，实现共建、共融、共治、共享。

四　经验与启示：怎么看、怎么想、怎么办

石油共生大院案例给我们两点启示，第一点是以公共空间更新撬动"大院病"的治理。为什么公共空间更新能对城市治理发挥如此大的作用？丹麦著名建筑师扬·盖尔在其著作《交往与空间》中最重要的思想精髓是善待城市公共空间的生活，因为公共空间的生活是城市中最有魅力的因素。扬·盖尔将人的户外活动分为三种类型。一是必要性活动，比如上班，这类活动的发生与外部环境的关系不大，参与者没有选择余地，是必须发生的；二是自发性活动，如散步、坐下来晒太阳，这类活动的发生特别有赖于外部物质条件；三是社会性活动，在公共空间中发生的如互相打招呼、交谈、跳

舞等各类社会活动，是前两类活动的连锁性活动。只要人们在同一空间驻留，就可能引发各种社会性活动。提高公共空间的质量，能延长必要性活动的时间，组织大量的自发性活动，进而间接地组织社会性活动，通过增加社会性活动而大大增加社会交往。通过提高公共空间的质量，使得一切空间皆能停留，一切能停留的地方皆能交往，一切交往的地方皆有效益。著名政治学学者贝淡宁提出，公民精神的培育需要公共空间，强烈的公民精神只能通过公共空间创造出来。纽约的中央公园于1858年建成开放，很快取得巨大成功，吸引了千百万参观者，他们在这里相互交流，表达对公园和整个城市的自豪。

第二点启示是在后大院时代应通过空间更新将大杂院打造为共生院。应通过构建组织共同体、政策共同体、心理共同体，分别解决空间更新谁来干、怎么干的问题。

1.以党建引领构建组织共同体

经典社会学理论指出，一个社会的秩序、整合与团结不会无缘无故地发生。传统社会，整合可以透过血缘、亲缘、地缘等先赋性因素实现；现代社会，原子化程度越来越高，要实现社会团结更多的是依赖组织的力量。具体到大院的治理，在计划经济时期，大院由单一单位建设管理；在市场经济时期，一方面单位不能承担建设、治理大院这样的重任了，另一方面大院里的组织多样化了，而且各类组织系统之间壁垒比较坚固。就需要通过党建引领，构建属地政府主导、产权单位履责、两新组织运营的新型治理主体，充分发挥政府有形之手、市场无形之手、市民勤劳之手、社会组织公益之心、专家智慧大脑、媒体之眼的作用，最大限度凝聚各方共识。

2.以制度优化构建政策共同体

进入新时代，我国城市开发建设从粗放型外延式发展转向集约型内涵式发展，过去"大量建设、大量消耗、大量排放"和过度房地产化的城市开发建设方式已经难以为继，将建设重点由房地产主导的增量建设逐步转向由城市更新主导的存量改造。城市更新与房地产开发的区别在于城市更新不是简单的建设过程，而是一个治理过程；不是阶段性的，而是常态化的；不是单维的建筑更新，而是多维的高质量公共空间扩容、产业生态系统完善、文化生态价值构建、社区共同体意识打造。城市基层政府在实施城市更新行动时必须统筹协调，坚持系统观念进行制度创新，整合国家层面、市级、区级不同层级和规划、土地、金融、产业促进以及教育、养老、文旅、体育、城市管理、民政等不同领域的政策，形成政策共同体，突破街区更新中遇到的各种制度性障碍。

3. 以文化导入打造心理共同体

"大院病"的本质是共同体意识的缺失。曾经的大院人有共同的理想、共同的心愿、共同的奋斗，随着经济社会的快速发展，当下的大院人更多追求个人的权利、需求，如何重建久违的共同体意识呢？要深入推进"大院病"治理、街区更新，就要在整合大院、街区内外资源的基础上打造心理共同体，不能只把大院理解为一个纯粹的空间单元。以公共文化设施建设和文化活动开展为核心的文化导入是打造心理共同体的牛鼻子。研究美国大城市中心区的振兴过程发现，居民的文化参与有助于提高公民意识、增强社区凝聚力，文化舞台越活跃，中心区的暴力水平和贫困率下降越大。北京是全国文化中心，首都文化是北京这座城市的魂，源远流长的古都文化、丰富厚重的红色文化、特色鲜明的京味文化和蓬勃兴起的创新文化氤氲在全市的大街小巷、四合院、大院、小区。在街区更新中，要注重挖掘本地历史文化资源，腾退、修缮古建筑、名人故居等历史文化遗存，通过建设石油文化博物馆、胡同文化博物馆、民俗传习馆、图书馆、阅读空间、社区客厅等公共文化空间，开展文化活动发展新型大院文化、街巷文化、社区文化，以此为抓手推进大院治理、社区建设，为大院居民提供了增进感情、涵养文化的空间和载体，增强了居民的凝聚力和对社区的归属感、自豪感，为提高基层社会治理水平提供了用之不竭的精神源泉。

B.20
皇城景山街区平房院落更新案例研究

方肖琦[*]

摘　要：　在北京市鼓励推进核心区平房院落有机更新的背景之下，皇城景山街区作为北京老城改造的"排头兵"，围绕"遗产保护、街区更新、民生改善"三大目标，有序推进街区一体化更新工作，积极探索可复制、可传承、可落地的老城区更新模式。本报告系统总结皇城景山街区的更新经验，在归纳其更新策略与方式的同时，剖析其为保障相关工作的顺利开展而构建的街区更新统筹谋划机制及主要内容。此外，为助力街区后续工作的高效开展，本报告对或将影响项目未来可持续实施的关键问题进行阐释，并以问题为导向，提出保障后续工作的相关建议。

关键词：　城市更新　历史文化街区　平房院落　保护性修缮和恢复性修建

一　皇城景山街区的更新背景

（一）项目基本情况

皇城景山街区位于东城区景山街道中部，东至北河沿大街，南至五四大街，西至景山东街，北至地安门大街，街区面积约 0.74 平方公里。皇城景山街区紧邻中轴线，毗邻故宫、景山，属于历史文化保护区。街区现状用地功能以居住用地为主，包含景山街道的吉祥社区、黄化门社区、钟鼓社区、

---

[*] 方肖琦，清华同衡国际城市发展及治理研究所规划师。

267

景山东街社区 4 个社区以及东华门、交道口、什刹海街道的部分地区。更新工作开启前，街区户籍数为 7414 户，户籍人口为 1.9 万，常住人口为 1.39 万。

图 1　景山街道规划范围示意

资料来源：https：//weixin. caupdcloud. com/？ p＝773568。

（二）更新前的核心问题

根据上位规划要求，地处首都功能核心区、隶属历史文化保护区的皇城景山街区需贯彻"建设政务环境优良、文化魅力彰显和人居环境一流的首都核心区"的发展目标。但是，发展活力不足导致的城市功能性衰退，令其与上位规划的要求存在较大差距，主要问题汇聚于三点。

一是历史文化资源价值未充分展现。皇城景山街区是北京明清传统建筑、近代中西合璧建筑、新中国成立早期现代主义建筑思想的重要传承地，街区内聚集大量皇城文化和红色革命文化资源，其中包括不可移动文物 14

处，已公布历史建筑 17 处及潜在历史建筑 6 处，历史文化街区 1 处，革命遗迹 4 处，古树名木若干。然而，街区未对丰富的历史文化资源进行有效挖掘与营销，加之现有资源难以维持城市空间的发展，建筑风貌破旧、文化生态逐步衰落，街区整体历史风貌特征随之衰退。

二是街区基础条件欠佳。街区环境脏乱、基础设施老化。例如，基础设施服务能力较弱，仍有大量架空线（多为电力）未入地和整理；交通不便，外部交通便捷，内部交通功能弱，停车缺口较大等矛盾突出。现状条件与"展示古都风貌、弘扬传统文化、具有一流文明风尚的世界级文化典范地区"定位不符，更难言提供优质政务服务、保障重大国事外交活动综合服务。

三是人居环境不足，居住条件改善需求迫切。街区人口密度大、老龄化程度高，居民对于改善居住条件和居住品质的意愿强烈。同时，街区内产权结构复杂、混合产权院落较多、居民之间居住条件差异大，潜在治理矛盾较大。

二 皇城景山街区的更新经验总结

（一）皇城景山街区更新目标

2019 年北京市政府工作报告明确提出："要推出一批城市更新启动区域和试点项目，推动城市减量提质发展。坚持'保障对保障'，按照申请式改善、共生院改造思路，推进核心区平房院落有机更新。"在此背景之下，皇城景山街区作为北京老城改造的"排头兵"，结合街区现状问题，率先提出"遗产保护、街区更新、民生改善"三大保护更新目标，努力实现街区文化遗产保护、传承和复兴，打造精华区、金名片；在加强保护的同时，注重街区功能和活力的提升；对接居民诉求，实现生活品质提升，打造北京老城街区保护的宜居典范。

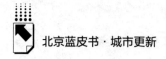

（二）皇城景山街区更新策略与方式

为落实上位规划，实现"遗产保护、街区更新、民生改善"三大更新目标，皇城景山街区提出"通过人口疏解实现更好的保护，以文化传承带动街区功能复兴"的街区保护更新总策略，并按"整体授权、分步实施"的方式，有序推进申请式退租与居民平移置换、街区修复更新，以及街区整体运营管理等工作。

1. 在充分尊重居民意愿的基础上，分期开展申请式退租

皇城景山街区按照"居民自愿、平等协商、公平公开、适度改善"的原则，分三期有序推进直管公房申请式退租及恢复性修建工作。根据项目操作细则，持有《北京市公有住宅租赁合同》的承租人、持住宅《房屋所有权证》或《不动产权证书》的产权人可以作为退租（腾退）申请人向实施主体递交退租（腾退）申请。经政策相关部门最终审核确认后，实施主体进行退租工作的具体操作，申请人获得"货币补偿"并解除原承租关系。完成退租后，符合相应条件的居民可选择申请购买共有产权住房或承租公共租赁住房。

申请式退租以户为单位进行退租，考虑到退租后的资源利用效益，实施主体在前期申请式退租工作基础上，探索以"平移置换"的方式积累更多完整院落空间资源，即主要面向退租后剩余1~2户居民的院落，促成居民通过房屋租赁置换的方式迁至区域内改造好的或区域外的空间居住，居民承租关系、支付租金及权益面积都不改变。

2. 尊重历史传承，多种方式结合共同推动街区修复更新

充分结合更新地块地处历史文化街区且涉及大量文物保护单位、历史建筑等历史文化遗产的特点，项目选择将文物修缮、腾退与合理利用，平房院落的保护性修缮、恢复性修建，以及特色地区的建筑加固、外立面整治等多种方式相结合，多种方式共同推进街区修复更新。

与此同时，为突出文化传承，街区层面整体开展两方面工作。一是开展以"文化复兴"为目标的保护实施专项研究和规划。结合已有的规划和实施工作，以"遗产观"为核心指导，运用"城市历史景观"的研究方法，针对重点片区进行深入研究，挖掘景山街区历史文化资源，充分吸收专家与当地居民意见，挖掘文化资源，探寻传统胡同肌理及建筑风貌。二是结合历史文化资源，开展节点设计。充分考虑与周边文化遗产和城市功能的结合，依托街道整体空间结构，打造文化展示节点。深入挖掘街道历史文化资源，总结提炼价值特色，尽可能利用整治后的街巷空间展示街道特色历史文化，织补老城文脉。同时结合对街道居民日常生活的行为观测，在公共空间设计中注重生活化设施的品质提升，打造人文气息足、生活氛围好的景观节点。

3. 借助文化产业等新功能，实现街区活力复兴

结合疏解腾退与修复更新的空间基础，综合考虑街区周边环境以及东城区创建"国家文化与金融合作示范区"的产业发展战略部署，皇城景山街区谋定"首个文化金融产业街区"的产业定位，计划打造集商、办、住多功能于一体化的业态复合型空间。从文化产业角度来看，重点挖潜街区历史文化资源积淀，引入与居住功能和传统风貌相协调的文化类新功能，比如依托京师大学堂建筑遗存、毛主席故居、嵩祝寺及智珠寺等众多文化资源，引入有品质的生活性服务业、文化展馆、文创工作室等功能，激发街区活力。同时，精准对接多元公共文化服务、落实民生保障和生活宜居等定位，合理置入相应功能，实现文物资源价值最大化，努力使其所承载的文化"鲜活"起来。从金融角度来看，以吸引国内头部文化和金融公司，承接西城区金融产业溢出需求为目标，主要关注满足企业资源对接、资本对接、合作洽谈、商务沟通等需要，引入相应商务服务功能。

（三）皇城景山街区更新机制

为保障上述工作的顺利开展，皇城景山街区在探索中逐渐构建了以组织工作机制、多元协同参与机制、多维度统筹规划机制、一体化实施机制等为主要内容的街区更新统筹谋划机制。

1. 搭建指挥部统筹调度工作机制

皇城景山街区更新实践中，由景山街道牵头统筹，以街道、首开东成、

服务机构三方人员为班底，设立"一办五组"的项目指挥部办公室机制，即成立整体统筹的指挥部办公室与分别负责资金、签约与群众工作、规划设计、环境整治、宣传等方面工作的工作组。在指挥部办公室的统筹指导下，相关工作组相互配合推进相应工作，在开展政策宣讲、退租手续办理、保障房资格申请等基础工作的同时，弥补现阶段政策设计断点，充分发挥向上对接、向下协调的统筹连通作用，提升政策效果。比如，按照政策要求，申请式退租需由承租人本人申请，但实际情况中，存在大量公房承租人亡故等客观因素带来的退租无法启动问题。对此，工作组主动协助相关居民明确关系，与住房保障等部门进行多次沟通，最终开启"申请直通车"，有效提升了申请式退租工作效率。

2. 构建多元主体协同参与机制

一方面，完善公众参与机制。创新性建构"三个百分百"的群众工作标准，即"保证片区居民100%知晓政策、工作组100%掌握居民情况、参加退租居民100%满意"。同时，协同街道司法所提供法律援助，建立司法调解机制，适时搭建矛盾化解平台，保障退租居民权益；建立"和巷议站"，形成居民议事厅，引入"路见PinStreet"小程序，利用"线上线下"的方式广泛征求居民意见，让居民参与到自己身边物、身边事的设计中，让居民成为街区更新的主人。

另一方面，关注多方力量引入，积极发挥责任规划师的作用，重点为街道现状问题诊断、街区整治建议、相关规划审查、规划实施指导，以及社区共建共享等方面工作提供专业技术支持。在此过程中，责任规划师团队不仅为街道提供了物理空间的改善，更通过建筑改造、社区营造、专业咨询等工作，以规划为纽带，将相关职能部门、街道办事处、老居民、新居民联系在一起，同时注入了新的活力，将历史街区遗产保护、文化传播、社区营造的理念传递到大众视野中、生活里，打通国家治理到基层治理的"最后一公里"，推动全社会的共商、共建、共治。

3. 制定空间与功能多维度统筹规划机制

结合打造"首个文化金融产业街区"的产业定位，构建"点-线-面"

相互串联的空间统筹规划方案，打造"一园、四街、五组团"产业规划布局。其中，"一园"即文化金融产业园，落地文化金融产业，打造街区产业引擎核心，带动街区整体产业发展；"四街"即两条胡同休闲体验线与两条红色文化体验线，遵循明清时期胡同肌理，缔造文化感和景观性融合的"街-巷-院"三重空间体系街区景观风貌；"五组团"即依托串联街区内部的四条主要路径，充分挖掘皇城文化、红色文化、市井烟火、金融文化、多元文化等各类空间资源，打造五类产业组团，包括国粹文化组团、首店经济组团、出版文化组团、数字文化组团，以及投资基金组团。

4. 构建"退租-改造-运营"一体化实施机制

皇城景山街区更新项目整体更新实施步骤（见图2）包括，编制街区综合实施方案、编制街区整体运营方案、编制各期运营实施方案、开展申请式退租工作、实施规划设计改造、长效运营管理。项目的创新点之一既在于对上述步骤的一体化实施设计。主要体现在两方面，一是从流程设置上，为加强申请式退租、恢复式修建、经营管理等工作的针对性，皇城景山街区项目将空间可利用性研究，即街区整体运营方案的编制前置于启动工作开始之初。以充分的评估和腾退前的空间可利用研究为导向，实现腾退空间的有效利用，避免疏解后空间资源利用率低下甚至浪费的问题。二是设置实施环节并行机制。皇城景山街区更新项目创新性将以街区为单元的项目细化拆解为小片区项目分期实施。不同小片区项目之间的实施进度有前后差异，因此，后实施的片区项目可以借鉴先行片区的经验，进而构成了街区层面实施环节并行的运营机制。

（四）实施进展成效

皇城景山街区项目申请式退租工作已渐近尾声。一期项目（三眼井片区）和二期项目的退租工作已于2021年6月、11月先后完成，共腾退居民669户，整体签约率71.1%；签约共涉及123个院落，其中，整院签约64个，共生院59个，房屋总建筑面积15904.7平方米。此外，三期项目退租签约工作已于2023年启动并预计于年内完成，涉及直管公房约2000户，房屋建筑面积约40000平方米。

北京蓝皮书·城市更新

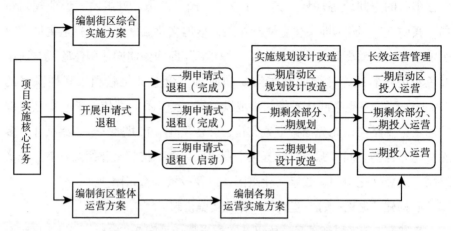

图2 皇城景山街区更新项目实施全流程示意

资料来源：作者根据调研访谈情况自制。

图3 景山街道退租房屋实地照片

图片来源：实地调研拍摄。

随着申请式退租环节工作的逐渐落实，皇城景山街区更新工作重点已逐步向街区修复更新，探索"共生型+产业型+智慧型"院落改造模式等工作过渡。据了解，现阶段，街区着重开展一二期项目退租院落内自建房的拆除工作。目前已拆除自建房约1800平方米，提升了20多个平房院落的居住环境。在此基础上，在一期项目实施范围内，选取相对集中、条件相对成熟的

9个院落划定为"启动区"，在尊重"文脉"及"理脉"的基础上，设置产业、文化、长租三大样板院落，形成修缮标准、业态创新、车位配套等模式，未来这一模式将复制到整个街区之中。启动区已于2023年3月开启院落修缮及修建工程，5月完成房屋建筑基础工程，2023年末实现入驻亮相。

三 皇城景山街区更新工作的后续展望

（一）尚待突破的难点问题

皇城景山街区更新工作已取得阶段性成效，相关工作正在稳步推进当中，但是依然存在空间规模效应不足、资金平衡困难、用途转换缺少实施细则、业态管理引导机制不明确等深层次难题亟待突破。

1. 退租房屋分布零散，难以形成规模效应

目前，退租工作主要面向直管公房，大量与之混合排布的私房、单位自管产未被涉及，加之采用居民自愿申请的方式，退租房屋以户为单位，分布零散，难以形成规模，一定程度上降低了退租空间的可利用性。虽然项目尝试通过平移置换促整院，但是从目前实施进展来看，平移置换协调难度较大，或是迁出居民因对平移置换奖励政策不满而积极性不高，或是迁入院落居民担心自身生活受到影响而提出较大反对意见。

2. 资金压力大、资金平衡困难

退租补偿资金投入巨大。以皇城景山街区一期三眼井片区项目为例，该项目共有200户居民签约退租，退租签约面积4774.9平方米，根据退租期间公示的补偿金额测算，退租补偿款约6亿元。除此之外，退租后，在房屋修缮、配套设施建设、运营前期投入、日常运营等诸多方面都还需要大量的投入，资金压力巨大。另外，核心区平房院落更新是以保护为核心，项目以公益性质为基调，缺乏高效盈利模式，因此投资回报率并不高，成本回收期较长。根据现有政策，50年授权经营年限内，或难以实现资金平衡。

3.房屋性质转换尚缺少实施细则，后续改造经营难以合规化

根据相关政策规定，直管公房在经过申请式退租并完成修复更新后，应当按照规划要求进行经营利用，既可以作为住宅或商业、办公等经营性房屋使用，也可以作为公共配套设施房屋使用。但是，对于退租房屋用地性质为居住用地，改造后用于开展商业运营的情况，目前还尚未出台相关实施细则，用以指导规范其房屋性质转换、土地出让金补缴等操作，同时也缺乏可供借鉴的现实路径。在实践中，街区的规划要求中房屋用地性质仍为居住用地，如果在后期经营利用时，改作商业、办公等功能使用，将会面临市场监督管理部门无法办理工商、食药、环保等许可手续的障碍。

4.长效运营发展缺乏引导机制

一方面，对于商业经营、生活服务等业态发展的态度不明朗。由于建筑控制高度、容积率、民宅性质、土地出让金、搬迁安置、核心区禁限目录和风貌保护等政策的多重限制，核心区平房院落的经营管理面临诸多挑战。特别是从未来产业发展角度来看，核心区禁限目录对核心区新增产业施加了较为严格的限制，尤其是在生活服务、公共管理、商业经营等方面，对其实施了相当严格的约束。市场主体的进驻热情在一定程度上受到了影响。另一方面，则体现在对业态引入的激励机制不足上。在减量发展、高质量发展的大背景下，核心区历史文化街区容积率下降，可利用面积减少，而单位有效的空间面积成本居高。与此同时，对于核心区存量建筑的使用限制、修缮限制颇多，活化利用的相关程序较为烦琐，这导致市场主体参与积极性不高。为促进历史文化街区的活化复兴，需要建立有效的支持机制，鼓励企业与多元主体的有效参与，吸引更多有利于街区保护和发展的业态与人群，但是目前暂时还没有相应的奖励措施，因此可实施性不足。

（二）保障后续工作的相关建议

从上述问题出发，为助力街区后续工作开展，建议着重关注以下几点工作，自下而上完善相关保障。

1. 完善平移置换政策设计，提升院落空间利用价值

进一步细化平移政策的标准规范、实施细则及奖励机制，特别是加强对于平移置换的奖励措施，激发居民参与平移置换的积极性，优化平移的实施效果。首先，在考虑街区实际情况，并充分调研居民意愿的前提下，为平移居民提供更多可供选择的院落、房屋等居住空间。其次，制定奖励机制，包括对平移居民和迁入院子内的原有居民的奖励，比如对其居住空间提升与环境改善提供修缮补贴或面积增加等方面的支持。但是，作为平移置换政策奖励而增加的面积只享有使用权，不享有补偿权益。

2. 探索税收减免等财税支持政策，减轻资金压力

针对当前资金缺口，一方面，简化审批流程，确保市级补贴资金及时到位。建议在退租前，按比例提前拨付补贴资金，作为项目启动资金；退租后，缩短结算审批程序，尽快向实施主体拨付剩余补贴资金，合理控制项目投融资成本。另一方面，多渠道、多方式给予政策支持。鉴于现阶段申请式退租盈利模式有待探索，后期运营不确定性大，在 50 年授权经营年限内，难以实现资金平衡，为提高社会资本参与改造积极性，建议借鉴国外经验，多渠道、多方式给予实施主体包括政府贴息、减量发展补贴、税收优惠等政策支持，缓解资金压力。

3. 完善规划土地政策，用途兼容与转换实施细则

面向核心区平房院落更新后业态引入需求，进一步拓展存量建筑或设施功能调整的允许范围，同步完善与之配套的规划土地政策，探索用地兼容复合利用。比如，符合混合利用规定的，在持有经营、规模不变条件下调整内部功能，不再变更土地出让合同，直接进行功能转换，并给予经营许可便利。明确建筑使用性质变更的途径，理顺活化利用过程中涉及建设工程规划许可、工商登记、其他许可等一系列行政审批环节。特别是对于院落功能转换获得经营许可环节，补充相应实施细则，规划国土、住建、商务、公安、消防、市场监管、环保等部门统一执行，打通实施主体引入服务配套或新业态、实现可持续运营中的堵点，让腾退空间自愿的活化利用更加合理合法。

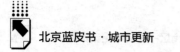

4. 建立业态引导目录，树立业态发展信心

回应街区"政务保障、民生改善、名城保护"的发展目标，适度调整对于核心区业态发展的严格约束力度，从政府层面自上而下出台适宜街区未来发展的业态引导目录。充分发挥引导目录对历史文化街区业态调整的精准支持、激励引导，以及管理作用。引导目录中可精细化设置引导、限制、禁止三类业态属性，以此为依据疏解过剩产业，引入特色产业，并根据业态属性进行准入资格审批，针对不同产权组织实施管理。

参考文献

胡祥富：《责师陪伴 共同成长——景山街道注入新活力》，《北京规划建设》2021年第 S1 期，第 171~172 页。

沈体雁：《城市"更新券"制度：破解首都核心区人口疏解难的新视角》，《科技智囊》2023 年第 5 期，第 52~58 页。

文林峰、李岩：《首开城市更新的"战略密码"——标杆引领的"领唱者"与统筹发展的"合唱者"》，《建筑》2022 年第 6 期，第 28~37 页。

薛杨、刘康宁：《北京历史文化街区有机更新策略研究》，载《面向高质量发展的空间治理——2020 中国城市规划年会论文集（02 城市更新）》，中国建筑工业出版社，2021，第 29~41 页。

B.21
郭公庄非居住建筑改建保障性
租赁住房案例研究

马晓春[*]

摘　要： 在城市更新过程中，因地制宜推动非居住类建筑改建保障性租赁住房（简称"非居改保"）是有效缓解超大城市新市民、青年人等群体住房难题的务实之举。本报告通过对北京市首例"非居改保"项目的主要做法、遇到的困难和取得的成效进行研究，从充分发挥北京产权交易所在盘活低效楼宇中的重要作用、建立健全"非居改保"配套性政策、完善"非居改保"金融支持政策三个方面对"非居改保"政策在北京全市乃至国内其他超大、特大城市推广提出对策建议。

关键词： 郭公庄　非居住建筑　保障性租赁住房

党的二十大报告明确要求：要加快转变超大特大城市发展方式，实施城市更新行动。北京市作为我国首个减量发展的超大城市，在城市更新改造中，加快推动非居住类建筑改建保障性租赁住房（简称"非居改保"）对破解"买不起，租不到"的新市民、青年人群体住房难题，实现住有所居、职住平衡，激发城市活力具有重要意义。丰台区郭公庄中街18号院5号楼改建保障性租赁住房项目是北京市首批"非居改保"项目（简称郭公庄"非居改保"），于2023年1月完成改造并正式招租。通过对该项目的研

---

* 马晓春，管理学博士，北京市经济社会发展研究院城市治理研究所副所长，副研究员，主要研究方向为城市运行保障、民间投资、农产品流通等。

究，梳理改造流程，分析遇到的困难及解决办法，总结成功经验，为下一步北京全市范围"非居改保"项目顺利推进提供借鉴。

一 加快推动"非居改保"对破解新市民、青年人住房难题，激发城市活力具有重要意义

（一）推动"非居改保"是破解新市民、青年人等群体住房难题的务实之举

无论是美日等发达国家还是中国，发达城市都会面临一个问题——就业和住房比例失衡，新市民、青年人等群体职住分离，通勤远、感受差。积极盘活存量低效楼宇，加快推动"非居改保"是缓解新市民、青年人等"夹心层"群体住房压力的务实之举。北京建筑大学 2022 年对北京市低效楼宇摸底调查显示，全市层数大于等于 4 且建筑面积大于等于 3000 平方米的低效楼宇总量有 1 万余栋、约 1.9 亿平方米；其中，城六区楼宇面积占全市比例约为 66%，多点地区（顺义、大兴、亦庄、昌平、房山新城）比例约为 23%。[①] 面对规模如此庞大的存量资源，积极开展"非居改保"，破解新市民、青年人居住难题，北京有潜力。

（二）推动"非居改保"是吸引青年人才集聚，激发城市活力的重要举措

城市的竞争，本质上是人才的竞争，青年是其中最具活力与潜力的群体。加快推动"非居改保"是盘活城市存量低效资源，低成本、高效率扩大保障性租赁住房规模，以开放包容的姿态吸引青年才俊在京就业创业，激发城市活力的务实举措。在"减量发展"的刚性约束背景下，推动"非居改保"是探索城市有机更新的重要组成，是集约化、最大化

---

① 数据来源：《北京市老旧低效楼宇更新政策建议》，北京建筑大学，2022，https://www.doumiao.net/news/101890。

利用存量资产，实现低效楼宇"活力焕发"，提升片区形象、完善片区功能的重要内容。

二 "非居改保"政策及郭公庄"非居改保"概况

（一）"非居改保"相关政策

1.顶层设计逐渐清晰

为破解超大、特大城市新市民、青年人的住房难题，2016年6月国务院办公厅发布了《关于加快培育和发展住房租赁市场的若干意见》，首次明确提出"各地应结合住房供需状况等因素，允许将商业用房等按规定改建为租赁住房"，首次提出"非居改租"概念。2021年6月，国务院办公厅发布《关于加快发展保障性租赁住房的意见》（国办发〔2021〕22号，以下简称"国办发22号文"），从国家层面明确了我国住房保障体系的顶层设计，在"非居改租"的基础上进一步提出了"非居改保"政策："允许将闲置和低效利用的商业办公、旅馆、厂房、仓储、科研教育等非居住存量房屋改建为保障性租赁住房。"

2.北京市指导性政策逐步完善

为落实国务院出台的"非居改租"政策，2021年5月，北京市发布了《关于进一步推进非居住建筑改建宿舍型租赁住房有关工作的通知》（京建发〔2021〕159号）明确了"非居改租"的改建标准、改建程序及监管要求等。为落实国务院出台的"非居改保"相关政策，2022年3月，北京市发布《关于加快发展保障性租赁住房的实施方案》（京政办发〔2022〕9号），提出从简化审批流程，在土地、税费、金融等方面给予支持等内容。为促进"非居改保"项目顺利实施，2022年4月，北京市出台了《保障性租赁住房建设导则（试行）》（京建发〔2022〕105号）（简称《导则》），对新建、改建保障性租赁住房在土地供应、规划、设计等实施标准上给予规范。

（二）郭公庄"非居改保"项目基本情况

1.地理位置优越，交通便利，紧邻丰台科技园

郭公庄"非居改保"项目位于丰台区郭公庄中街 18 号院 5 号楼，该项目距地铁 9 号线、房山线郭公庄站 50 米范围，交通便利。同时，该项目紧邻丰台科技园，丰台科技园办公体量 361 万平方米，工作人口 28 万。

图 1 郭公庄"非居改保"项目地理位置

注：数据截至 2020 年 12 月。

2.产权方与承租方

郭公庄"非居改保"项目产权方是北京京投轨道交通置业开发有限公司（以下简称京投公司），原规划用途为办公物业。2017 年，京投公司拿地，2019 年建成京投港·西华府。但受商办楼宇规范性政策"开发企业新报建商办类项目，小分割单元不得低于 500 平方米，且不得面向个人销售"影响，京投港·西华府自建成后一直处于闲置状态。

2022 年 3 月，京投港·西华府通过北京产权交易所公开挂牌出租交易，龙湖集团旗下长租公寓"冠寓"品牌成功摘牌，租期为 15 年，改建单位为龙湖集

团旗下北京庆冠寓商业运营管理有限公司。2023 年，京投港·西华府完成改建，成为拥有 728 套保障性租赁住房的龙湖冠寓（北京郭公庄地铁站店）。

（三）郭公庄"非居改保"项目改建流程

郭公庄"非居改保"项目是龙湖集团在项目所在地丰台区住房和城乡建设委员会指导下开展的，当时进行的改建共分五步。

第一步，改建单位向住建部门提出申请，需提供 5 项材料：（1）改建申请意见；（2）改建单位身份证明；（3）房屋权属证明文件（非产权人还需提交产权人同意意见和租赁合同、涉及他项权益提交他项权益人书面同意意见）；（4）项目改建方案（包括建筑设计方案图、项目运营方案、租赁管理方案，需改变原建筑主体结构和承重结构的，设计单位出具的结构安全核算及设计方案）；（5）若产权人不能自主处置项目，需提供产权人主管部门允许处置意见。

第二步，住建部门出具审核意见。住建部门召开联审会，经专家评审设计方案及各参会部门同意后，出具《会议纪要》同意改建。

第三步，办理施工许可证和外审。改建单位依据项目所在地住建部门同意意见，办理施工图审查、施工许可手续。位于重要区域和主要道路两侧改变建筑物外立面的项目，还应取得规划部门认定意见后，方可办理施工许可手续。龙湖集团从提出申请到拿到开工证，用了 3 个月的时间（见表 1）。

表 1　郭公庄"非居改保"项目从提出申请到取得开工证流程

时间	程序	内容
2022 年 3 月 21 日	申报	与京投公司签订租赁合同；向区住建委、区规划申报改建租赁住房
2022 年 3~4 月	评审	北京市保租房实施方案及《导则》先后发布，区住建委重申参照新流程新制度进行评审
2022 年 3 月 31 日	区住建委答复意见	区住建委组织召开改建租赁住房碰头会，会后告知按保租房政策改建，需要召开专家评审会
2022 年 4 月 22 日	专家审查会暨联审会	区住建委组织召开改建租赁住房设计方案专家审查会暨联审会，改建方案未通过专家评审，继续优化方案后再次上会

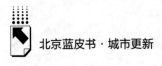

续表

时间	程序	内容
2022 年 5 月 23 日	第二次专家审查会暨联审会	区建委组织召开改建租赁住房设计方案专家审查会暨联审会,改建方案通过专家评审,参会单位同意改建
2022 年 6 月 1 日	被区住建委确认为试点	区建委更新并确定《非居建筑改建租赁住房工作流程》,强调该改建项目做试点,必须落实结构加固施工以及样板间验收后方可进行大面积施工
2022 年 6 月 16 日	区内完成会签	因新冠疫情,专家居家办公,6 月完成所有专家意见回复并确认,上报更新后方案本册,区建委启动会议纪要会签流程,6 月中旬正式签发《会议纪要》
2022 年 6 月 28 日	取得开工证	取得开工证;精装单位进场正式施工

第四步,市联审纳入计划。北京市住房和城乡建设委员会与北京市规划和自然资源委员会等部门对各区上报的项目开展市级部门联审,通过后上报北京市政府。经市政府审批同意的项目纳入全市保障性租赁住房建设筹集计划。办理《保租房项目认定书》。

第五步,纳入监管平台。验收通过的改建房源,改建单位应及时录入全市租赁监管平台,享受相应优惠政策。运营期间租赁住户使用水电气热执行居民价格、租赁企业缴纳增值税和房产税享受优惠等。

三　郭公庄"非居改保"项目主要做法及成效

（一）主要做法

1. 公开市场拿项目。2022 年 3 月,龙湖集团旗下的北京庆冠寓商业运营管理有限公司（简称龙湖公司）通过北京市产权交易平台获得京投公司京投港·西华府项目 15 年承租权。通过第三方交易平台获得改造资源,极大降低了企业从市场上自主寻找改建资源的成本。

2. 共同协商推进。虽然从国家层面到北京市都出台了"非居改保"相关政策,但是未出台具体可操作性实施细则,如何推进项目,需要走哪些程序,龙湖公司积极与项目所在地丰台区住房和城乡建设委员会对接，在区住建部门指导下，以国家和北京市非居住类建筑改建保障性租赁租房相关政策为指导，共同探索出一条可复制可推广的"非居改保"项目实施路径（见表2）。

表 2 非居建筑改建租赁住房报审工作流程

顺序	具体项目	具体内容
1	准备工作	①房屋安全鉴定 ②施工图设计。改建单位委托设计单位依据原建筑的安全鉴定结果进行项目改建工作的施工图设计
2	申请提交	①改建申请意见 ②改建单位身份证明 ③房屋权属证明文件（非产权人还需提交产权人同意意见；租赁合同、涉及他项权益提交他项权益人书面同意意见） ④项目改建方案（包括建筑设计方案图、项目运营方案、租赁管理方案，需改变原建筑主体结构和承重结构的，设计单位出具的结构安全核算及设计方案） ⑤产权人不能自主处置项目，提供产权人主管部门允许处置意见
3	同意意见	住建部门组织召开联审会，经专家评审设计方案及各参会部门同意后，出具《会议纪要》同意改建
4	办理施工许可证和外审	改建单位依据区级同意意见，办理施工图审查、施工许可手续。位于重要区域和主要道路两侧改变建筑物外立面的项目，应取得规划部门认定意见后，方可办理施工许可手续
5	市联审纳入计划	北京市住房和城乡建设委、北京市规划和自然资源委等部门对各区上报的项目开展市级部门联审，通过后上报市政府。经市政府审批同意的项目纳入全市保障性租赁住房建设筹集计划。办理《保租房项目认定书》
6	纳入监管平台	验收通过的改建房源，改建单位应及时录入全市租赁监管平台，享受相应优惠政策。运营期间租赁住户使用水电气热执行居民价格、租赁企业缴纳增值税和房产税优惠等

3. 积极申请纳保。按照申请纳入保障性租赁住房的相关要求，龙湖公司向丰台区住建委递交了申请，承诺履行保障性租赁住房相关义务（见表3）。经过北京市住房和城乡建设委与北京市规划和自然资源委等部门对上报项目开展市级部门联审，通过后上报市政府。经市政府审批同意的项目纳入全市保障性租赁住房建设筹集计划，办理《保租房项目认定书》。

表3 纳入保障性租赁住房需履行的义务

需履行义务	具体内容
服务的客户群体	作为保障性租赁住房,秉承租赁准入和配租工作,坚持全市统筹,以区为主,原则上以对接非北京禁止和限制产业目录内的企事业单位为主,用于解决在丰台区无房或者在特定区域内无房的新市民、青年人等群体住房问题
租金价格及调价	租金应当低于同地段同品质市场租赁住房租金水平。租金可随市场变化调整,但不得高于市场平均租金涨幅,合同期内不得调整租金
缴费方式	原则上按月收取租金,经承租人同意,也可按季、按年收取租金,但不得一次性收取12个月以上租金

(二)遇到的困难

1. 涉及领域多,评审周期长。非居住类建筑改建保障性租赁住房,由于房屋用途发生改变,为确保安全性,无论是按照"非居改保"相关政策规定还是客观现实,确实需要相关领域对改建方案进行审查。由于没有出台"非居改保"政策实施细则,具体需要哪些机构评审,评审时长等程序上的要求都没有明确。从郭公庄"非居改保"项目实际操作看,改建方案经过了建委、规划、发改、房管、消防、卫生、街道、水电等领域专家的两次评审,协调及评审周期相对较长(从区建委答复意见要求召开专家评审会至改建方案通过专家评审,实际用了53天)。

2. 建筑结构加固导致成本增加。由于非居住类建筑与居住类建筑的设计结构有明显的差别,而且不同时期的建筑标准也不相同,为确保改造类项目的安全,"非居改保"项目在改造时需要按照当前最新的居住建筑结构规范进行鉴定及加固。实际操作中,对不同时代同样体量的非居住建筑进行"非居改保",结构鉴定及结构加固支出的费用可能出现明显差别,会对改造企业带来不确定的成本增加。

3. 改造时间成本较高。改造过程中,对于无法满足现有规范的,需编制改建技术可行性研究,经过专家评审,作为改建施工、验收依据。例如,消防设计原则上按照现行法律法规、标准规范执行。满足现行消防标准规范确有困难的，实施主体应当对申请项目本身的结构安全、消防安全、使用功能及其周边环境现状开展改建技术可行性研究，可行性研究结果纳入设计方案编制依据的内容。设计方案编制完成后应当组织专家评审，经专家评审通过的设计文件，作为改建工程施工、验收的依据，这些客观上增加了企业的时间成本。

4. 优惠政策难落地。一是"先有鸡，还是先有蛋"问题导致优惠贷款政策难落实。按照当前保障性租赁住房银行贷款的申请程序，必须等《保租房项目认定书》下发后才可以拿到贷款。实际操作中，企业需要完成改建并且验收通过后才能拿到《保租房项目认定书》，这意味着改建过程中企业根本拿不到贷款。二是"非居改保"水、电、气、暖执行民用价格的优惠政策难落实。以供电为例，若执行民用电价，供电企业需要对原管线、配电箱、接口、计量设备等进行改造，需几十万元的投资，改建企业不愿承担，民用电价难落实。

（三）取得的成效

1. 有效缓解了项目周边新市民、青年人居住难题。郭公庄"非居改保"项目充分发挥了保租房使命，为新市民、青年人提供了质优价廉的租房。一是支撑了丰台科技园工作的新市民、青年人实现就近居住、职住平衡，增强幸福感。二是履行了租金优惠承诺。郭公庄"非居改保"项目——龙湖冠寓（北京郭公庄地铁站店）单间的月租金在 2600~4600 元，并且对接的毕业大学生在租金价格上可再享 9.8 折优惠，比周边同样面积的房屋①租金低1000 元左右。

2. 盘活了城市存量资产，让城市更有活力。郭公庄"非居改保"项目将建成停运近 4 年的"京投港·西华府"项目盘活，实现了产权方和承租方共赢。改建后的龙湖冠寓（北京郭公庄地铁站店）提供的质优价廉的保

---

① 根据第三方出租平台显示，龙湖冠寓（北京郭公庄地铁站店）周边御景春天、中海御鑫阁、幸福家园等在租的 30~50 平方米的开间或一居室项目，租金在 4300~5500 元/月。

障性租赁住房不仅对支撑丰台科技园发展发挥了重要作用，同时吸引了大学毕业生等青年才俊聚集丰台就业创业，为促进北京城市南部地区发展增添活力。

3. 为制定"非居改保"操作细则积累了经验。郭公庄"非居改保"项目是北京市首批"非居改保"项目，从操作流程、遇到的困难及解决办法等内容为北京市进一步落实《关于加快发展保障性租赁住房的实施方案》（京政办发〔2022〕9号）、《北京市城市更新条例》等政策，制定"非居改保"政策实施细则，积累了丰富经验。

四 对北京全市推动"非居改保"的启示

郭公庄"非居改保"项目的成功实施实现了北京市"非居改保"零的突破，不仅仅为丰台区提供了一定数量的保障性租赁租房，满足了一定数量的新市民、青年人居住需求，更重要的是为北京全市推动"非居改保"项目积累了重要的实践经验。

（一）充分发挥北京产权交易所在盘活低效楼宇中的重要作用

北京建筑大学2022年对北京市低效楼宇的一项调查研究显示，北京层数≥4且建筑面积≥3000平的楼宇总量有1万余栋。面对规模如此庞大的存量资产，依托供需两方一对一的沟通，成本高、效率低。一是充分发挥北京产权交易所在发现投资人、发现价格，有效盘活存量资产、挖掘闲置低效资产，助力"非居改保"项目有序推进中的积极作用。二是加强宣传，提升北京产权交易所在盘活存量资产、挖掘闲置低效资产领域的知晓度。

（二）建立健全"非居改保"配套性政策

一是加快出台"非居改保"政策实施细则，促进"非居改保"项目顺利实施。虽然从国家到北京市出台了多项"非居改保"政策，但是在项目实施中，存在流程不明确等问题（如：专家评审会专家组成，评审项目内容、评审时间等），亟须出台"非居改保"政策操作细则。二是研究制定"非居改保"财政支持政策，对为落实水、电、气、暖优惠价格需要增加投资的"非居改保"项目给予一定的财政补贴。

（三）完善"非居改保"金融支持政策

一是优化金融支持政策，破解"非居改保"项目贷款难题。研究制定"非居改保"项目贷款落地政策，可以按照"五五比例"：对申请贷款的"非居改保"项目先发放 50% 贷款，待《保租房项目认定书》下发后补齐余下 50% 的贷款。二是研究"非居改保"项目 REITs 试点。对近 3 年保持盈利或经营性净现金流为正的"非居改保"项目试点 REITs 发行，探索存量资产的退出，引导多主体投资、筹集长期权益资金，通过实施"非居改保"盘活更多低效楼宇，实现保障性租赁住房供给持续增加。

参考文献

《加快发展保障性租赁住房　促进大城市住房困难群体实现"安居梦"——专访住房和城乡建设部保障司司长曹金彪》，《城乡建设》2021 年第 15 期，第 6~13 页。

端木：《国家发改委：支持人口净流入大城市新建改建保障性租赁住房》，《中国房地产》2021 年第 18 期，第 6 页。

黄卉：《基于实态调研的北京市"非改居"案例研究及启示》，《住区》2021 年第 12 期，第 40~45 页。

Abstract

The 20th National Congress of the Communist Party of China has pointed out the need to accelerate the transformation of the development model of super-large and mega cities and to implement urban renewal projects. As China's economy has been transitioning from a phase of rapid growth to a stage of high-quality development, the previous development model for urban construction characterized by "massive construction, high resource consumption, high carbon emissions, excessive real estate development" has become unsustainable. There is an urgent need to shift the focus from incremental construction dominated by real estate to upgrading the quality of existing urban assets, with the primary goal of improving urban quality. This requires the implementation of urban renewal projects. In recent years, Beijing has accelerated its urban renewal efforts under the backdrop of reducing development scale, with "restructuring, clearance, and enhancement" as the guiding principle. This has led to the development of a series of institutional achievements such as the "Beijing Urban Renewal Regulations" and a number of outstanding renewal cases, ushering in a new phase in urban renewal work.

This book serves as the first bluebook on the subject of urban renewal in Beijing. It is divided into four parts: the General Report, the Sub-reports, the Dissertations, and the Case Studies. The reports within the book are authored by frontline practitioners and researchers involved in urban renewal practices across various domains. The data presented is both reliable and factual, the case studies are vivid, and the strategies are scientifically sound. As a result, the book holds strong academic research and decision-making value.

The general report begins by tracing the evolution of urban renewal in Beijing and points out that Beijing has now entered a comprehensive urban renewal phase under the backdrop of reducing development scale. Notably, significant achievements have been made in historic city preservation, improving living standards, supporting industries, and enhancing urban space quality. Looking ahead, Beijing's urban renewal demonstrates four major trends: a focus on people-centric renewal goals, enhanced coordination among stakeholders, expanded regional renewal scope, and the modernization of renewal methods. In light of current practices, the report suggests that efforts should be focused on building consensus among various stakeholders in urban renewal, continuous improvement of the urban renewal policy system, and strengthening operational support for urban renewal, thereby paving the way for further high-quality development.

The Sub-reports are classified into the five categories of urban renewal as specified in the "Beijing Urban Renewal Regulations," which include residential, industrial, facilities, public spaces, and comprehensive regional renewal. Among them, the team led by Zhuo Jie focuses on the participation of social capital in the renovation of old residential neighborhoods. They point out that the lack of sound policies and mechanisms has led to high transaction costs, which is a fundamental reason affecting the enthusiasm of social capital. They propose a multi-faceted approach to improve the policy and mechanism for social capital participation in the renovation of old residential neighborhoods. The team led by Wei Chen points out that the activation of existing resources will become an important channel for the supply of rental housing in Beijing. They accurately identify the problems and challenges faced in the activation of existing resources and propose six sets of recommendations, including strengthening legal planning and layout guidance. Sun Ting and her team focus on the renewal projects that involve the transformation of old industrial buildings into cultural industry parks, which are relatively common in Beijing. She suggests promoting the transformation and upgrading of these parks to improve their quality and efficiency, achieving a positive interaction between the economic benefits of cultural industries and their social value through measures such as strengthening financial support. Jia Shuo's research takes a more macro perspective on the renewal of old industrial buildings and highlights the trends and challenges in their transformation. They propose accelerating the renewal and transformation of old industrial buildings through six measures, including enhanced coordination and detailed categorization of renovations. Wang Yao and his team aim to promote the sustainable development of the city's comprehensive utility tunnels. They point out the issues faced in the construction and operation of comprehensive utility tunnels and offer recommendations such as enhancing the comprehensiveness and scientific nature of early planning. Duan Tingting and her team address the issue of the underutilization of some community health service facilities in Beijing. They propose solutions such as maintaining a demand-oriented approach, tackling easier tasks first, piloting initiatives, involving multiple stakeholders, and providing policy support to facilitate the transformation and use of underutilized public service facilities. Li Nianqing and his team focus on urban waterfront spaces, emphasizing comprehensive development and safety. They highlight the integration of environmental improvements and restoration efforts in waterfront areas, with the aim of promoting the revitalization of the southern city and the transformation and development of the western Beijing area through waterfront development and construction. The research team led by Yu Guoqing, after analyzing the limitations of point-line and category-based urban renewal, defines the essence of comprehensive urban renewal. They recommend focusing on block-level renewal, breaking away from the segmented management mode of blocks and parcels, and aligning planning, construction, and management as a whole. This approach aims to facilitate further refinement and implementation of policies and, with Party building as a guiding principle, establish a mechanism of multi-party collaboration, governance, and sharing to activate a unified approach to urban renewal throughout the city.

The special topic section primarily focuses on the key initiatives and explorations in Beijing's urban renewal in recent years. It conducts specialized research on various aspects of urban renewal work, including legal regulations, investment environment, financial support, big data applications, multi-dimensional governance, and the utilization of vacated spaces. Li Chengxi, as a full participant in the creation of the "Beijing Urban Renewal Regulations," provides a comprehensive review of the legislative background, process, characteristics, and main principles. This valuable firsthand information offers an in-depth look at the legislative process of urban renewal in Beijing. Wang Hao and his team perform a quantitative analysis of Beijing's urban renewal investment environment by establishing an index system. They indicate that from 2021 to 2022, the overall trend of Beijing's urban renewal investment environment has improved and suggest targeted optimization strategies to address remaining shortcomings. The research conducted by Lai Xingjian and his team points out that traditional debt-based financing may not meet the full chain financing needs of urban renewal in Beijing. They recommend establishing an equity-type urban renewal guidance fund, and they provide related suggestions for setting up the fund, covering aspects related to "financing, investment, management, and withdrawal." This approach is aimed at enhancing the effectiveness of financing urban renewal projects. Wang Miao, from the perspective of urban spatial big data, analyzes the current situation of the protection and renewal of core areas in the capital's functional core area. He explores a data-driven model for protecting and renewing these urban blocks, along with future directions. Zhao Zhao delves into the practical examples of multi-party governance in Beijing's urban renewal and analyzes the foundations and characteristics of collaborative governance. The report also provides recommendations on enhancing the level of collaborative governance. Zhu Xinglong and his team utilized data from the "restructuring, clearance, and enhancement" comprehensive dispatching platform and remote sensing image monitoring data to summarize and categorize the characteristics of the space resources vacated through restructuring and clearance. They also provided corresponding utilization recommendations. This helps in more effectively utilizing these space resources to meet the needs of urban renewal and development.

The case study revolves around typical projects in Beijing's urban renewal practices, presenting the progress, experiences, and characteristics of residential and industrial renewal in Beijing through the metaphorical approach of "dissecting sparrows". Xun Yi focused on the renewal and transformation of the North Park in the New Shougang Industrial Park, systematically reviewing the background and process of the renewal and transformation of New Shougang. She summarized successful practices and experiences, which has reference value for the renewal and transformation of similar old industrial areas. Zhang Hongcai summarized the

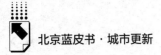
progress of the renewal and transformation of the eight major factories in the western suburbs of Beijing, pointing out that the eight major factories in the western suburbs of Beijing are the "main battlefield" for stock renewal in Beijing. The transformation and upgrading experience of these factories has demonstrative significance nationwide. Zhang also proposed specific suggestions, such as strengthening support for building scale indicators and coordinating indicators, and optimizing the approval process for the renewal and transformation of old factories. Liu Chen analyzed the main practices and project highlights of the Dahongmen Commercial and Trade City renewal project, and provided development recommendations for the next steps. Huang Jiangsong analyzed the practice of updating the Petroleum Symbiosis Compound in the Academy Road Street, dissecting how to address the "compound syndrome". She pointed out that updating public spaces can leverage the governance of the "compound syndrome" and suggested solving the issues of who will carry out and how to carry out public space updates through building organizational communities, policy communities, and psychological communities respectively. Fang Xiaoqi dissected the main contents of the block renewal planning mechanism constructed in the Huancheng Jingshan District renewal, elucidating key issues that may affect the future sustainable implementation of the project and providing corresponding suggestions. Ma Xiaochun conducted a study on the Guogongzhuang, Beijing's first "non-residential to affordable rental housing" project. He proposed countermeasures and suggestions for the promotion of the "non-residential to affordable rental housing" policy in Beijing and other super-large cities in China from three aspects: fully leveraging the important role of the Beijing Property Exchange in revitalizing inefficient buildings, establishing and improving supporting policies for "non-residential to affordable rental housing", and enhancing financial support policies for "non-residential to affordable rental housing".

Keywords: Urban Renewal; Beijing Practices; High-quality Development

Contents

I   General Report

Abstract: Since the founding of the People's Republic of China, Beijing's urban renewal has gone through four distinct phases. Following the evolution through the first three stages, significant progress has been made in urban infrastructure construction, notable improvements in people's living standards, and a substantial increase in the quality and efficiency of economic development. Substantial advancements have also been achieved in the construction of a world-class metropolis that is harmonious and livable. At present, Beijing has entered its fourth phase, characterized by comprehensive urban renewal under the backdrop of reduction in development scale, and has achieved a series of breakthroughs. This is primarily reflected in the significant achievements of the "restructuring, clearance, and enhancement" action, the clarification of the scope and extension of urban renewal through legislative means, the establishment of a coordinated work advancement mechanism led by the Municipal Party Committee, and the initial construction of a "1+N+X" policy framework. A considerable number of renewal projects have made notable progress in historical city preservation, improving people's livelihood, supporting industries, and enhancing the quality of urban spaces. Looking ahead, Beijing's urban renewal shows four major trends: increased coordination among renewal stakeholders, a more citizen-centric approach to renewal goals, expanded renewal scope, and modernization of renewal methods. Despite these trends, current urban renewal practices still face challenges including a lack of consensus among relevant parties, an incomplete policy framework, and the need to explore full life-cycle operational models for projects. Studies suggest that addressing these challenges should involve three main approaches: fostering consensus among all parties involved in urban renewal, continuously improving the urban renewal policy framework, and strengthening operational support for urban renewal. By navigating these challenges and adapting to the context of reduced development scale, Beijing's urban renewal can continue to support the high-quality development of the capital city in the new era.

Keywords: Beijing; Urban Renewal; Evolution Course; Reduced Development

II Sub-Report

B.2 Research on Promoting the Participation of Social Capital in the Renovation of Old Residential Communities

Zhuo Jie, Ren Zhichu / 029

Abstract: Where does the money come from? It is a key issue faced by the renovation of old residential communities. During the 14th Five-Year Plan period, Beijing needs to complete the renovation task of 160 million square meters, and in addition to government investment, it is necessary to vigorously attract social capital to participate in the renovation of old residential communities. In recent years, Beijing has achieved positive results in accelerating the improvement of policy mechanisms and promoting pilot work. However, there are still some problems in policy refinement and implementation, utilization of existing resources, systematic financial support, planning and approval system, mobilizing the enthusiasm of residents and property owners, and cooperation between state-owned and private enterprises. In the future, it is urgent to improve the policy mechanism in such aspects as figuring out the original account, collecting property rights, strengthening resource coordination, optimizing planning and approval procedures, building cooperation platforms, strengthening financial support, and promoting shared responsibility among multiple parties, so as to improve the breadth and depth of social capital participation.

Keywords: Renovation of old Residential Communities; Social Capital; Urban Renewal

B . 3 Research on the Implementation of Rental Housing in Beijing Based on Stock Renewal

Wei Chen, Liu Silu, He Sining, You Hong and

Huang Hui / 047

Abstract: Since the 19th National Congress of the Communist Party of China, the status of rental housing in China's housing supply system has become increasingly important. Under the background of Beijing's reduction development, how to effectively use the stock space resources to expand the supply of rental housing through urban renewal actions and strive to solve the housing difficulties of the poor, new citizens and youth is not only an important starting point to improve the housing security system, but also the due meaning of urban renewal. This paper analyzes and judges the problems and challenges of raising rental housing through the revitalization of stock resources from the perspective of planning, land and operation. It puts forward six countermeasures and suggestions, including strengthening the guidance of statutory planning and layout, optimizing the implementation mechanism of collective rental housing, accelerating the pilot of self-owned land of enterprises and institutions, establishing the whole-cycle management mechanism of land, exploring the mixed policy of inclusive land functions for non-rent conversion projects and the professional and institutional construction of stock housing, in order to provide reference for the optimization of

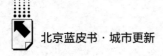

relevant policies to provide rental housing supply through stock space renewal.

Keywords: Rental Housing; Stock Renewal; Implementation Issues; Housing Security

B . 4   Research on Renovation and Transformation of
Beijing Old Factory Buildings and Cultural Industrial Parks

Sun Ting , Bu Jianhua / 062

Abstract: Promoting the transformation of old factories into cultural industrial parks is an important path for Beijing's urban renewal, and an important measure to promote the development of cultural industries and build a national cultural center. This paper elaborated on the significance of transforming the old factory into a cultural industrial park, systematically reviewed the current situation of renewal and transformation, and focused on analyzing the problems faced in the process of renewal and transformation, such as high cost of renewal, difficult procedures, weak professional services, insufficient linkage between industry and city, etc. Explore and put forward the implementation path of promoting the renovation of old factories into cultural industrial parks from the five aspects of "strengthening financial support, increasing overall planning and coordination, improving professional services, strengthening scientific and technological empowerment, and improving integrated development" to help Beijing urban renewal.

Keywords: Old Factory Buildings; Cultural Industry Park; Renewal and Transformation

B . 5   The Report of the Renovation of Old Factory Buildings
in Beijing   *Jia Shuo, Liu Zuoli and Yin Yunhang* / 079

Abstract: The renovation of old factory buildings is an important part of urban renewal, playing an important role in transformation and upgrading of industries, optimization of urban functions, and improvement of land intensive use. This report systematically reviews the current status and existing problems of renovation of old factory buildings in Beijing, such as the lack of coordination mechanism, poor participation of social capital, the incompletion of supporting policies, etc. Based on the analysis, the report proposes the suggestions including strengthening overall coordination, refining the renovation types, adapting to local conditions for renovation, optimizing the conditions of renovation and improving the supporting policies.

Keywords: Old Factory Buildings; Adapting to Local Conditions for Renovation; Overall Coordination

B.6   Enhancing System Design and Institutional

Frameworks to Support the Construction of

Resilient Cities through Comprehensive Utility Tunnels

Wang Yao, Liu Peigang, Zhou Fang and Liu Siqi / 093

Abstract: Comprehensive Utility Tunnel is an infrastructure that integrates power, communication, gas, heating, water supply and drainage engineering pipelines in the underground tunnel space of the city, which is a "lifeline" project to ensure the safe and efficient operation of the city. This report introduces the experiences and practices of Comprehensive utility tunnel construction and operation domestically and internationally, clarifies the challenges faced by Comprehensive Utility Tunnel under construction and planned construction in this city, and proposes to focus on the construction of a resilient city and the utilization of underground space, consider the construction of Comprehensive Utility Tunnel in this city in an integrated way, and promote the construction and operation of Comprehensive Utility Tunnel in this city from the systematic planning and design, the improvement of the supporting system, and the diversified funding mode in the

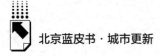
three aspects of the construction and operation of the sustainable development of Comprehensive Utility Tunnel in this city, and ensure the "lifeline" construction of urban operation.

Keywords: Comprehensive Utility Tunnel; Asset Ownership Confirmation; Resilient City

B.7 Research on the Renewal of unused Community Public Service Facilities in Beijing

Duan Tingting, Liu Ye and Zhu Yuelong / 101

Abstract: The renewal of public service facilities is a way to optimize the form and function of public service in urban built-up areas. It is an inevitable requirement to improve spatial utilization efficiency in the context of reduced development, an important measure to enrich public service supply, and a practical need to respond the challenges of public service brought about by demographic changes. Affected by changes in policy standards, usage costs, and 'Not In My Back Yard' effects, some community health service facilities in Beijing are facing difficulties in practical usage. It is recommended to adhere to demand orientation, diversed participation, and afford support to solve policy, path, funding, and other issues, so as to promote the usage of unused public service facilities, implement service functions as soon as possible, and enhance residents' sense of gain and happiness.

Keywords: Public Services; Urban Renewal; Usage of Community Public Service Facilities

Contents ↖↘

B.8 Research on Creating High Quality Waterfront Space to
Promote High Quality Development of Capital City

Li Nianqing , Han Li ∕ 114

Abstract: This report discusses the significance of building high-quality waterfront spaces from four aspects: building an international first-class harmonious and livable city, building a resilient flood control system, urban renewal, and reduced development. It comprehensively analyzes the achievements and shortcomings of waterfront space construction in Beijing, and proposes countermeasures and suggestions for waterfront space construction: coordinating development and safety, combining waterfront space environmental improvement with disaster relief, rehabilitation, and reconstruction work, Continuously strengthening the urban safety defense line; By restoring the historical river and lake water systems, we will protect the overall layout of the old city of Beijing; By focusing on the improvement and development of waterfront space environment, we aim to build a high-quality city; Promote the revitalization of the southern urban area, the transformation and development of the western Beijing region through the development and construction of waterfront spaces; Improve the financial and tax system and establish a mechanism for sharing benefits in waterfront spaces; Improve the policy and regulatory system for waterfront space management, and form a long-term working mechanism for waterfront space management.

Keywords: Waterfront Space; Quality City; Resilient Flood Control System

B.9 Policy Research on Beijing's Coordinated Promotion
of Urban Renewal

*The Research Group of Policy Research on Beijing's Coordinated
Promotion of Urban Renewal ∕* 130

Abstract: This report, based on the urban renewal in Beijing, elaborates on

301

the limitations of point and linear renewal and classified renewal, the connotation of coordinated renewal, and the importance of promoting coordinated renewal under the new development paradigm. Give a comprehensive and systematic review and summary of the current situation and problems in promoting coordinated renewal in Beijing. We consider that there are four main problems. First, the coordinated renewal policy needs further improvement. Second, there is a lack of completed urban renewal management and project processes. Then, there is also a lack of sustainable financing mechanisms. The last one is a lack of effective collaboration mechanism. We suggest focusing on neighborhood renewal, breaking the barriers between different government departments, connecting planning, construction and management, promoting policy implementation, building a multi-party joint construction, governance, and sharing mechanism guided by Party building, to activate the urban renewal in Beijing as a whole.

Keywords: City Planning; District Renewal; Investment and Financing

Ⅲ Special Report

B.10 Innovation and Practical Exploration of Urban
Renewal Local Legislation in Beijing *Li Chengxi* / 141

Abstract: With the implementation of Beijing's new urban master plan, Beijing has become the first megacity in China to decrement development, and entered a new stage of high-quality urban development dominated by stock urban renewal. Under the new situation, Beijing initiated local legislation on urban renewal in 2021 and officially implemented in 2023, provided a stronger local legislation protection for the orderly implementation of urban renewal in accordance with the regulation. This paper researches and discusses the innovation and practical exploration of urban renewal local legislation inBeijing, and divides into five parts. The first part analyzes the main problems of urban renewal local legislation in Beijing, combin with the policy background, practical needs and practical exploration; Based on the all-round response to social needs and expectations, the second part combines out the innovative practices in local legislative practice; The third part focuses on the general idea of local legislation, analyzes the difficult problems of urban renewal cracked by local legislation; The fourth part refines the main characteristics of urban renewal local legislation in Beijing; The fifth part summarizes the new tasks and challenges facing by Beijing's urban renewal, and proposes countermeasures and suggestions on how to promote the implementation of regulations and specific work better, such as accelerate the formulation of supporting system, promote system publicity continuously and focus on promoting urban renewal project implementation.

Keywords: Urban Renewal; Local Legislation of Urban Renewal; Legislative Practice Exploration

B.11   The Report on Investment Environment for Urban

Regeneration in Beijing

Wang Hao, Wang Wei, Dai Juncheng, Wu Sitong and Wu Yile / 156

Abstract: The investment environment for urban regeneration refers to the comprehensive ecosystem formed by government management, market dynamics, and infrastructure, among other factors, which collectively influence investment decisions and project execution in urban regeneration. Analyzing this environment is instrumental in evaluating and diagnosing a city's level of investment attractiveness for urban regeneration, identifying strengths and weaknesses, and subsequently undertaking targeted enhancements to propel sustainable urban development. Building upon the elucidation of the essence of the investment environment for urban regeneration, this report develops an Urban Regeneration Investment Environment Index Model. Using the year 2021 as the benchmark, a longitudinal comparison method is employed to calculate and analyze the Urban Regeneration Investment Environment Index for Beijing in 2022. The results indicate an overall trend of improvement in Beijing's urban regeneration investment environment from 2021 to 2022. In response to identified shortcomings, optimization recommendations are proposed, including improving the laws and regulations of urban regeneration, optimizing the policy environment, streamlining approval process, and effectively strengthening cooperation between the government, enterprises, society, and other parties; the innovation of market-oriented mechanisms, enhanced information disclosure, encouragement of pre-operation and model innovation, and strengthened financing risk prevention; and the optimization of transportation infrastructure, enhancement of urban public service facilities, and the implementation of a smart city governance system.

Keywords: Urban Regeneration; Investment Environment; Index Model

B.12　Research on the Establishment of Beijing's Urban

　　　Renewal Guide Fund　*Lai Xingjian*, *You Hong and Feng Wei* / 173

Abstract: The effective use of social capital is a crucial factor in ensuring the long-term viability of urban renewal initiatives. During the period of the 14th Five Year Plan, the need for funding towards urban renewal initiatives in Beijing grew evermore higher, while the government's investment capacity becomes increasingly constrained. Conventional debt-based financing proves insufficient in addressing urban renewal's new long-cycle investment and financing requirements. The establishment of an urban renewal guide fund, funded by the Beijing government, could be a key initiative for the urban renewal process. The fund can facilitate the development of sustainable operational-income based investment return mechanism, and help to alleviate government financial burdens. This paper discusses the four stages of the urban renewal guide fund, "financing, investment, management and exiting", examining key aspects of establishing an urban renewal guiding fund under the context of Beijing's urban renewal policy requirements. The primary emphasis is placed on the synergy and accessibility of financial resources, the advancement of "genuine equity financing," the unity of policy and market aspects of fund investment, and the keyrole of post-investment portfolio management and investment exit strategy. Targeted recommendations are made on urban renewal guide fund's agenda, its innovativeness, its investment selection process, and its structures.

Keywords: Urban Renewal; Government Guiding Fund; Equity Financing; Investment Management; Investment Exit Strategy

B. 13   Research on the Protection and Renewal Mode of Blocks
in the Core Area of Capital Function Based on Big Data

Wang Miao / 188

Abstract: Big data is an important basic data to support the scientific development of urban renewal work, and plays an important role in improving the government's urban governance capacity. Based on the perspective of big data in urban space, this paper defines the connotation and definition of the object of block protection and renewal, analyzes the current situation of the object of block protection and renewal in the functional core area of the capital, explores and puts forward the application mode of pre-planning, information coordination, resource and demand coordination, post-monitoring and evaluation of urban renewal based on big data, and puts forward suggestions for promoting block protection and renewal from the aspects of system platform construction, evaluation index system, historical and cultural inheritance, people-oriented, old community transformation and multi-construction and sharing.

Keywords: Block Protection and Renewal; Big Data; Urban Renewal Model

B. 14   A Research Report of Beijing Urban Renewal Pluralism
in Corporate Governance

Zhao Zhao / 201

Abstract: Pluralism in corporate governance has become an important discussion topic in urban renewal. Due to the large number of subjects involved and the large differences in appeals, urban renewal is prone to form different conflicts of interest, and it is necessary to strengthen the response to the demands of multiple subjects in the practice of renewal, and establish institutional channels to promote the consensus of subjects. This paper firstly examines the foundation and characteristics of multi-coagulation practice in Beijing's urban renewal context. Through analyzing actual case studies, it is found that Beijing has established a policy framework and implementation mechanism for multi-coagulation, with private enterprises and state-owned enterprises playing roles in market allocation and guarantee respectively, while social organizations provide professional services in relevant fields. Secondly, this paper identifies challenges and deficiencies faced by Beijing's urban renewal multi-coagulation process, including the need for improved marketization degree, optimized participation of property rights subjects, establishment of interest coordination mechanisms, as well as enhanced refinement of grassroots governance level. Finally, suggestions are proposed to enhance the level of co-governance in urban renewal through top-level system design improvement, classification enhancement of consultation mechanisms, exploration of social-market operation management models, and optimization of work processes to facilitate smooth participation paths for social capital. These recommendations aim at promoting integration between urban renewal efforts and social governance.

Keywords: Urban Renewal; Corporate Governance; Socialized Management; Grassroots Governance; Social Capital

B.15   Research on Vacated Space Resources of "Relocation, Regulation and Betterment" in Beijing

Zhu Xinglong, Liu Wenbo and Che Yinying / 215

Abstract: Since 2017, Beijing has carried out two consecutive rounds of special actions of "Relocation, Regulation and Betterment", and through relocation and regulation space has been vacated, providing a lot of available space for Beijing to promote industrial transformation and upgrading, repair urban functions, and strengthen ecological environment construction. Based on the data of Beijing's "Relocation, Regulation and Betterment" integrated dispatching platform and remote sensing image monitoring data, the report categorized and analyzed the vacated space resources of "Relocation, Regulation and Betterment" in Beijing from the aspects of source, area, spatial distribution, planning use and land use status, In order to promote the effective utilization of vacated space resources in Beijing, the author puts forward some countermeasures and suggestions, such as improving the regional coordination mechanism of vacated space resources utilization, strengthening the planning guidance, and establishing the linkage mechanism of the overall coordination, dredging and updating.

Keywords: "Relocation, Regulation and Betterment"; Vacated Space Resources; Remote Sensing Image

Ⅳ　Case study

Abstract: Since the relocation of Shougang to Caofeidian, after years of continuous planning and construction, Shougang Region has formed unique practical experience in the protection and utilization of industrial heritage, becoming a demonstration for the adjustment and transformation of old industrial zones in urban areas nationwide. This report focuses on the renovation and renovation of the North Park of New Shougang Industrial Park, systematically sorting out the main background and process of the renovation and renovation of New Shougang, analyzing the main practices and experiences in the renovation and renovation of New Shougang, such as fully leveraging the power of government

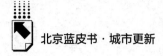

enterprise cooperation, innovating institutional mechanisms to activate market factors, promoting the protection and utilization of industrial relics, etc., providing reference and reference for the renovation and renovation of old industrial zones of the same type.

Keywords: New Shougang; Old Industrial Zone; Urban Renewal and Reconstruction

B.17   Case Study Report on the Renovation of Eight Major Factories in West Beijing   *Zhang Hongcai* / 236

Abstract: The eight major factories play an important role in the renovation of old factories in Beijing. Their transformation and upgrading development are of great significance in Beijing. This report summarizes the progress of renovation of the eight major factories, analyzes the difficulties and issues, and proposes targeted countermeasures and suggestions for the next step of renovation.

Keywords: Beijing West Eight Major Factories; Urban Renewal; Renovation

B.18   Case Study of Beijing Dahongmen Clothing Wholesale Market Renovation Project   *Liu Chen* / 246

Abstract: Dahongmen Clothing Wholesale Market Renovation Project is one of the most representative projects in Beijing urban renovation process. It is also a typical case of industry up-shifting by urban renewal in southern Beijing. To achieve a better development, Dahongmen Clothing Wholesale Market changed its major business from clothing wholesale to culture, innovation and international commerce, dismissed the existing clothing wholesalers, and then started its "building and industry upgrades". On the one hand, Dahongmen Clothing Wholesale Market devoted much in optimizing its blueprint, space design and industry-related services to enhance its appeal and support for new businesses; on the other hand, the market tried to increase its development efficiency via close cooperation with local and municipal government, flexible land supply and strict selection of companies that wanted to settle in. As a result, Dahongmen Clothing Wholesale Market is now turning from a traditional wholesale market to South-Central-Axis International Cultural Park, which is becoming a new business landmark in Southern Beijing.

Keywords: Dahongmen; Urban Renovation; Industry Upgrading

B.19 Insights from the Petroleum Symbiosis Compound in Xueyuan Subdistrict Office of Haidian District: Leveraging Space Renewal to Manage the "Disease of Large Residential Compounds"

Huang Jiangsong / 257

Abstract: This report analyzes how the "disease of large residential compounds" can be effectively managed in the era of post-residential compounds through the practical example of the Petroleum Symbiosis Compound in the Xueyuan Road subdistrict office of Haidian District, Beijing. The essence of the "disease of large residential compounds" lies in the coexistence of insufficient vitality and lack of order. The case of the Petroleum Symbiosis Compound provides two insights. First, the renewal of public spaces can leverage the management of the "disease of large residential compounds". Jan Gehl, a renowned Danish architect, emphasizes the importance of nurturing the life of urban public spaces, which are the most attractive elements of a city. By improving the quality of public spaces, all spaces become places for people to stay, all places for people to stay become opportunities for interaction, and all places for interaction become mutually beneficial. Second, the issues of who will undertake the renewal of public spaces and how to do it can be addressed by building community organizations,

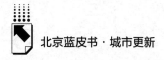
policy communities, and psychological communities.

Keywords: Disease of Large Residential Compounds; Public Spaces; Urban Renewal

B. 20   Case Study of Bungalow Courtyard Renewal in Jingshan

area of Beijing's Imperial City   *Fang Xiaoqi* / 267

Abstract: At present, Beijing vigorously encourages the organic renewal of bungalow courtyards in core areas. Focusing on the three major goals of "heritage protection, block renewal, and livelihood improvement", Jingshan area of Beijing's Imperial City promotes its whole area renewal works synthetically and systematically, actively exploring the historical and cultural blocks renewal model that can be copied, inherited and implemented. This paper systematically summarizes the renewal experience of Jingshan area. While concluding its renewal strategies and methods, this paper analyzes the overall planning mechanism and main contents of the renewal, which was built to ensure the smooth development of related work. In addition, in order to help the efficient development of the follow-up work of the area, this paper explains the key issues that may affect the future sustainable implementation of the project, and puts forward relevant suggestions to ensure the follow-up work.

Keywords: Urban Renewal; Historical and Cultural Blocks; Bungalow Courtyards; Protective Repair and Restorative Construction

B. 21   The Study on the Reconstruction of Government-subsidized Rental

Housing for Non-residential Buildings in Guogongzhuang

Ma Xiaochun / 279

Abstract: In the process of urban renewal, promoting the reconstruction of non-residential buildings to guarantee rental housing (referred to as "non-residential reform and protection") is a practical measure to effectively alleviate the housing problems of new citizens and young people in megacities. In the process of urban renewal, promoting the reconstruction of non-residential buildings to guarantee rental housing (referred to as "non-residential reform and protection") is a practical measure to effectively alleviate the housing problems of new citizens and young people in megacities. This study studied the main practices, difficulties encountered and achievements of the first "non-resident reform and insurance" project in Beijing. From the three aspects of giving full play to the important role of Beijing Equity Exchange in revitalizing inefficient buildings, establishing and improving the matching policy of "non-residential reform insurance", and improving the financial support policy of "non-residential reform insurance", this paper puts forward countermeasures and suggestions for the promotion of "non-residential reform insurance" policy in Beijing and other large and megacities in China. This study studied the main practices, difficulties encountered and achievements of the first "non-resident reform and insurance" project in Beijing. From the three aspects of giving full play to the important role of Beijing Equity Exchange in revitalizing inefficient buildings, establishing and improving the matching policy of "non-residential reform insurance", and improving the financial support policy of "non-residential reform insurance", this paper puts forward countermeasures and suggestions for the promotion of "non-residential reform insurance" policy in Beijing and other large and megacities in China.

Keywords: Guogongzhuang; Non-residential Building; Affordable Rental Housing

皮书

智库成果出版与传播平台

❖ 皮书定义 ❖

皮书是对中国与世界发展状况和热点问题进行年度监测，以专业的角度、专家的视野和实证研究方法，针对某一领域或区域现状与发展态势展开分析和预测，具备前沿性、原创性、实证性、连续性、时效性等特点的公开出版物，由一系列权威研究报告组成。

❖ 皮书作者 ❖

皮书系列报告作者以国内外一流研究机构、知名高校等重点智库的研究人员为主，多为相关领域一流专家学者，他们的观点代表了当下学界对中国与世界的现实和未来最高水平的解读与分析。

❖ 皮书荣誉 ❖

皮书作为中国社会科学院基础理论研究与应用对策研究融合发展的代表性成果，不仅是哲学社会科学工作者服务中国特色社会主义现代化建设的重要成果，更是助力中国特色新型智库建设、构建中国特色哲学社会科学"三大体系"的重要平台。皮书系列先后被列入"十二五""十三五""十四五"时期国家重点出版物出版专项规划项目；自2013年起，重点皮书被列入中国社会科学院国家哲学社会科学创新工程项目。

皮书网

（网址：www.pishu.cn）

发布皮书研创资讯，传播皮书精彩内容
引领皮书出版潮流，打造皮书服务平台

栏目设置

◆ **关于皮书**

何谓皮书、皮书分类、皮书大事记、
皮书荣誉、皮书出版第一人、皮书编辑部

◆ **最新资讯**

通知公告、新闻动态、媒体聚焦、
网站专题、视频直播、下载专区

◆ **皮书研创**

皮书规范、皮书出版、
皮书研究、研创团队

◆ **皮书评奖评价**

指标体系、皮书评价、皮书评奖

所获荣誉

◆ 2008年、2011年、2014年，皮书网均
在全国新闻出版业网站荣誉评选中获得
"最具商业价值网站"称号；

◆ 2012年，获得"出版业网站百强"称号。

网库合一

2014年，皮书网与皮书数据库端口合
一，实现资源共享，搭建智库成果融合创
新平台。

皮书网

"皮书说"
微信公众号

皮书数据库
ANNUAL REPORT(YEARBOOK) DATABASE

权威报告·连续出版·独家资源

分析解读当下中国发展变迁的高端智库平台

所获荣誉

- 2022年，入选技术赋能"新闻+"推荐案例
- 2020年，入选全国新闻出版深度融合发展创新案例
- 2019年，入选国家新闻出版署数字出版精品遴选推荐计划
- 2016年，入选"十三五"国家重点电子出版物出版规划骨干工程
- 2013年，荣获"中国出版政府奖·网络出版物奖"提名奖

皮书数据库

"社科数托邦"
微信公众号

成为用户

登录网址www.pishu.com.cn访问皮书数据库网站或下载皮书数据库APP，通过手机号码验证或邮箱验证即可成为皮书数据库用户。

用户福利

- 已注册用户购书后可免费获赠100元皮书数据库充值卡。刮开充值卡涂层获取充值密码，登录并进入"会员中心"—"在线充值"—"充值卡充值"，充值成功即可购买和查看数据库内容。
- 用户福利最终解释权归社会科学文献出版社所有。

社会科学文献出版社 皮书系列
SOCIAL SCIENCES ACADEMIC PRESS (CHINA)

卡号：66849856951 1
密码：

数据库服务热线：010-59367265
数据库服务QQ：2475522410
数据库服务邮箱：database@ssap.cn
图书销售热线：010-59367070/7028
图书服务QQ：1265056568
图书服务邮箱：duzhe@ssap.cn

S 基本子库
UB DATABASE

中国社会发展数据库（下设 12 个专题子库）

紧扣人口、政治、外交、法律、教育、医疗卫生、资源环境等 12 个社会发展领域的前沿和热点，全面整合专业著作、智库报告、学术资讯、调研数据等类型资源，帮助用户追踪中国社会发展动态、研究社会发展战略与政策、了解社会热点问题、分析社会发展趋势。

中国经济发展数据库（下设 12 专题子库）

内容涵盖宏观经济、产业经济、工业经济、农业经济、财政金融、房地产经济、城市经济、商业贸易等 12 个重点经济领域，为把握经济运行态势、洞察经济发展规律、研判经济发展趋势、进行经济调控决策提供参考和依据。

中国行业发展数据库（下设 17 个专题子库）

以中国国民经济行业分类为依据，覆盖金融业、旅游业、交通运输业、能源矿产业、制造业等 100 多个行业，跟踪分析国民经济相关行业市场运行状况和政策导向，汇集行业发展前沿资讯，为投资、从业及各种经济决策提供理论支撑和实践指导。

中国区域发展数据库（下设 4 个专题子库）

对中国特定区域内的经济、社会、文化等领域现状与发展情况进行深度分析和预测，涉及省级行政区、城市群、城市、农村等不同维度，研究层级至县及县以下行政区，为学者研究地方经济社会宏观态势、经验模式、发展案例提供支撑，为地方政府决策提供参考。

中国文化传媒数据库（下设 18 个专题子库）

内容覆盖文化产业、新闻传播、电影娱乐、文学艺术、群众文化、图书情报等 18 个重点研究领域，聚焦文化传媒领域发展前沿、热点话题、行业实践，服务用户的教学科研、文化投资、企业规划等需要。

世界经济与国际关系数据库（下设 6 个专题子库）

整合世界经济、国际政治、世界文化与科技、全球性问题、国际组织与国际法、区域研究 6 大领域研究成果，对世界经济形势、国际形势进行连续性深度分析，对年度热点问题进行专题解读，为研判全球发展趋势提供事实和数据支持。

法律声明

"皮书系列"（含蓝皮书、绿皮书、黄皮书）之品牌由社会科学文献出版社最早使用并持续至今，现已被中国图书行业所熟知。"皮书系列"的相关商标已在国家商标管理部门商标局注册，包括但不限于LOGO（▨）、皮书、Pishu、经济蓝皮书、社会蓝皮书等。"皮书系列"图书的注册商标专用权及封面设计、版式设计的著作权均为社会科学文献出版社所有。未经社会科学文献出版社书面授权许可，任何使用与"皮书系列"图书注册商标、封面设计、版式设计相同或者近似的文字、图形或其组合的行为均系侵权行为。

经作者授权，本书的专有出版权及信息网络传播权等为社会科学文献出版社享有。未经社会科学文献出版社书面授权许可，任何就本书内容的复制、发行或以数字形式进行网络传播的行为均系侵权行为。

社会科学文献出版社将通过法律途径追究上述侵权行为的法律责任，维护自身合法权益。

欢迎社会各界人士对侵犯社会科学文献出版社上述权利的侵权行为进行举报。电话：010-59367121，电子邮箱：fawubu@ssap.cn。

社会科学文献出版社